高等职业院校精品教材系列

冲压与注塑模具设计
(第2版)

柴增田　刘春哲　主　编
王国永　白　涛　副主编

電子工業出版社
Publishing House of Electronics Industry
北京·BEIJING

内容简介

本书第1版自出版以来，得到全国许多院校老师的使用和好评，作者充分听取授课教师和职教专家的意见，不断革新教学方法，改革考试考核内容，优化校企合作方式，在近年取得多项模具教学改革成果的基础上进行修订编写。着重突出冲压模和注塑模两种典型模具的设计、结构、工作部分尺寸计算等。全书分为两篇，上篇包括单元1~单元3，主要以冲裁工艺与冲裁模具为主，介绍冲压成型的基本知识、常用冲压工艺、典型模具结构、冲裁模具零部件结构设计、冲裁工艺计算等；下篇包括单元4~单元5，主要以塑料成型工艺与塑料模具为主，介绍塑料基本知识、注射成型工艺、注射模具结构及组成、成型零件设计等。在每章后面都附有思考题与大作业。本次修订力求文字通畅、语言简练、叙述简单易懂，特别是对实例和案例进行了大幅修改。为使课堂教学更加生动以及对重点和难点更易理解，对原有多媒体课件配置了丰富的动画。

本书为高等职业本专科院校机械类或近机类专业相应课程的教材，也可作为开放大学、成人教育、自学考试、中职学校、培训班的教材，以及工程技术人员的自学参考书。

本书提供免费的电子教学课件、思考题参考答案，详见前言。

图书在版编目(CIP)数据

冲压与注塑模具设计/柴增田，刘春哲主编.—2版.—北京：电子工业出版社，2016.8
全国高等院校规划教材·精品与示范系列

ISBN 978-7-121-29567-6

Ⅰ.①冲… Ⅱ.①柴… ②刘… Ⅲ.①冲模-设计-高等学校-教材②注塑-塑料模具-设计-高等学校-教材 Ⅳ.①TG385.2②TQ320.66

中国版本图书馆CIP数据核字(2016)第178551号

策划编辑：陈健德(E-mail:chenjd@phei.com.cn)
责任编辑：徐 萍
印 刷：北京七彩京通数码快印有限公司
装 订：北京七彩京通数码快印有限公司
出版发行：电子工业出版社
北京市海淀区万寿路173信箱 邮编 100036
开 本：787×1092 1/16 印张：12 字数：307千字
版 次：2011年7月第1版
2016年8月第2版
印 次：2022年7月第6次印刷
定 价：32.00元

凡所购买电子工业出版社图书有缺损问题，请向购买书店调换。若书店售缺，请与本社发行部联系，联系及邮购电话：(010)88254888。

质量投诉请发邮件至zlts@phei.com.cn，盗版侵权举报请发邮件至dbqq@phei.com.cn。

服务热线：(010)88258888。

第2版前言

随着我国高等职业教育教学改革的不断深入，许多院校在专业建设和课程改革方面取得了瞩目的成绩，尤其在专业和课程内容设置以及实训环境建设方面不断取得新的成果，使课堂教学逐步与行业岗位技能需求相适应。

本书第1版自出版以来，得到全国许多院校老师的使用和好评，作者充分听取授课教师和职教专家的意见，不断革新教学方法，改革考试考核内容，优化校企合作方式，在近年取得多项模具教学改革成果的基础上进行修订编写。本书注重突出冲压模和注塑模两种典型模具的设计、结构、工作部分尺寸计算等。全书通过较多的实例讲解，有助于学生快速掌握模具设计的整体思路。

全书分为两篇，上篇包括单元1 ~单元3，主要以冲裁工艺与冲裁模具为主，介绍冲压成型的基本知识、常用冲压工艺、典型模具结构、冲裁模具零部件结构设计、冲裁工艺计算等；下篇包括单元4 ~单元5，主要以塑料成型工艺与塑料模具为主，介绍塑料基本知识、注射成型工艺、注射模具结构及组成、成型零件设计等。在每章后面都附有思考题与大作业。本次修订力求文字通畅、语言简练、叙述简单易懂，特别是对实例和案例进行了大幅修改。为使课堂教学更加生动以及对重点和难点更易理解，对原有多媒体课件配置了丰富的动画。

本书为高等职业本专科院校机械类或近机类专业相应课程的教材，也可作为开放大学、成人教育、自学考试、中职学校、培训班的教材，以及工程技术人员的自学参考书。

本书由承德石油高等专科学校柴增田、刘春哲任主编，王国永、白涛任副主编。具体编写分工为：柴增田编写单元2并统稿，刘春哲编写单元1和单元3，王国永编写单元5，白涛编写单元4。

由于编者水平和时间有限，书中难免存在疏漏之处，敬请广大读者批评指正。

本书配有免费的电子教学课件和思考题参考答案，请有此需要的教师登录华信教育资源网（http://www.hxedu.com.cn）免费注册后再进行下载，如有问题请在网站留言或与电子工业出版社联系（E-mail:hxedu@phei.com.cn）。

编　者

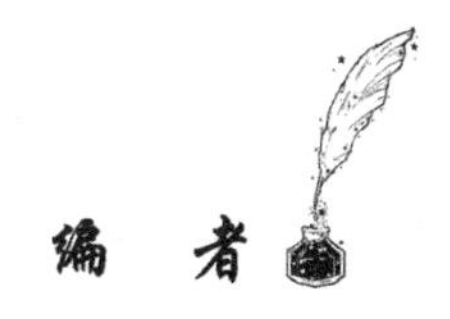

目录

单元1 冲压成型基础

本学习单元主要介绍冲压成型的特点与分类、基本理论，以及冲压常用材料和冲压设备。

教学导航

教	知识重点	1. 塑性变形时应力与应变的关系； 2. 金属变形时硬化现象和硬化曲线； 3. 曲柄压力机；　　4. 液压机
	知识难点	1. 塑性变形时应力与应变的关系；　　2. 金属变形时硬化现象和硬化曲线
	推荐教学方式	采用多媒体教学，利用挂图、动画等形式
	建议学时	3 学时
学	推荐学习方法	多借助参考书，帮助学习相关基础知识
	必须掌握的理论知识	1. 塑性变形时应力与应变的关系； 2. 金属变形时硬化现象和硬化曲线
	必须掌握的技能	能够合理选择冲压设备，掌握模具设计时与设备的统一

1.1 冲压成型的特点与分类

1.1.1 冲压成型的特点

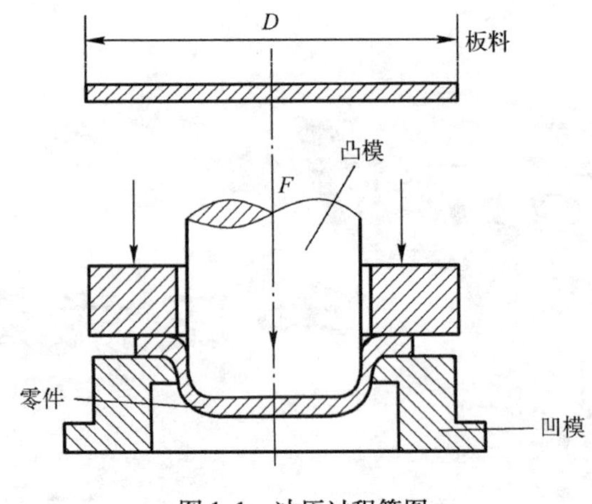

图1.1 冲压过程简图

冲压成型是指在压力机上通过模具对板料金属（或非金属）加压，使其产生分离或塑性变形，从而得到具有一定形状、尺寸和性能要求的零件（俗称冲压件或冲件）的加工方法，它属于塑性成型的加工方法之一，见图1.1。因为通常是在室温下进行加工，所以称为冷冲压。又因为它主要是用板料加工成零件，所以又称板料冲压。所使用的成型工具称为冷冲压模具，简称模具。模具设计是实现冷冲压工艺的核心，一个冲压零件往往要使用几副模具才能加工成型。通常将合理的冲压工艺、先进的模具、高效的冲压设备称为冲压的三要素。

冲压成型是一种先进的金属加工方法，和其他的加工方法（如机械加工）相比具有以下一些特点：

(1) 可以获得其他加工方法不能或难以加工的形状复杂的零件，如汽车覆盖件、车门等。

(2) 由于尺寸精度主要由模具来保证，所以加工出的零件质量稳定，一致性好，具有“一模一样”的特征。

(3) 材料利用率高，属于少、无切屑加工。

(4) 可以利用金属材料的塑性变形提高工件的强度、刚度。

(5) 生产率高、操作简单，易于实现自动化。

(6) 模具使用寿命长，生产成本低。

由于以上特点，冲压生产被广泛用于汽车、拖拉机、电机、电器、仪器仪表以及飞机、国防、日用工业等部门。例如某联合收割机有1613个零件，其中冲压件为1023个，占63.4%；某冲锋枪120个零件中有56个冲压件，占46.7%。

1.1.2 冲压工序的分类

冲压工序按变形性质可以分为分离工序和成型工序两大类。

1. 分离工序

被加工材料在外力作用下因剪切而发生分离，从而形成具有一定形状和尺寸的零件，如剪裁、冲孔、落料、切边等。

2. 成型工序

被加工材料在外力作用下，发生塑性变形，从而得到具有一定形状和尺寸的零件，如弯曲、拉深、翻边等。

常用的冲压工序见表 1.1。

表 1.1　常用的冲压工序

工序名称		简　图	模具简图	特点及应用
分离工序	落料	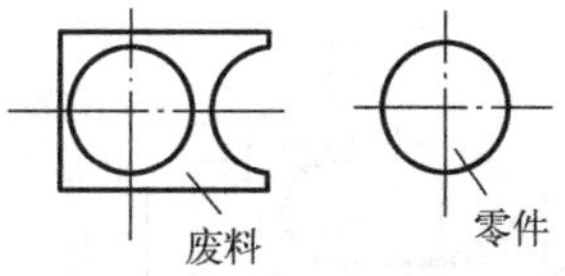 废料　零件	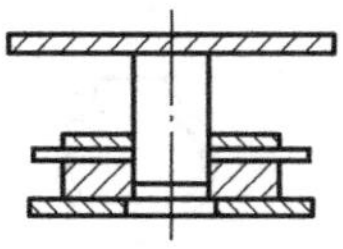	用冲模沿封闭轮廓线冲切，冲下部分是零件，或为其他工序制造毛坯
	冲孔	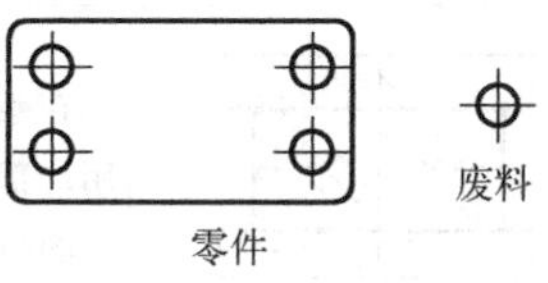 零件　废料	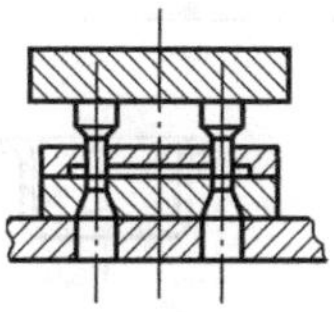	用冲模沿封闭轮廓线冲切，冲下部分是废料
	切边	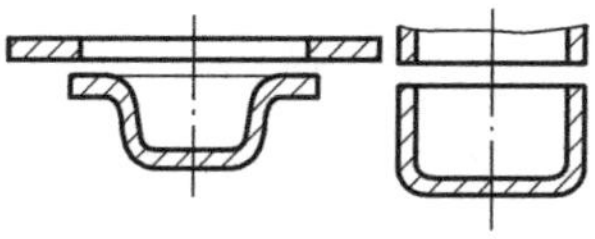	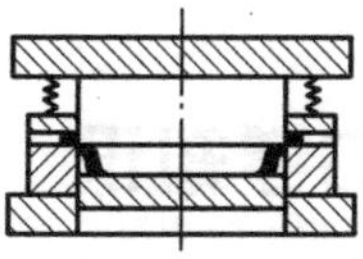	将成型零件的边缘修切整齐或切成一定形状
	切口	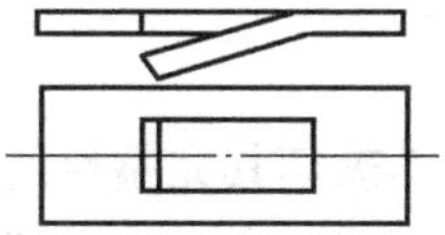	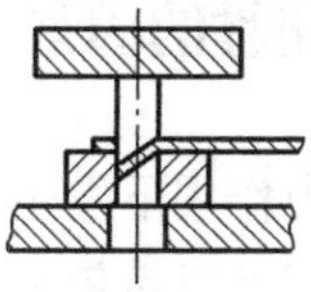	用切口模将部分材料切开、但并不使它完全分离，切开部分的材料发生弯曲
	剖切	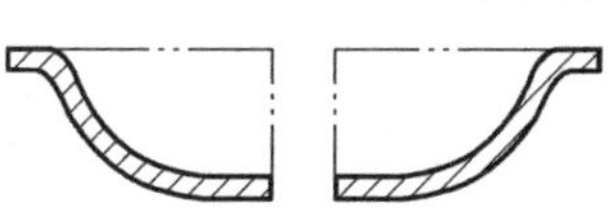	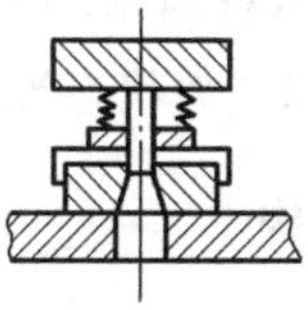	将冲压加工成的半成品切开成为两个或多个零件，多用于零件的成双或组成冲压成型之后
成型工序	弯曲	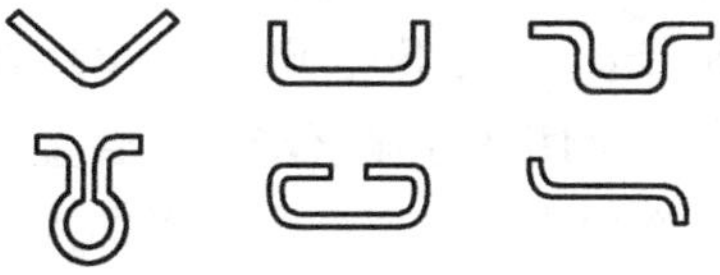	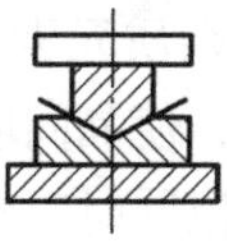	将板材沿直线弯成各种形状，可以加工形状复杂的零件
	卷圆	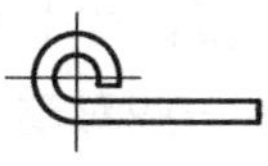	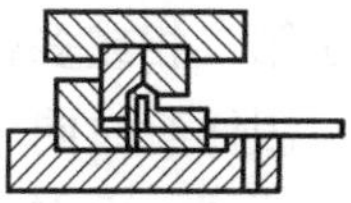	将板材端部卷成接近封闭的圆头，用于加工类似铰链的零件

续表

工序名称		简　图	模具简图	特点及应用
成型工序	拉深			将板材毛坯拉成各种空心零件，还可以加工汽车覆盖件
	翻边			将零件的孔边缘或外边缘翻出竖立成一定角度的直边
	胀形			在双向拉应力作用下的变形，可成型各种空间曲面形状的零件
	起伏			在板材毛坯或零件的表面上用局部成型的方法制成各种形状的凸起与凹陷

1.2　冲压成型的力学知识

1.2.1　塑性及影响塑性的因素

塑性是指固体材料在外力作用下发生永久变形而不破坏其完整性的能力。材料的塑性是冲压成型的重要依据，冲压成型时希望材料具有良好的塑性。影响金属材料塑性变形的因素主要包括两个方面，一是金属材料本身的化学成分、晶格类型和合金组织等；二是外部条件，如变形温度、变形速度和应力状态等。

1. 金属的成分和组织结构

一般情况下纯金属具有最好的塑性，加入其他元素后都对塑性有不利影响。添加的元素可分为杂质元素和合金元素。杂质元素（如Pb、Sn、As、Sb、Bi、S、P）如不溶于金属而以单质或化合物存在于晶界处，使晶间联系削弱，会使塑性显著降低。合金元素的加入往往是为了提高合金的某些性能，但同时对塑性也会产生影响。当合金元素加入后，如能与基体金属形成单相固溶体，特别是面心立方结构的固溶体，一般塑性仍然很好。但当合金含量超过一定值，产生或促进产生了第二相或多相组织，就会对塑性产生不利影响。因此合金元素加入后影响塑性的途径很多，因而有时同一种元素会产生一些对塑性相反的影响。如Mn的加入会促进晶粒长大而使塑性下降，而Mn的硫化物由于熔点较高而使热脆减轻。又如强碳化物形成元素V、Ti、Nb加入后，其碳氮化合物的析出会降低塑性，而由于其又能抑制晶粒

长大有利于塑性提高。所以重要的是，需结合具体的合金及变形条件做具体细致的分析。金属的组织结构如晶格类别，杂质的性质、数量及分布，晶粒大小、方向及形状等都会影响金属的塑性。

2. 变形温度

金属材料的塑性与变形温度有着非常大的关系，不同的金属在不同的温度条件下所表现出的塑性状态也不一样。就一般金属而言，总的趋势是随温度升高塑性增加，其原因是温度升高会引起原子热振动加剧、位错活动性增大和回复、再结晶加快。

3. 应力与应变状态

在变形物体上任意点取一个微量六面单元体，该单元体上的应力状态可取其相互垂直表面上的应力来表示，沿坐标方向可将这些应力分解为 9 个应力分量，其中包括 3 个正应力和 6 个切应力，如图 1.2（a）所示。相互垂直平面上的切应力互等，$\tau_{xy}=\tau_{yx}$，$\tau_{yz}=\tau_{zy}$，$\tau_{zx}=\tau_{xz}$。改变坐标方位，这 6 个应力分量的大小也跟着改变。对任何一种应力状态，总是存在这样一组坐标系，使得单元体各表面上只有正应力而无切应力，如图 1.2（b）所示。这 3 个坐标轴就称为应力主轴，3 个坐标轴的方向称为应力主方向，作用面称为应力主平面，其面上的正应力即为主应力。

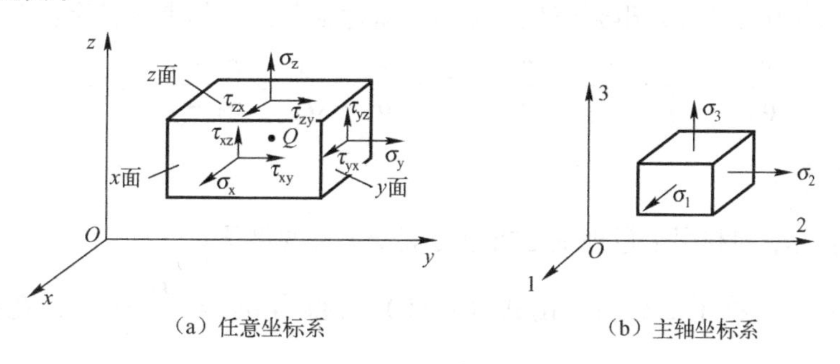

图 1.2　点的应力状态

3 个主方向上都有应力存在称为三向应力状态，如宽板弯曲变形。但大多数板料成型工艺，沿料厚方向的应力 σ_t 与其他两个互相垂直方向的主应力（如径向应力 σ_r 与切向应力 σ_θ）相比较，往往很小，可以忽略不计，如拉深、翻孔和胀形变形等，这种应力状态称为平面应力状态。3 个主应力中只有一个有值，称为单向应力状态，如板料的内孔边缘和外形边缘处常常是自由表面，σ_r、σ_t 为零。

与应力主平面成 45°截面上的切应力达到极值，称为主切应力。当 $\sigma_1 \geqslant \sigma_2 \geqslant \sigma_3$ 时，最大切应力为 $\tau_{max}=\pm(\sigma_1-\sigma_3)/2$，最大切应力与材料的塑性变形关系很大。

应变也具有与应力相同的表现形式。单元体上的应变也有正应变与切应变，当采用主轴坐标时，单元体 6 个面上只有 3 个主应变分量 ε_1、ε_2 和 ε_3，而没有切应变分量。塑性变形时物体主要是发生形状的改变，体积变化很小，可忽略不计，即：

$$\varepsilon_1+\varepsilon_2+\varepsilon_3=0 \tag{1.1}$$

为塑性变形体积不变定律。它反映了 3 个主应变值之间的相互关系。

1.2.2 塑性变形时应力与应变的关系

物体在弹性变形阶段，应力与应变之间的关系是线性的，与加载历史无关。而塑性变形时应力应变关系则是非线性的、不可逆的，应力应变不能简单叠加，图1.3所示为材料单向拉伸时的应力应变曲线。塑性应力与应变增量之间的关系式，即增量理论，其表达式如下：

$$d\varepsilon_{ij} = \sigma'_{ij} d\lambda \tag{1.2}$$

其中，$d\lambda = \dfrac{3}{2}\dfrac{d\bar{\varepsilon}}{\sigma_s}$，式（1.2）可以表达为：

$$\frac{d\varepsilon_1}{\sigma'_1} = \frac{d\varepsilon_2}{\sigma'_2} = \frac{d\varepsilon_3}{\sigma'_3} = \frac{d\varepsilon_1 - d\varepsilon_2}{\sigma_1 - \sigma_2} = \frac{d\varepsilon_2 - d\varepsilon_3}{\sigma_2 - \sigma_3} = \frac{d\varepsilon_3 - d\varepsilon_1}{\sigma_3 - \sigma_1} = d\lambda \tag{1.3a}$$

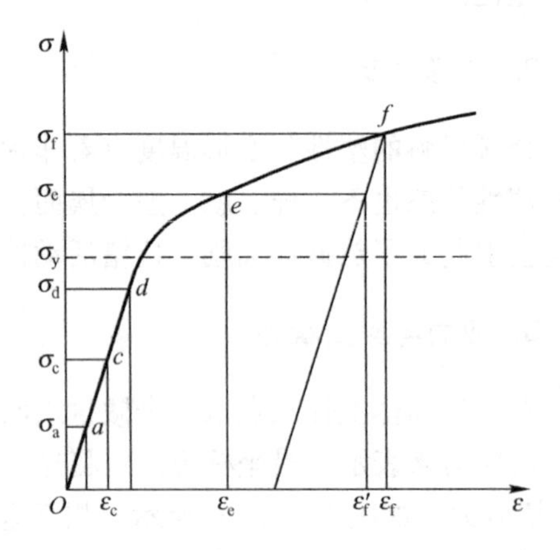

图1.3 单向拉伸时的应力应变曲线

如果在加载过程中，所有的应力分量均按同一比例增加，这种状况称为简单加载，在简单加载情况下，应力应变关系得到简化，得出全量理论公式，其表达式为：

$$\frac{\varepsilon_1}{\sigma'_1} = \frac{\varepsilon_2}{\sigma'_2} = \frac{\varepsilon_3}{\sigma'_3} = \frac{\varepsilon_1 - \varepsilon_2}{\sigma_1 - \sigma_2} = \frac{\varepsilon_2 - \varepsilon_3}{\sigma_2 - \sigma_3} = \frac{\varepsilon_3 - \varepsilon_1}{\sigma_3 - \sigma_1} = \lambda \tag{1.3b}$$

其中，$\lambda = \dfrac{3}{2} \times \dfrac{\bar{\varepsilon}}{\sigma_s}$。

下面举两个简单的利用全量理论分析应力应变关系的例子。

（1）$\varepsilon_2 = 0$ 时，称平面应变，由式（1.3b）可得出 $\sigma_2 = \dfrac{\sigma_1 + \sigma_2}{2}$，宽板弯曲属于这种情况。

（2）$\sigma_1 > 0$，且 $\sigma_2 = \sigma_3 = 0$ 时，材料受单向拉应力，由式（1.3b）可得 $\varepsilon_1 > 0$，$\varepsilon_2 = \varepsilon_3 = \dfrac{1}{2}\varepsilon_1$，即单向拉伸时拉应力作用方向为伸长变形，其余两方向上的应变为压缩变形，且为拉伸变形之半，翻孔变形材料边缘属此类变形。

1.2.3 金属变形时硬化现象和硬化曲线

大部分冲压生产是在常温下进行的，材料在变形中会产生加工硬化，其结果会引起材料力学性能的变化，表现为材料的强度指标（屈服强度 σ_s 与抗拉强度 σ_b）随变形程度的增加而增加；塑性指标（伸长率 δ 与断面收缩率 ψ）随之降低。加工硬化既有不利的方面，如会使进一步变形变得困难；又有有利的方面，板料硬化能够减小过大的局部变形，使变形趋于均匀，增大成型极限，同时也提高了材料的强度。因此，在进行变形毛坯内各部分的应力分析和各种工艺参数的确定时，必须考虑到加工硬化所产生的影响。

冷变形时材料的变形抗力随变形程度的变化情况可用硬化曲线表示。一般可用单向拉伸

或压缩试验方法得到材料的硬化曲线。图1.4所示为几种常用冲压板材的硬化曲线。

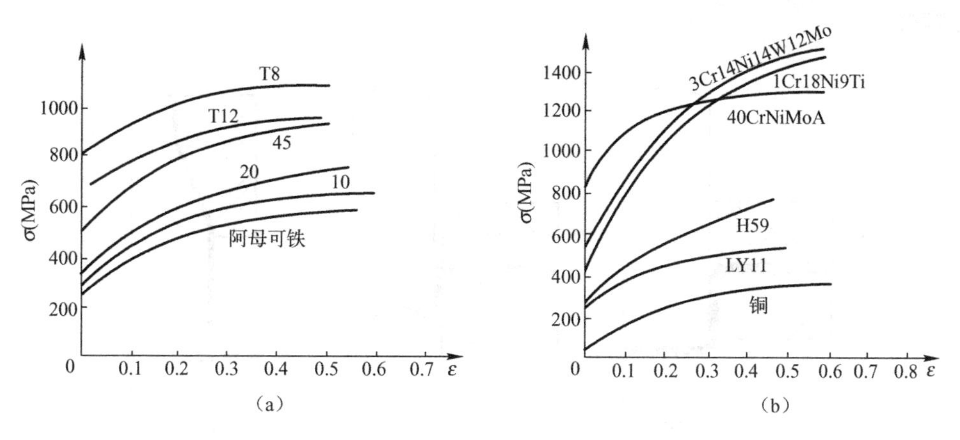

图1.4　几种常用冲压板材的硬化曲线

为了使用方便，可将硬化曲线用数学函数式来表示。常用的数学函数的幂次式如下：

$$\sigma = K\varepsilon^n$$

式中 K、n 均为材料常数，n 称为材料的硬化指数，是表明材料冷变形硬化性能的重要参数，部分冲压板材的 n 值和 K 值如表1.2所示。

表1.2　部分冲压板材的 n 值和 K 值

材料	n	K(MPa)	材料	n	K(MPa)
08F	0.185	708.76	H62	0.513	773.38
08Al (ZF)	0.252	553.47	H68	0.435	759.12
08Al (HF)	0.247	521.27	QSn6.5—0.1	0.492	864.49
10	0.215	583.84	Q235	0.236	630.27
20	0.166	709.06	SPCC (日本)	0.212	569.76
LF2	0.164	165.64	SPCD (日本)	0.249	497.63
LY12M	0.192	366.29	1Cr18Ni9Ti	0.347	1093.61
T2	0.455	538.37	L4M	0.286	112.43

1.2.4　各种冲压成型方法的力学特点与分类

正确的板料冲压成型工艺的分类方法，应该能够明确地反映出每一种类型成型工艺的共性，并在此基础上提供可能用共同的观点和方法分析、研究和解决每一类成型工艺中的各种实际问题的条件。在各种冲压成型工艺中，毛坯变形区的应力状态和变形特点是制定工艺过程、设计模具和确定极限变形参数的主要依据，所以只有能够充分地反映出变形毛坯的受力与变形特点的分类方法，才可能真正具有实用的意义。

1. 变形毛坯的分区

在冲压成型时，可以把变形毛坯分成变形区和不变形区。不变形区可能是已变形区或是尚未参与变形的待变形区，也可能是在全部冲压过程中都不参与变形的不变形区。当不变形

区受力的作用时，叫做传力区。图1.5中列出拉深、翻边、缩口时毛坯的变形区与不变形区的分布情况。

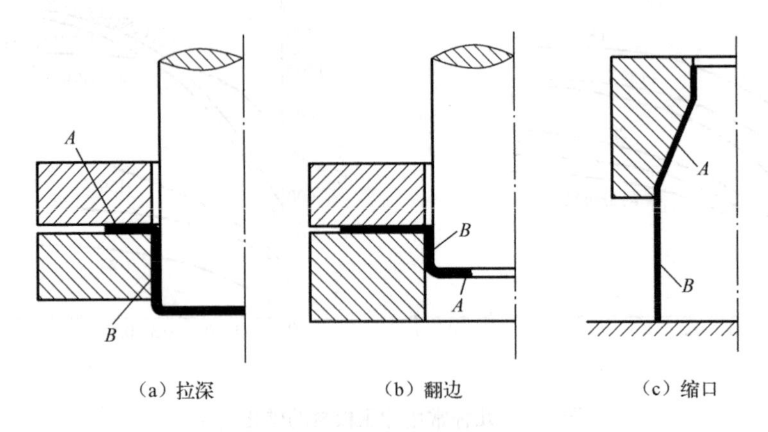

A－变形区；B－传力区

图1.5　冲压变形毛坯各区划分举例

2. 变形区的应力与应变特点

从本质上看各种冲压成型过程就是毛坯变形区在力的作用下产生变形的过程，所以毛坯变形区的受力情况和变形特点是决定各种冲压变形性质的主要依据。大多数冲压变形都是平面应力状态。一般在板料表面上不受力或受数值不大的力，所以可以认为在板厚方向上的应力数值为零。使毛坯变形区产生塑性变形均是在板料平面内相互垂直的两个主应力。除弯曲变形外，大多数情况下都可认为这两个主应力在厚度方向上的数值是不变的。因此，可以把冲压变形力按毛坯变形区的受力情况和变形特点从变形力学理论的角度归纳为以下4种情况，并分别研究它们的变形特点。

（1）冲压毛坯受两向拉应力的作用可以分为以下两种情况：

$$\sigma_r > \sigma_\theta > 0,\ \sigma_t = 0$$

$$\sigma_\theta > \sigma_r > 0,\ \sigma_t = 0$$

相对应的变形是平板毛坯的局部胀形、内孔翻边、空心毛坯胀形等（图1.6Ⅰ象限）。

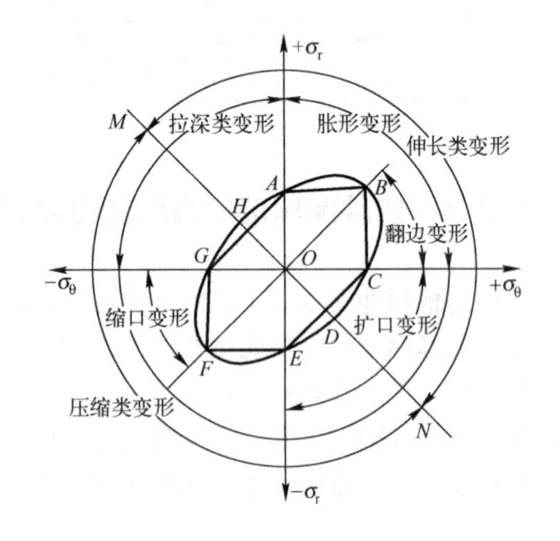

图1.6　冲压应力图

这时由应力应变关系的全量理论可知，最大拉应力方向上的变形一定是伸长变形，应力为零的方向（一般为料厚方向）上的变形一定是压缩变形。因此，可以判断在两向拉应力作用下的变形，会产生材料变薄。在两个拉应力相等（双向等拉应力状态）时，$\varepsilon_\theta = \varepsilon_r > 0, \varepsilon_t = -2\varepsilon_\theta = -2\varepsilon_r > 0$，厚向上的压缩变形是伸长变形的两倍，平板材料胀形时的中心部位就属于这种变形状况。

（2）冲压毛坯受两向压应力的作用分为下面两种情况：

$$\sigma_r < \sigma_\theta < 0, \sigma_t = 0$$

$$\sigma_{\theta r} < \sigma_r < 0, \sigma_t = 0$$

与此相对应的变形是缩口和窄板弯曲内区（图 1.6Ⅲ象限）等。由应力应变关系的全量理论可知，在最小压应力（绝对值最大）方向（缩口的径向、弯曲的周向）上的变形一定是压缩变形，而在没有应力的方向（如缩口厚向、弯曲宽向）的变形一定是伸长变形。

（3）冲压毛坯受异号应力的作用，是拉应力的绝对值大于压应力的绝对值，可以分为下面两种情况：

$$\sigma_r > 0 > \sigma_\theta, \sigma_t = 0，且 |\sigma_r| > |\sigma_\theta|$$

$$\sigma_\theta > 0 > \sigma_r, \sigma_t = 0，且 |\sigma_\theta| > |\sigma_r|$$

相对应的是无压边拉深凸缘的偏内位置、扩口、弯曲外区等，在冲压应力图 1.6 中处于Ⅱ、Ⅳ象限的 *AOH* 及 *COD* 范围内。同理可知，在拉应力（绝对值大）的方向上的变形一定是伸长变形，且为最大变形，而在压应力的方向（如拉深的周向、弯曲的径向）的变形一定是压缩变形，而无应力的方向（如拉深的厚向、弯曲的宽向）也是压缩变形。

（4）冲压毛坯变形区受异号应力的作用，且压应力的绝对值大于拉应力的绝对值，可以分为以下两种情况：

$$\sigma_r > 0 > \sigma_\theta, \sigma_t = 0，且 |\sigma_r| > |\sigma_\theta|$$

$$\sigma_\theta > 0 > \sigma_r, \sigma_t = 0，且 |\sigma_\theta| > |\sigma_r|$$

相对应的是无压边拉深凸缘的偏外位置等，在冲压应力图 1.6 中处于Ⅱ、Ⅳ象限的 *HOG* 及 *DOE* 范围内。同理，在压应力方向（如拉深外区周向，应力的绝对值大）的变形一定是压缩变形，且为最大变形，在拉应力方向上的变形为伸长变形，无应力方向（厚向）也为伸长变形（增厚）。

综上所述，可以把冲压变形概括为两大类：伸长类变形与压缩类变形。当作用于毛坯变形区内的绝对值最大应力、应变为正值时，称这种冲压变形为伸长类变形，如胀形、翻孔与弯曲外侧变形等。成型主要是靠材料的伸长和厚度的减薄来实现的。这时，拉应力的成分越多，数值越大，材料的伸长与厚度减薄越严重。当作用于毛坯变形区内的绝对值最大应力、应变为负值时，称这种冲压变形为压缩类变形，如拉深较外区和弯曲内侧变形等。成型主要是靠材料的压缩与增厚来实现的，压应力的成分越多，数值越大，板料的缩短与增厚就越严重。

由于伸长类成型和压缩类成型在变形力学上的本质差别，它们在冲压过程中出现的问题和解决的方法也是完全不同的，但是，对同一类变形中的各种冲压方法，却可以用相同的观点和方法去分析和解决冲压中的各种问题。

这两类成型方法的极限变形参数的确定、影响因素和提高的措施等都是不同的。

伸长类成型的极限变形参数主要取决于材料的塑性，并且可以用板材的塑性指标直接地或间接地表示。例如多数实验结果证实：平板毛坯的局部胀形深度、圆柱体空心毛坯的胀形系数、圆孔翻边系数、最小弯曲半径等都与伸长率有明显的正比关系。

压缩类成型的极限变形参数（如拉深系数等），通常都是受毛坯传力区的承载能力的限制，有时则受变形区或传力区的失稳起皱的限制。

由于两类成型方法的极限变形参数的确定基础不同，所以影响极限变形参数的因素和提

高极限变形参数的途径和方法也不一样。

提高伸长类成型的极限变形参数的措施如下：

(1) 提高材料的塑性，如变形前的退火、分段成型时的工序间退火等。

(2) 减小变形不均匀程度。使变形趋向均匀，减小局部的集中变形，可以使总的均匀变形程度加大。例如，在用刚体冲模进行圆柱体空心毛坯的胀形时，均匀而有效的润滑可使变形均匀，提高总体的变形程度。另外，提高材料的硬化指数也能防止产生过分集中的局部变形，并使胀形、翻边、扩口等伸长类成型的极限变形参数得到提高。

(3) 消除毛坯变形区的局部硬化层或其他易于引起应力集中而可能导致破坏的各种因素。例如，将带毛刺的毛坯表面置于弯曲模中朝向冲头的方向等方法，可减少伸长类成型中的开裂现象。

提高压缩类成型的极限变形参数的措施有以下几方面：

(1) 提高传力区的承载能力和降低变形区的变形抗力、摩擦阻力等。例如，通过建立不同的温度条件而改变传力区和变形区的强度性能的拉深方法，如局部加热拉深、局部深冷。

(2) 采取各种有效的措施，防止毛坯变形区的失稳起皱。例如，有效的压边方法、足够大的压边力，有利于防止起皱的模具工作部分的形状和尺寸、合理的中间毛坯的形状等。

(3) 以降低变形区的变形抗力为主要目的的退火。例如，多次拉深时的中间退火，这时的退火与伸长类成型时以恢复材料的塑性为主要目的的退火之间有很大的差别，进行退火的意义和方法也不相同，如以极限拉深系数进行一次拉深工序之后，如不退火，仍然可以继续进行下次变形程度较小的拉深工序，但以极限胀形系数进行一次胀形加工后，如不经恢复塑性的退火，再继续进行胀形是不可能的。

3. 冲压成型过程中的变形趋向性及其控制

在冲压过程中，成型毛坯的各个部分在同一个模具的作用下，有可能发生不同形式的变形，即具有不同的变形趋向性。保证在毛坯需要变形的部位产生需要的变形，排除其他一切不必要的和有害的变形，是合理制订冲压工艺及合理设计模具的目的。

1) 冲压变形的趋向性

(1) 冲压毛坯的多个部位都有变形的可能时，变形在阻力最小的部位进行，即“弱区必先变形”。

下面以缩口为例加以分析（图1.7）。稳定缩口时坯料可分为图1.7所示的3个区域，在外力作用下，A、B两区都有可能发生变形，A区可能会发生缩口塑性变形；B区可能会发生镦粗变形。但是由于它们可能产生的塑性变形的方式不同，而且也出于变形区和传力区之间的尺寸关系不同，总是有一个区需要比较小的塑性变形力，并首先进入塑性状态，产生塑性变形。因此，可以认为这个区是个相对的弱区。为了保证冲压过程的顺利进行，必须保证在该道冲压工序应该变形的部分成为弱区，以便在把塑性变形局限于变形区的

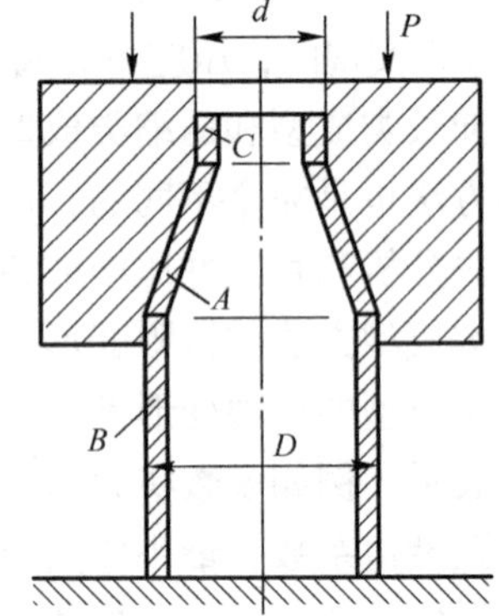

A－变形区；B－传力区；C－已变形区

图1.7　变形趋向性对冲压工艺的影响

同时，排除传力区产生任何不必要的塑性变形的可能。

“弱区必先变形，变形区应为弱区”的结论，在冲压生产中有着很重要的实用意义。例如，有些冲压工艺的极限变形参数（拉深系数、缩口系数等）的确定，复杂形状零件的冲压工艺过程设计等，都是以这个道理作为分析和计算的依据。

下面仍以缩口为例来说明这个道理。在图1.7所示的缩口过程中，变形区 A 和传力区 B 的交界面上作用有数值相等的压应力 σ ，传力区 B 产生塑性变形的方式是镦粗，其变形所需要的压应力为 σ_s ，所以传力区不致产生镦粗变形的条件是：

$$\sigma < \sigma_s$$

变形区 A 产生的塑性变形方式为切向收缩的缩口，所需要的轴向压应力为 σ_k ，所以变形区产生缩口变形条件是：

$$\sigma \geqslant \sigma_k$$

由上面两式可以得出在保证传力区不致产生塑性变形下能够进行缩口的条件为：

$$\sigma_k < \sigma_s$$

σ_k 的数值决定于缩口系数 d/D。

此外，在设计工艺过程、选定工艺方案、确定工序和工序间尺寸时，也必须遵循“弱区必先变形，变形区应为弱区”的道理。

（2）当变形区有两种以上的变形方式时，需要最小变形力的变形方式首先实现。在工艺过程设计和模具设计时，除要保证变形区为弱区外，同时还要保证变形区必须实现的变形方式要求最小的变形力。例如在缩口时，变形区 A 可能产生的塑性变形是切向收缩的缩口变形和变形区在切向压应力作用下的失稳起皱；传力区 B 可能产生的塑性变形是直筒部分的镦粗和失稳。这时，为了使缩口成型工艺能够正常进行，就要求在传力区不产生上述两种之一的任何变形的同时，变形区也不要发生失稳起皱，而仅仅产生所要求的切向收缩的缩口变形。在这4种变形趋向中，只能实现缩口变形的必要条件是与其他所有变形方式相比，缩口变形所需的变形力最小。

2）变形趋向性的控制

在冲压生产中，对毛坯变形趋向性的控制，是冲压过程顺利进行和获得高质量冲压件的根本保证，毛坯的变形区和传力区并不是固定不变的，而是在一定的条件下可以互相转化的。因此改变这些条件，就可以实现对变形趋向性的控制。控制毛坯的变形趋向性的措施有下列几个方面：

（1）变形毛坯各部分的相对尺寸关系是决定变形趋向性最重要的因素，所以在设计工艺过程时要合理地确定初始毛坯的尺寸和中间毛坯的尺寸，保证变形的趋向符合工艺的要求。

（2）改变模具工作部分的几何形状和尺寸能对毛坯变形的趋向性进行控制。

（3）改变毛坯与模具接触表面之间的摩擦阻力，达到控制毛坯变形的趋向。

（4）采用局部加热或局部深冷的办法，降低变形区的变形抗力或提高传力区的强度，都能达到控制变形趋向性的目的，可使一次成型的极限变形程度加大，提高生产效率。例如，在拉深和缩口时采用局部加热变形区的工艺方法，就是基于这个道理。

1.3 冲压常用材料

1.3.1 冲压用材料的基本要求

冲压用材料的基本要求主要有以下两方面：

1）冲压件的功能要求

冲压件必须具有一定的强度、刚度、冲击韧度等力学性能要求。此外，有的冲压件还有一些特殊的要求，例如电磁性、防腐性、传热性和耐热性等。

2）冲压材料必须具有的冲压性能

（1）冲压材料必须便于加工。

（2）冲压材料必须便于提高生产效率。

（3）材料对模具的损耗和磨损低。

（4）冲压材料应满足冲压工艺要求。

（5）材料应具有良好的塑性，较高的伸长率和断面收缩率，较低的屈服点和较高的抗拉强度。

（6）材料应有光洁平整无缺陷损伤的表面状态。

（7）材料厚度的公差应符合国家规定的标准。

（8）材料应对机械连接和继续加工具有良好的适应性。

选择材料时要认真考虑材料供应情况以及经济因素，应最大限度地利用材料的冲压性能，必要时，应修改一些过高的设计要求和工艺要求，或采用代用材料。

1.3.2 冲压常用材料及其力学性能

冲压加工常用的材料包括金属材料和非金属材料两类，金属材料又分为黑色金属和有色金属两类。

常用的黑色金属材料有：

（1）普通碳素钢钢板，如Q195、Q235等。

（2）优质碳素结构钢钢板，如08、08F、10、20等。

（3）低合金结构钢钢板，如Q345（16Mn）、Q295（09Mn2）等。

（4）电工硅钢钢板，如DT1、DT2。

（5）不锈钢钢板，如1Cr18Ni9Ti、1Cr13等。

常用的有色金属有铜及铜合金，牌号有T1、T2、H62、H68等，其塑性、导电性与导热性均很好；还有铝及铝合金，常用的牌号有1060、1050A、3A21、2A12等，有较好的塑性，变形抗力小且轻。

非金属材料有胶木板、橡胶、塑料板等。

冲压用材料最常用的是板料，常见规格如710 mm × 1420 mm和1000 mm × 2000 mm等，大量生产可采用专门规格的带料（卷料），特殊情况可采用块料，它适用于单件小批生产和价格昂贵的有色金属的冲压。

板料按表面质量可分为Ⅰ（高质量表面）、Ⅱ（较高质量表面）、Ⅲ（一般质量表面）三种。

用于拉深复杂零件的铝镇静钢板，其拉深性能可分为ZF（最复杂）、HF（很复杂）、F（复杂）三种；一般深拉深低碳薄钢板可分为ZS（最深拉深）、S（深拉深）、P（普通拉深）三种；板料厚度精度可分为A（较高精度）、B（普通精度）两级；板料供应状态可分为M（退火状态）、C（淬火状态）、Y（硬态）、Y_2（半硬、1/2硬）等；板料有冷轧和热轧两种轧制状态。

在冲压工艺和图样上，对材料的表示方法有特殊的规定。现以优质碳素结构钢冷轧薄钢板标记为例。

实例1.1　08号钢，尺寸1.0 mm×1000 mm×1500 mm，普通精度，较高级的精整表面，深拉深级的冷轧钢板表示为：

$$\text{钢板}\frac{\text{B}-1.0\times1000\times1500-\text{GB708}-88}{08-\text{Ⅱ}-\text{S}-\text{GB13237}-91}$$

关于材料的牌号、规格和性能，可查阅有关设计资料和标准。

部分常用金属板料的力学性能见表1.3。

表1.3　部分常用金属板料的力学性能

材料名称	牌　号	材料状态	抗剪强度 τ/MPa	抗拉强度 σ_b/MPa	伸长率 δ_{10}/（%）	屈服强度 σ_s/MPa
电工用纯铁 C<0.025	DT1、DT2、DT3	已退火	180	230	26	—
普通碳素钢	Q195	未退火	260～320	320～400	28～33	200
	Q235		310～380	380～470	21～25	240
	Q275		400～500	500～620	15～19	280
优质碳素结构钢	08F	已退火	220～310	280～390	32	180
	08		260～360	330～450	32	200
	10		260～340	300～440	29	210
	20		280～400	360～510	25	250
	45		440～560	550～700	16	360
	65Mn	已退火	600	750	12	400
不锈钢	1Cr13	已退火	320～380	400～470	21	—
	1Cr18Ni9Ti	热处理退火	430～550	540～700	40	200
纯铝	1060、1050A、1200	已退火	80	75～110	25	50～80
		冷作硬化	100	120～150	4	—
铝锰合金	3A21	已退火	70～110	110～145	19	50
硬质合金	2A12	已退火	105～150	150～215	12	—
		淬硬后冷作硬化	280～320	400～600	10	340

续表

材料名称	牌　号	材料状态	抗剪强度 τ/MPa	抗拉强度 σ_b/MPa	伸长率 δ_{10}/（%）	屈服强度 σ_s/MPa
纯铜	T1、T2、T3	软态	160	200	30	7
		硬态	240	300	3	—
黄铜	H62	软态	260	300	35	—
		半硬态	300	380	20	200
	H68	软态	240	300	40	100
		半硬态	280	350	25	—

1.4　冲压设备

冲压设备的选用是冲压工艺设计过程中的一项重要内容。必须根据冲压工序的性质、冲压力的大小、模具结构形式、模具几何尺寸以及生产批量、生产成本、产品质量等诸多因素，结合单位现有设备条件选用。

冲压设备的种类很多，其分类的方法也很多。如按驱动滑块力的种类可分为机械的、液压的、气动的等；按滑块个数可分为单动、双动、三动等；按驱动滑块机构的种类又可分为曲柄式、肘杆式、摩擦式；按机身结构形式可分为开式、闭式等。冲压生产中常按驱动滑块力的种类而把压力机分为机械压力机、液压压力机 。下面介绍几种常用的冲压设备。

1.4.1　曲柄压力机

1. 曲柄压力机的结构及工作原理

曲柄压力机是冲压生产中应用最广泛的一种机械压力机，图1.8所示为JB23－63曲柄压力机外形，图1.9所示为其工作原理图。电动机1通过带轮、齿轮带动曲轴7旋转，曲轴通过连杆带动滑块10沿导轨做上下往复运动，带动模具实施冲压，模具安装在滑块与工作台之间。

曲柄压力机结构组成包括工作机构、传动系统、操作系统、支撑部件和辅助机构等。

（1）工作机构：工作机构主要由曲轴7、连杆9和滑块10组成。其作用是将电动机主轴的旋转运动变为滑块的往复直线运动。滑块底平面中心设有模具安装孔，大型压力机滑块底面还设有T形槽，用来安装和压紧模具，滑块中还设有退料（或退件）装置，用以在滑块回程时将工件或废料从模具中退下。

（2）传动系统：传动系统由电动机、带轮、齿轮等组成。其作用是将电动机的运动和能量按照一定要求传给曲柄滑块机构。

（3）操作系统：操作系统包括空气分配系统、离合器、制动器、电气控制箱等。曲柄压力机使用的离合器有摩擦离合器和刚性离合器两类。

（4）支撑部件：支撑部件包括机身、工作台、拉紧螺栓等。

此外，压力机还包括气路和润滑等辅助系统，以及安全保护、气垫、顶料等附属装置。

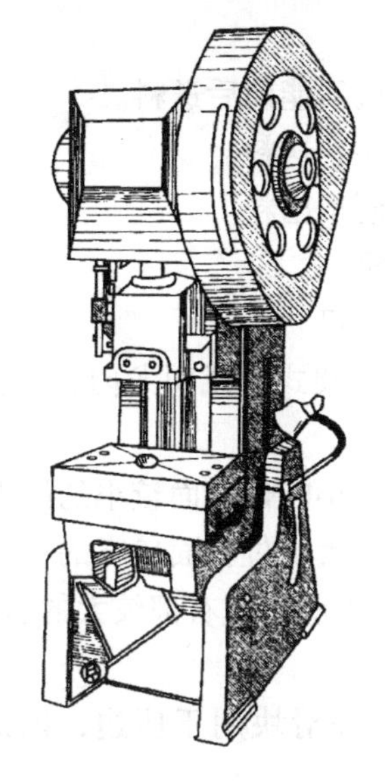

图1.8 JB23-63曲柄压力机外形

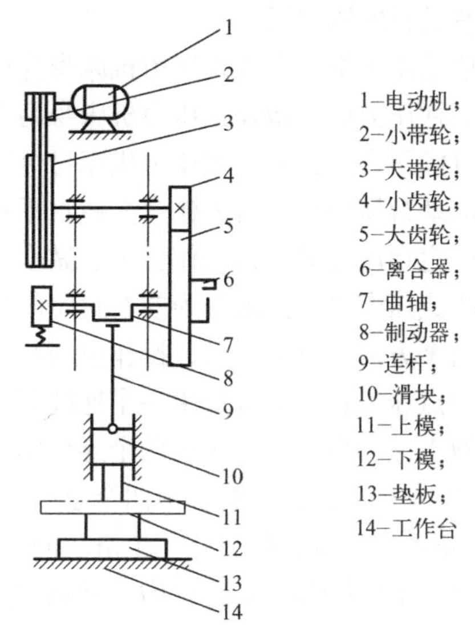

图1.9 曲柄压力机工作原理

2. 曲柄压力机的型号

曲柄压力机的型号用汉语拼音字母、英文字母和数字表示。例如JB23-63型号的意义是：

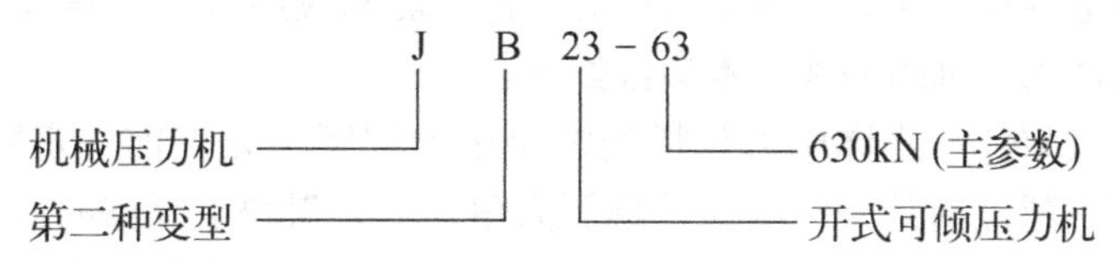

先将型号的表示方法叙述如下：

第一个字母为类的代号，"J"表示机械压力机，参见表1.4。

第二个字母代表同一型号产品的变型顺序号，凡主参数与基本型号相同，但其他某些次要参数与基本型号不同的称为变型，"B"表示第二种变型产品。

第三、四个数字为列、组代号，"2"代表开式双柱压力机，"3"代表可倾机身。

横线后的数字代表主参数，一般用压力机的公称压力作为主参数，代号中的公称压力用工程单位"tf（吨力）"表示。故转换为法定单位制的"kN（千牛）"时，应将此数字乘以10。例中63代表63 tf，乘以10即为630 kN。

表1.4 压力机分类

类别名称	拼音代号	类别名称	拼音代号
机械压力机	J	锻压机	D
液压压力机	Y	剪切机	Q
自动压力机	Z	弯曲校正机	W
锤	C	其他	T

压力机的名词解释：

(1) 开式压力机：指床身结构为C型，操作者可以从前、左、右接近工作台，操作空间

大，可左右送料的压力机。

（2）单柱压力机：指开式压力机床身为单柱，此种压力机不能前后送料。

（3）双柱压力机：指开式压力机床身为双柱，可前后、左右送料。

（4）可倾压力机：指开式压力机床身可倾斜一定角度，便于出料。

（5）活动台压力机：指工作台能做水平移动的开式压力机。

（6）固定台压力机：指工作台不能做水平移动的开式压力机。

（7）闭式压力机：指床身为左右封闭的压力机。床身为框架式、或叫龙门式，操作者只能从前后两个方向接近工作台，操作空间小，只能前后送料。

（8）单点压力机：指滑块由一个连杆驱动的压力机，用于小吨位台面较小的压力机。

（9）双点压力机：指滑块由两个连杆驱动的压力机，用于大吨位台面较宽的压力机。

（10）四点压力机：指滑块由四个连杆驱动的压力机，用于前后左右都较大的压力机。

（11）单动压力机：指只有一个滑块的压力机。

（12）双动压力机：指具有内、外两个滑块的压力机。外滑块用于压边，内滑块用于拉深。

（13）上传动压力机：指传动机构设在工作台以上的压力机。

（14）下传动压力机：指传动机构设在工作台以下的压力机。

3. 曲柄压力机的技术参数

曲柄压力机的基本技术参数表示压力机的工艺性能和应用范围，是选用压力机和设计模具的主要依据。曲柄压力机的基本技术参数如下。

（1）公称压力（kN）：公称压力是指当滑块运动到距下死点前一定距离（公称压力行程）或曲柄旋转到下死点前某一角度（公称压力角）时，滑块上允许的最大工作压力。

（2）滑块行程：滑块行程是指滑块从上死点运动到下死点所走过的距离，它的大小和压力机的工艺用途有很大的关系。

（3）滑块行程次数：滑块行程次数是指滑块空载时，每分钟上下往复运动的次数。有负荷时，实际滑块行程次数小于空载次数。对于自动送料曲柄压力机，滑块行程次数越高，生产效率就越高。

（4）装模高度和封闭高度：压力机装模高度（GB/T 8845—2006 称为闭合高度）是指在压力机滑块处于下死点位置时，滑块下表面到垫板上表面的距离。当装模高度调节装置将滑块调整到最上位置时（即当连杆调至最短时），装模高度达最大值，称为最大装模高度。当装模高度调节装置将滑块调整到最下位置时（即当连杆调至最长时），装模高度达到最小值，称为最小装模高度。模具的闭合高度应小于压力机的最大装模高度。装模高度调节装置所能调节的距离，称为装模高度调节量。例如 J31－315 型压力机的最大装模高度为 490 mm，装模高度调节量为 200 mm。和装模高度并行的参数还有封闭高度（JB 1395—1974），所谓封闭高度是指滑块在下死点时，滑块下表面到工作台上表面的距离，它和装模高度之差即为垫板的厚度。

（5）工作台尺寸和滑块底面尺寸：这些尺寸与模具外形尺寸及模具安装方法有关。

（6）模柄孔尺寸：当模具需要用模柄与滑块相连时，模具的模柄尺寸应与滑块内模柄孔的尺寸相协调。

除上述参数外，喉口的深度、漏料孔的尺寸等也是模具设计时所必须考虑的。

表 1.5 是常用的开式可倾压力机的主要结构参数。

表 1.5　开式可倾压力机的主要结构参数

公称压力/kN			63	160	400	630	1000	1600	2000	2500	3150
达到公称压力时滑块离下死点的距离/mm			3.5	5	7	8	10	12	12	13	13
滑块行程/（次/min）			50	70	100	120	140	160	160	200	200
行程次数			160	115	80	70	60	40	40	30	30
最大封闭高度/mm	固定式和可倾式		170	220	300	360	400	450	450	500	500
	活动台位置	最低		300	400	460	500				
		最高		160	200	220	260				
封闭高度调节量/mm			40	60	80	90	110	130	130	150	150
滑块中心到床身的距离/mm			110	160	220	260	320	380	380	425	425
工作台尺寸/mm	左右		315	450	630	710	900	1120	1120	1250	1250
	前后		200	300	420	480	600	710	710	800	800
工作台孔尺寸/mm	左右		150	220	300	340	420	530	530	650	650
	前后		70	110	150	180	230	300	300	350	350
	直径		110	160	200	230	300	400	400	460	460
立柱间的距离/mm			150	220	300	340	420	530	530	650	650
模柄孔尺寸（直径×深度）/mm			$\phi30\times50$		$\phi50\times70$		$\phi60\times75$	$\phi70\times80$		T 形槽	
工作台板厚度/mm			40	60	80	90	110	130	130	150	150
倾角（可倾式工作台压力机）/（°）			30	30	30	30	25	25			

1.4.2　液压机

液压机工作平稳，压力大，操作空间大，设备结构简单，在冲压生产过程中广泛应用于拉深、成型等工艺过程，也可应用于塑料制品的加工过程。

1. 液压机的结构及工作过程

液压机是根据帕斯卡原理制成的，它利用液体压力来传递能量，液压机的结构如图 1.10 所示。工作时，模具安装于活动横梁 4 和下梁 6 之间，主缸 3 带动活动横梁 4 对模具加压；工作结束时，主缸 3 回复，打开模具，需要时顶出缸 7 可将工件顶出。液压机的工作行程长，并在整个行程上都能承受公称载荷，不会发生超负荷的危

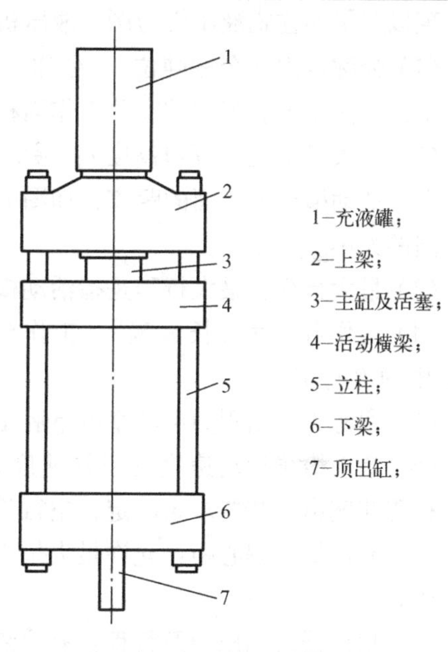

图 1.10　液压机结构

险，但工作效率低。

2. 液压机型号的表示方法

液压机的型号表示方法与曲柄压力机的型号表示方法相类似，其具体表示方法如下。

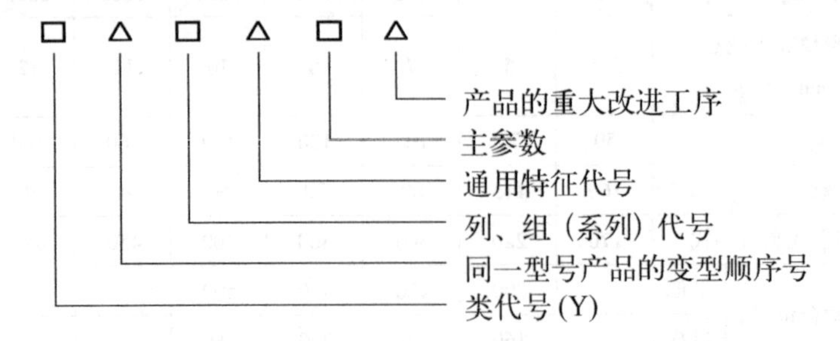

其中通用特征代号为：

通用特性	自动	半自动	数控	液压	缠绕结构	高速	精密	长行程或长杆	冷挤压	温热挤压
字母代号	Z	B	K	Y	R	G	M	C	L	W

例如 YA32－315 型号的意义是：

第一个字母为类的代号，“Y”表示液压机。

第二个字母代表同一型号产品的变型顺序号。

第三、四个数字为列、组代号，“32”表示四柱液压机。

横线后的数字代表主参数，“315”表示公称压力为315 tf。

3. 液压机的技术参数

现以三梁四柱式液压机为例，液压机的基本参数如下：

(1) 公称压力（公称吨位）：公称压力是指液压机名义上能产生的最大力量，在数值上等于工作液体压力和工作柱塞总工作面积的乘积，它反映了液压机的主要工作能力。

(2) 最大净空距（开口高度）：最大净空距是指活动横梁停止在上限位置时，从工作台上表面到活动横梁下表面的距离，如图1.11 中的 H。最大净空距反映了液压机高度方向上工作空间的大小。

(3) 最大行程：最大行程是指活动横梁能够移动的最大距离，如图1.11 中的 S。

(4) 工作台尺寸（长×宽）：工作台尺寸是指工作台面上可以利用的有效尺寸，如图1.11 中的 B 与 T。

(5) 回程力：回程力由活塞缸下腔工作面积或单独设置的回程缸来实现。

(6) 活动横梁运动速度（滑块速度）：可分为工作行程速度、空行程速度及回程速度。工作行程速度由工艺要求来确定，空行程速度及回程速度可以高一些，以提高生产效率。

(7) 允许最大偏心距：允许最大偏心距是指工件变形阻力接近公称压力时所能允许最大偏心值。

(8) 顶出器公称压力及行程：有些液压机下横梁装有顶出器，其压力和行程可按工艺要求确定。

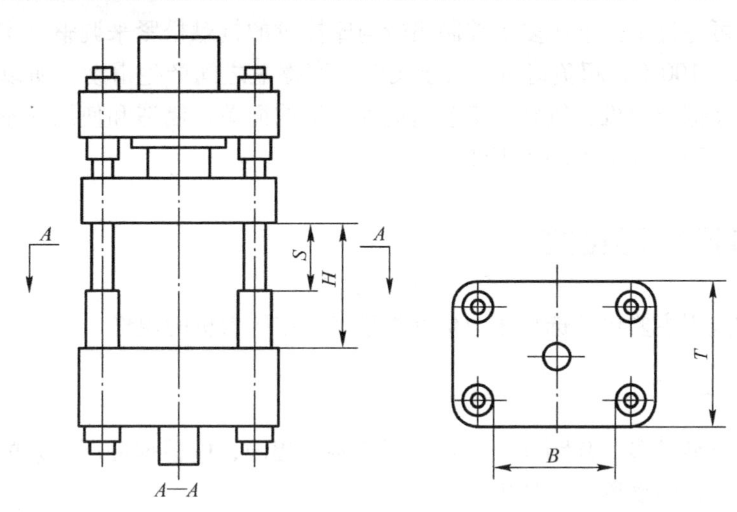

图 1.11　基本参数示意图

1.4.3　摩擦式压力机

摩擦式压力机是利用摩擦盘与飞轮之间相互接触，传递动力，并根据螺杆与螺母相对运动，使滑块产生上下往复运动的锻压机械。

图 1.12 所示为摩擦压力机的传动示意图。其工作原理为：电动机 1 通过 V 形传动带 2 及大带轮把运动传递给横轴 4 及左右摩擦盘 3 和 5，使横轴与左右摩擦盘始终在旋转，并且横轴可允许在轴内做一定的水平轴向移动。工作时，压下手柄 13，横轴右移，使左摩擦盘 3 与飞轮 6 的轮缘相压紧，迫使飞轮与螺杆 9 顺时针旋转，带动滑块向下做直线运动，进行冲压加工。反之，手柄向上，滑块上升。滑块的行程用安装在连杆 10 上的两个挡块 11 来调

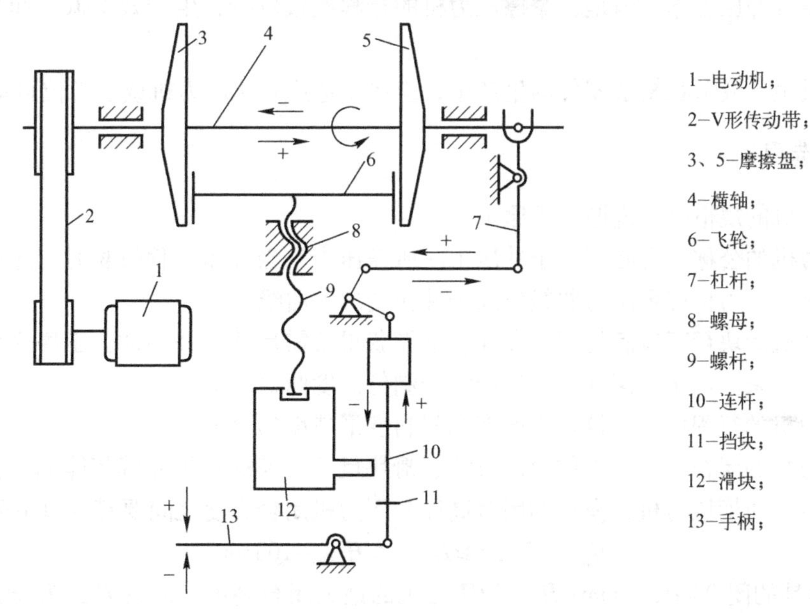

图 1.12　摩擦压力机的传动示意图

节。压力的大小可通过手柄下压多少控制飞轮与摩擦盘的接触松紧来调整。实际压力允许超过公称压力25%～100%，超负荷时，由于飞轮与摩擦盘之间产生滑动，所以不会因过载而损坏机床。由于摩擦压力机有较好的工艺适应性，结构简单，制造和使用成本较低，因此特别适用于校正、压印、成型等冲压工作。

1.4.4 冲压设备的选择

冲压设备的选用主要包括选择压力机的类型和确定压力机的规格。

1. 类型的选择

冲压设备的类型较多，其刚度、精度、用途各不相同，应根据冲压工艺的性质、生产批量、模具大小、制件精度等正确选用。

对于中小型的冲裁件、弯曲件或拉深件的生产，主要应采用开式机械压力机。虽然开式压力机的刚性差，在冲压力的作用下床身的变形会破坏冲裁模的间隙分布，降低模具的寿命或冲裁件的表面质量，可是由于它提供了极为方便的操作条件和非常容易安装机械化附属装置的特点，因此使它成为目前中小型冲压设备的主要形式。

对于大中型冲裁件的生产多采用闭式结构形式的机械压力机。在大型拉深件的生产中，应尽量选用双动拉深压力机，因其可使所用模具结构简单，调整方便。

在小批量生产中，尤其是大型厚板冲压件的生产多采用液压机。液压机没有固定的行程，不会因为板料厚度变化而超载，而且在需要很大的施力行程加工时，与机械压力机相比具有明显的优点。但是，液压机的速度慢，生产效率低，而且零件的尺寸精度有时会受到操作因素的影响而不十分稳定。

摩擦压力机具有结构简单、不易发生超负荷损坏等特点，所以在小批量生产中常用来完成弯曲、成型等冲压工作。但是，摩擦压力机的行程次数较少，生产效率低，而且操作不太方便。

在大批量生产或形状复杂零件的生产中，应尽量选用高速压力机或多工位自动压力机。

2. 规格选用

确定压力机的规格时应遵循如下原则：

（1）压力机的公称压力必须大于冲压工序所需压力，当冲压行程较长时，还应注意在全部工作行程上，压力机许可压力曲线应高于冲压变形力曲线。

（2）压力机滑块行程应满足制件在高度上能获得所需尺寸，并在冲压工序完成后能顺利地从模具上取出来。对于拉深件，行程应大于制件高度两倍以上。

（3）压力机的行程次数应符合生产率和材料变形速度的要求。

（4）压力机的闭合高度、工作台面尺寸、滑块尺寸、模柄孔尺寸等都能满足模具的正确安装要求。对于曲柄压力机，模具的闭合高度与压力机闭合高度之间要符合以下公式：

$$H_{max} - 5\ \text{mm} \geq H + h \geq H_{min} + 10\ \text{mm}$$

式中，H 为模具的闭合高度，mm；H_{max} 为压力机的最大闭合高度，mm；H_{min} 为压力机的最小闭合高度，mm；h 为压力机的垫板厚度，mm。

工作台尺寸一般应大于模具下模座 50 ～70 mm，以便于安装；垫板孔径应大于制件或废料的投影尺寸，以便于漏料；模柄尺寸应与模柄孔尺寸相符。

思考题1

1. 什么是冲压成型？冲压成型加工有什么特点？
2. 冲压工序分为哪两大类？它们的主要不同是什么？
3. 冲压常用的材料有哪些？
4. 曲柄压力机常用的技术参数有哪些？液压机常用的技术参数有哪些？

单元2 冲裁工艺与冲裁模

本学习单元介绍冲裁工艺与冲裁件的工艺性、冲裁变形过程、排样设计、冲裁工艺计算，以及冲裁模典型结构和冲裁模零件结构设计。

教学导航

教	知识重点	1. 冲裁工艺与冲裁件的工艺性；2. 冲裁变形过程；3. 冲裁工艺计算；4. 冲裁模典型结构；5. 冲裁模零件结构设计
	知识难点	1. 冲裁变形过程；2. 冲裁工艺计算；3. 冲裁模零件结构设计
	推荐教学方式	采用“教、学、做”三结合的教学方式，以典型生产产品为实例，来强化学生对冲裁模设计的理解。通过大作业使学生掌握模具设计整体过程
	建议学时	10学时
学	推荐学习方法	以实例为基础，学习冲裁模的设计方法，通过“学中做、做中学”来加深理解
	必须掌握的理论知识	1. 冲裁工艺与冲裁件的工艺性；2. 冲裁变形过程；3. 冲裁工艺计算
	必须掌握的技能	1. 排样设计；2. 冲裁工艺计算；3. 冲裁模典型结构；4. 冲裁模零件结构设计

2.1　冲裁工艺及冲裁件的工艺性

2.1.1　冲裁工艺基础

冲裁是指利用模具在压力机上使板料产生分离的冲压工艺。冲裁可直接冲出所需形状的零件，也可为其他工序制备毛坯。冲裁时所使用的模具称为冲裁模。

冲裁工艺的种类很多，常用的有落料、冲孔、切断、切边、切口等，其中落料和冲孔应用最多。从板料上冲下所需形状的零件（或毛坯）称为落料；在零件（或毛坯）上冲出所需形状的孔（冲去部分为废料）称为冲孔。落料与冲孔的变形性质完全相同，但在进行模具设计时，模具尺寸的确定方法不同，因此，工艺上必须作为两个工序加以区分。图 2.1 所示的垫圈，冲制外形 $\phi22$ 的冲裁工序为落料，冲制内孔 $\phi10.5$ 的工序为冲孔。

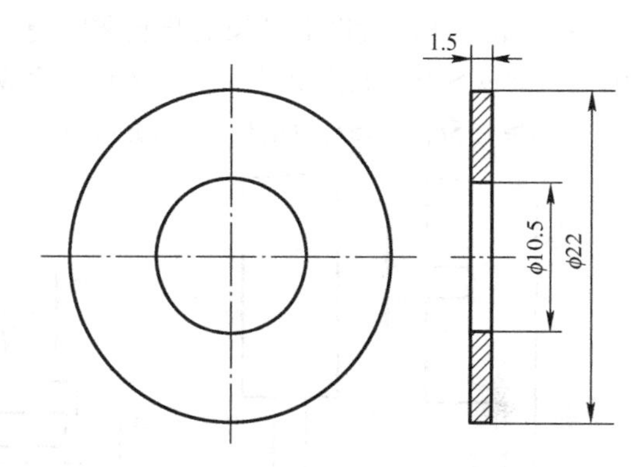

图 2.1　落料与冲孔

根据冲裁的变形机理不同，冲裁工艺可以分为普通冲裁和精密冲裁两大类。所谓普通冲裁是由凸、凹模刃口之间产生剪裂缝的形式实现板料分离。而精密冲裁则是以变形的形式实现板料的分离。普通冲裁断面比较粗糙，精度较低；精密冲裁断面较光洁，精度较高，但需专门的精冲设备与模具。本章主要讨论普通冲裁。

2.1.2　冲裁件的工艺性

冲裁件的工艺性是指冲裁件对冲压工艺的适应性，即冲裁加工的难易程度。良好的冲裁工艺性能使材料消耗少、工序数量少、模具结构简单且使用寿命长、产品质量稳定。因此，冲裁件的结构形状、尺寸大小、精度等级、材料及厚度等是否符合冲裁件的工艺要求，对冲裁件质量、模具寿命和生产效率有很大影响。

1. 冲裁件的形状和尺寸

（1）冲裁件的形状设计应尽量简单、对称，同时应减少排样废料，如图 2.2 所示。

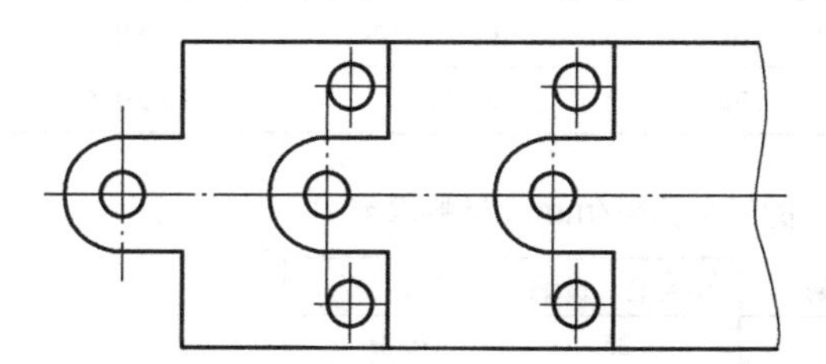

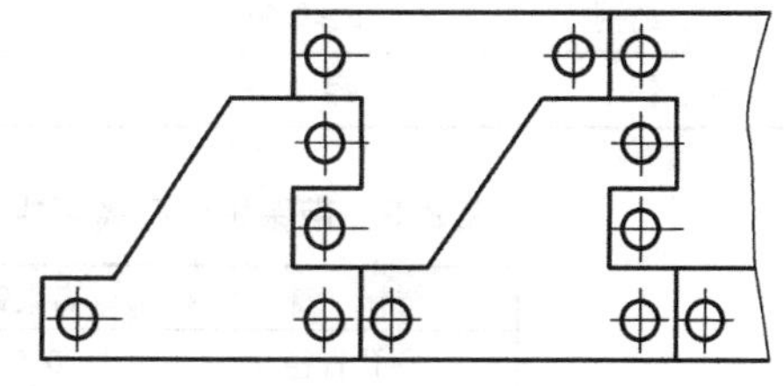

图 2.2　冲裁件形状与材料利用

（2）冲裁件的外形或内孔应避免尖角，各直线或曲线的连接处，应有适当的圆角转接，以便于模具加工，减少热处理开裂，减少冲裁时尖角处的崩刃和过快磨损。转接圆角半径 r 的最小值见表2.1。

表2.1　转接圆角半径 r 的最小值（材料厚度 t）

零件种类		黄铜、铝	合金铜	软钢	备注/mm
落料	交角≥90°	0.18t	0.35t	0.25t	>0.25
	<90°	0.35t	0.70t	0.5t	>0.5
冲孔	交角≥90°	0.2t	0.45t	0.3t	>0.3
	<90°	0.4t	0.9t	0.6t	>0.6

（3）尽量避免冲裁件上过长的凸起和凹槽，冲裁件的凸起和凹槽宽度不应小于板料厚度 t 的两倍，即 $a>2t$，如图2.3（a）所示。冲裁件上孔与孔、孔与边缘的距离 b、b_1 不应过小，一般 $b \geqslant 1.5t$，$b_1 \geqslant t$，如图2.3（b）、（c）所示。

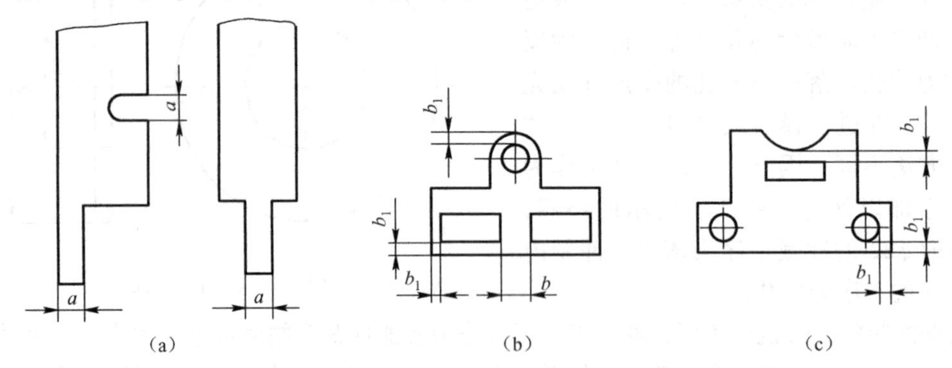

图2.3　冲裁件狭槽尺寸、孔边距和孔间距

（4）为防止冲裁时凸模折断或弯曲，冲孔时孔径不能太小。冲孔最小直径与孔的形状、板料力学性能、板料厚度有关，如表2.2、表2.3所示。

表2.2　一般冲孔模可冲压的最小孔径/mm（材料厚度 t）

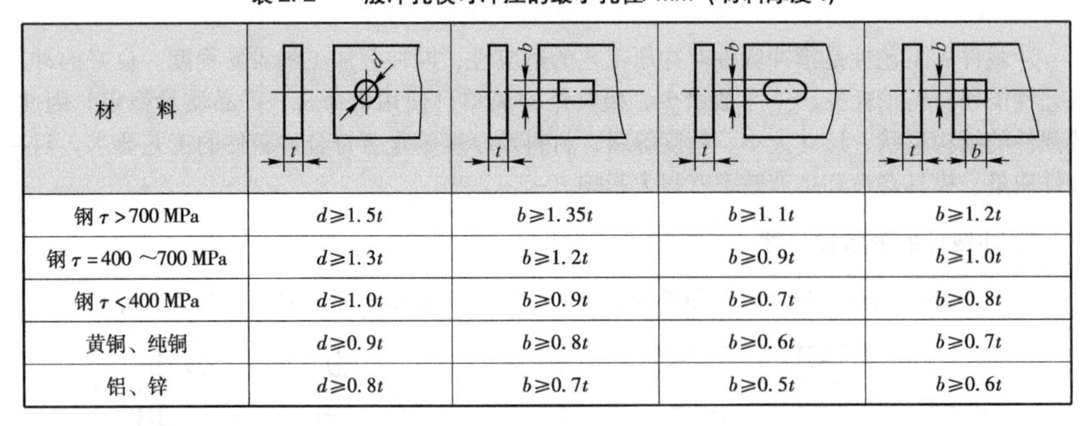

材　料				
钢 τ>700 MPa	$d \geqslant 1.5t$	$b \geqslant 1.35t$	$b \geqslant 1.1t$	$b \geqslant 1.2t$
钢 τ=400～700 MPa	$d \geqslant 1.3t$	$b \geqslant 1.2t$	$b \geqslant 0.9t$	$b \geqslant 1.0t$
钢 τ<400 MPa	$d \geqslant 1.0t$	$b \geqslant 0.9t$	$b \geqslant 0.7t$	$b \geqslant 0.8t$
黄铜、纯铜	$d \geqslant 0.9t$	$b \geqslant 0.8t$	$b \geqslant 0.6t$	$b \geqslant 0.7t$
铝、锌	$d \geqslant 0.8t$	$b \geqslant 0.7t$	$b \geqslant 0.5t$	$b \geqslant 0.6t$

表2.3　带保护套凸模可冲压的最小孔径/mm（材料厚度 t）

材　料	高碳钢	低碳钢、黄铜	铝、锌
圆孔直径 d	0.5t	0.35t	0.3t
长方孔宽度 b	0.45t	0.3t	0.28t

2. 冲裁件的尺寸精度和表面粗糙度

（1）金属冲裁件的内、外形的经济精度不高于 IT11 级，见表 2.4。一般落料精度最好低于 IT10 级，冲孔精度最好低于 IT9 级。冲裁件剪切断面的近似表面粗糙度值见表 2.5。

表 2.4　冲裁件内、外形可达到的经济精度

<table>
<tr><th>基本尺寸/mm
材料厚度 t/mm</th><th>≤3</th><th>3～6</th><th>6～10</th><th>10～18</th><th>18～500</th></tr>
<tr><td>≤1</td><td colspan="3">IT12、IT13</td><td colspan="2">IT11</td></tr>
<tr><td>≥1～2</td><td>IT14</td><td colspan="3">IT12、IT13</td><td>IT11</td></tr>
<tr><td>≥2～3</td><td colspan="3">IT14</td><td colspan="2">IT12、IT13</td></tr>
<tr><td>≥3～5</td><td></td><td colspan="3">IT14</td><td>IT12、IT13</td></tr>
</table>

表 2.5　一般冲裁件剪切断面表面粗糙度

材料厚度 t/mm	≤1	1～2	2～3	3～4	4～5
断面表面粗糙度 Ra/μm	3.2	6.3	12.5	25	50

（2）非金属冲裁件的内、外形的经济精度为 IT14、IT15 级。

（3）冲裁件尺寸标注应符合冲压工艺要求。例如图 2.4 所示的冲裁件，其中图 2.4（a）的尺寸标注方法就不合理，因为两孔中心距会随模具的磨损而增大。如改为图 2.4（b）的标注方式，则两孔中心距 S_2 与模具磨损无关。

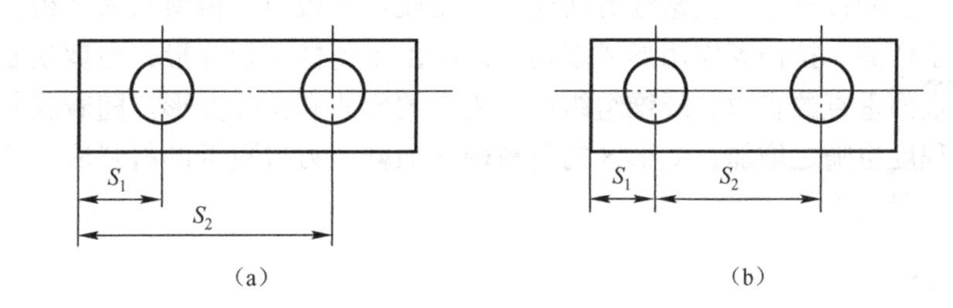

图 2.4　冲裁件尺寸标注

2.2　冲裁过程分析

2.2.1　冲裁变形过程

在冲裁过程中，冲裁模的凸、凹模组成上下刃口，在压力机的作用下，凸模逐渐下降，接触被冲压材料并对其加压，使材料发生变形直至产生分离。为了研究冲裁的变形机理，控制冲裁件的质量，就需要分析冲裁时板料分离的实际过程。当模具凸、凹模间隙正常时，板料的变形过程可分为三个阶段，如图 2.5 所示。

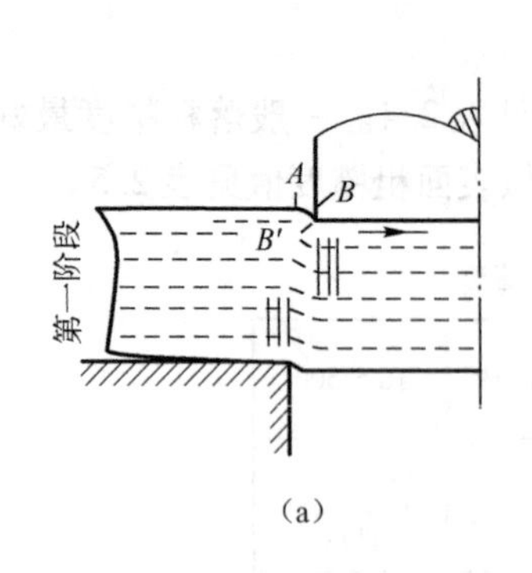

(a)

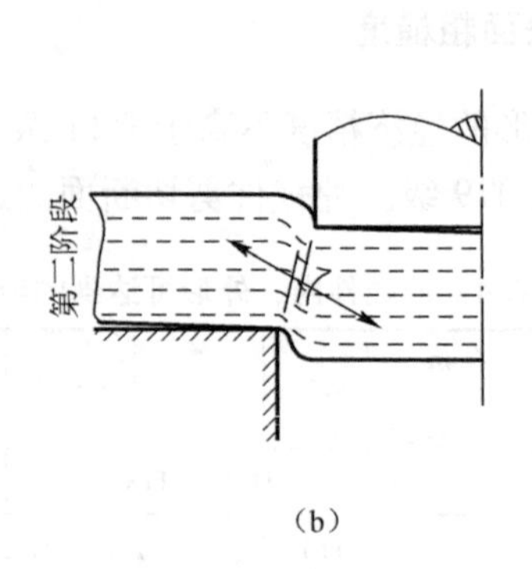

(b)

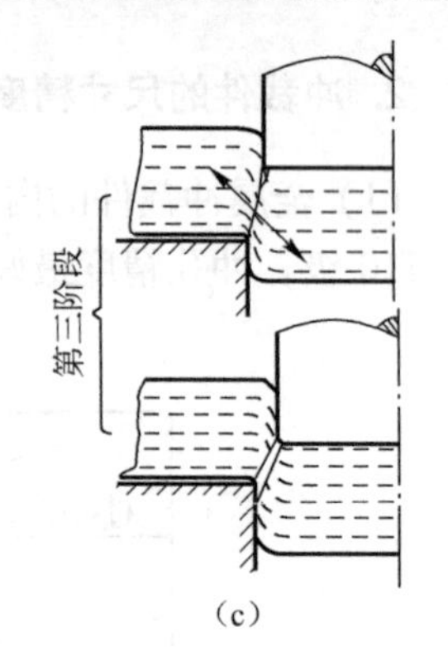

(c)

图2.5　冲裁变形过程

1. 弹性变形阶段

弹性变形阶段如图2.5（a）所示，当凸模开始接触板料并下压时，凸、凹模刃口周围的材料产生应力集中现象，从而使材料产生弹性压缩、弯曲、拉伸等复杂变形。随着凸模的继续压入，材料在刃口周围所产生的应力也逐渐增大，直到材料内应力达到弹性极限。此时，若卸除凸模压力，材料能够恢复原状，不产生永久变形，这就是弹性变形阶段。

2. 塑性变形阶段

塑性变形阶段如图2.5（b）所示，随着凸模继续压入，材料的内应力达到屈服极限，材料在与凸、凹模的接触处产生塑性剪切变形。凸模切入板料，板料挤入凹模。在板料剪切面的边缘，由于弯曲、拉伸等作用形成塌角，同时由于塑性剪切变形，在剪切断面上形成一小段光亮且与板面垂直的直边。纤维组织产生更大的弯曲和拉伸变形。随着材料内应力的增大，塑性变形程度也随之增加，变形区的材料硬化加剧，刃口附近的材料应力将达到强度极限，塑性变形阶段结束。

3. 断裂阶段

断裂阶段如图2.5（c）所示，当板料内的应力达到强度极限后，随着凸模继续下压，在与凸、凹模的接触处，板料产生微小裂纹。在应力作用下，裂纹不断扩展并向材料内延伸。当凸、凹模之间具有合理间隙时，上下裂纹能够汇合，板料发生分离。凸模继续下压，将已分离的材料从板料中推出，完成冲裁过程。

由上述冲裁变形的分析可知，冲裁过程的变形是很复杂的。冲裁变形区为凸、凹模刃口连线的周围材料部分，其变形性质是以塑性剪切变形为主，还伴有拉伸、弯曲与横向挤压等变形。所以冲裁件及废料的平面常有翘曲现象。

2.2.2　冲裁件断面特征

在正常冲裁工作条件下，在凸模刃口产生的剪切裂纹与在凹模刃口产生的剪切裂纹是相互汇合的，这时可得到图2.6所示的冲件断面，它具有如下四个特征区：

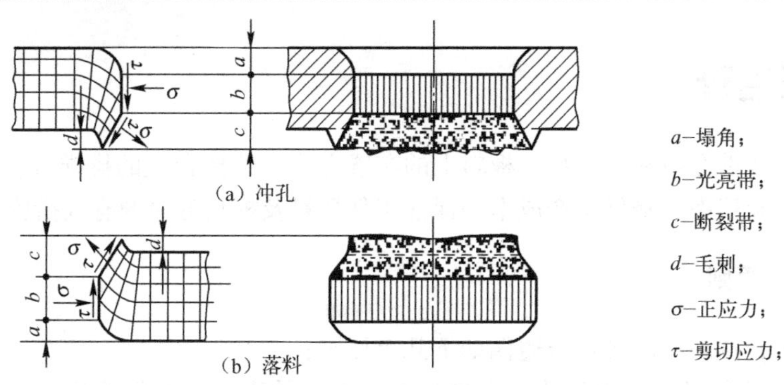

图2.6 冲裁区应力、变形情况及冲裁断面状况

1. 塌角（圆角）区

塌角是由于板料受弯曲、拉伸作用而形成的。冲孔工序中，塌角位于孔断面的小端；落料工序中，塌角位于上件断面的大端。板料的塑性越好，凸、凹模之间的间隙越大，形成的塌角也越大。

2. 光亮带

光亮带紧挨塌角区，是由于凸模切入板料及板料挤入凹模时产生塑性剪切变形而形成的，光亮带垂直于板料平面。冲孔工序中，光亮带位于孔断面的小端；落料工序中，光亮带位于零件断面的大端。较高质量的冲裁件断面，应该是光亮带较宽，约占整个断面高度的1/3～1/2。板料塑性越好，凸、凹模之间的间隙越小，光亮带的宽度越宽。

3. 断裂带

断裂带紧挨着光亮带，是由于冲裁时产生裂纹及裂纹扩展而形成的。断裂带表面粗糙，并带有4°～6°的斜角。在冲孔工序中，断裂带位于孔断面的大端；在落料工序中，断裂带位于零件断面的小端。凸、凹模之间的间隙越大，断裂带越宽且斜角越大。

4. 毛刺

毛刺紧挨着断裂带的边缘，是由于断面的撕裂而产生的。

影响冲裁件断面质量的因素很多，其中影响最大的是凸、凹模之间的冲裁间隙。在具有合理间隙的冲裁条件下，所得到的冲裁件断面塌角较小，有正常的光亮带，其断裂带虽然粗糙，但比较平坦，斜度较小，毛刺也不明显。

由此可见，冲裁件的断面不很整齐，仅短短的一段光亮带是柱体。若不计弹性变形的影响，则板料孔的光亮体的光亮柱体部分尺寸，近似等于凸模尺寸；落料的光亮柱体部分，近似等于凹模尺寸。对于板料孔，决定孔类零件配合性质的是它的最大尺寸，也是它的光亮柱体部分尺寸，于是可得出如下重要的关系式：

落料尺寸＝凹模尺寸

冲孔尺寸＝凸模尺寸

这是计算凹模尺寸和凸模尺寸的主要依据。

2.3 排样设计

排样是指冲裁件在条料、带料、板料上的布置方式。选择合理的排样方式和适当的搭边值，是提高材料利用率、降低生产成本和保证工件质量及模具寿命的有效措施。

1. 排样设计原则

一般情况下，冲裁件的排样应遵循如下几个原则：

(1) 提高材料利用率。冲裁件生产批量大，生产效率高，材料费用一般会占总成本的60%以上，所以材料利用率是衡量排样经济性的一项重要指标。因此，要提高材料利用率主要应从减少工艺废料着手，设计出合理的排样方案。有时，在不影响零件性能的前提下，也可适当改变冲裁件的形状。

(2) 改善操作性。冲裁件排样应使工人操作方便、安全、劳动强度低。一般说来，在冲裁生产时应尽量减少条料的翻动次数，在材料利用率相同或相近时，应选用条料宽度及进距小的排样方式。它还可以减少板料裁切次数，节省剪裁备料时间。

(3) 使模具结构简单合理，使用寿命长。

(4) 保证冲裁件质量。对于弯曲件的落料，在排样时还应考虑板料的纤维方向。

2. 排样的分类

按照材料的利用程度，排样可分为有废料排样、少废料排样和无废料排样三种，如图2.7所示。废料是指冲裁中除零件以外的其他板料，包括工艺废料和结构废料。

(1) 有废料排样：有废料排样是指在冲裁件与冲裁件之间、冲裁件与条料侧边之间均有工艺废料，冲裁是沿冲裁件的封闭轮廓进行的，所以冲裁件质量好，模具寿命长，但材料利用率低，如图2.7 (a) 所示。

(2) 少废料排样：少废料排样是指只在冲裁件之间或只在冲裁件与条料侧边之间留有搭边，而在冲裁件与条料侧边或在冲裁件与冲裁件之间无搭边存在，如图2.7 (b) 所示。这种冲裁只沿冲裁件的部分轮廓进行，材料利用率可达70%～90%。

(3) 无废料排样：无废料排样是指在冲裁件与冲裁件之间、冲裁件与条料侧边之间均无搭边存在，冲裁件实际上是直接由切断条料获得的，如图2.7 (c) 所示。材料利用率可高达85%～90%。

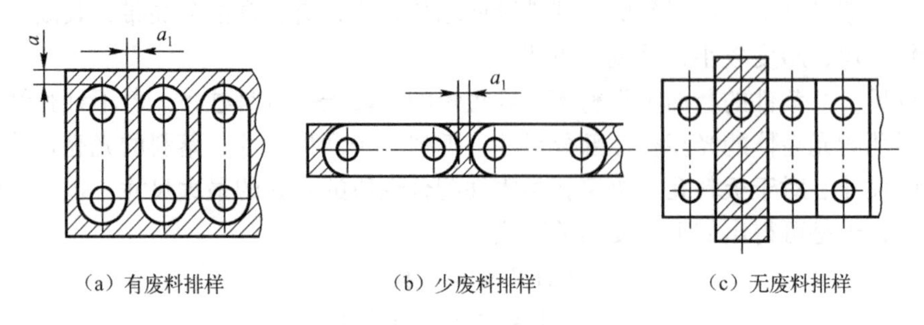

(a) 有废料排样　　(b) 少废料排样　　(c) 无废料排样

图2.7　排样分类

采用少废料、无废料排样时，材料利用率高，不但有利于一次行程获得多个冲裁件，还可以简化模具结构、降低冲裁力，但受条料宽度误差及条料导向误差的影响，冲裁件尺寸及精度不易保证，另外，在有些无废料排样中，冲裁时模具会单面受力，影响模具使用寿命。有废料排样时冲裁件质量和模具寿命较高，但材料利用率较低。所以，在排样设计中，应全面权衡利弊。

3. 排样的形式

根据冲裁件在板料上的布置方式，有直排、单行排、多行排、斜排、对头直排（直对排）和对头斜排（斜对排）等多种排样方式，见表2.6。

表2.6 排样方式

排样方式	有废料排样	少、无废料排样	应用及特点
直排	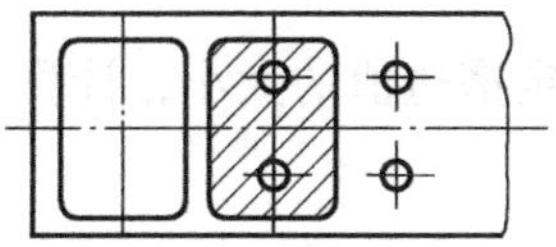	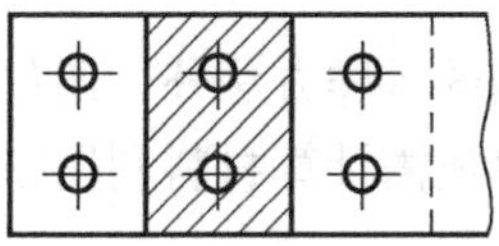	用于简单的矩形、方形
斜排	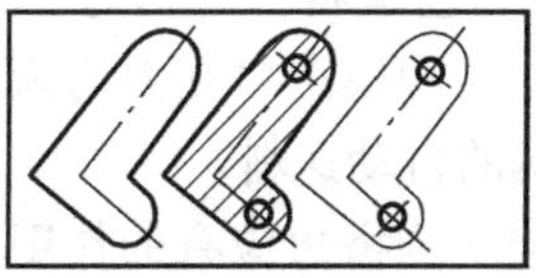	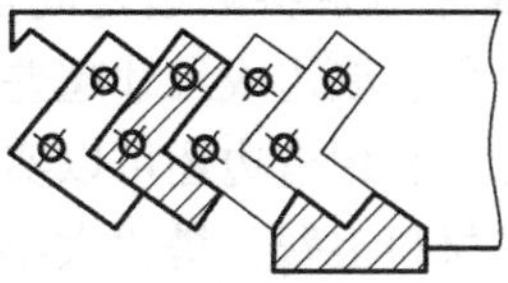	用于椭圆形、十字形、T形、L形或S形。材料利用率比直排高，但受形状限制，应用范围有限
对头直排	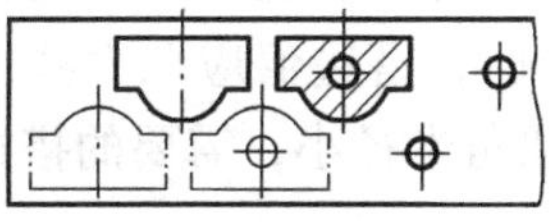	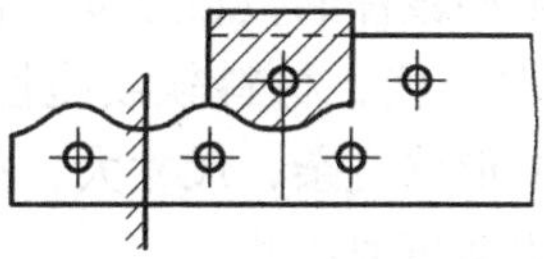	用于梯形、三角形、半圆形、山字形，对头直排一般需将板料掉头往返冲裁，有时甚至要翻转材料往返冲，工人劳动强度大
对头斜排	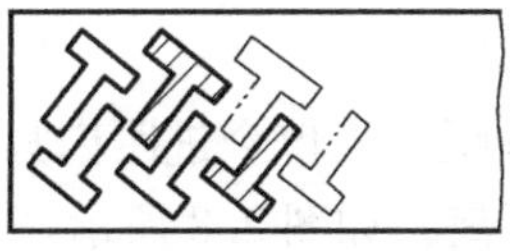	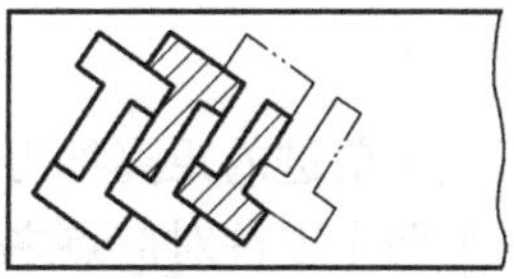	多用于T形冲件，材料利用率比对头直排高，但也存在和对头直排同样的问题
多排	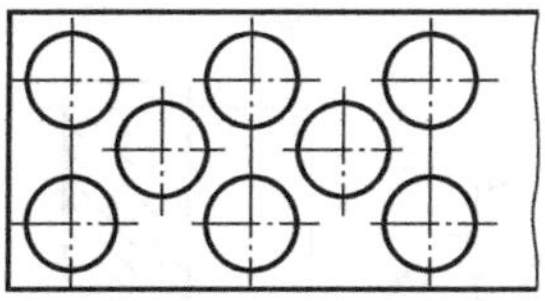 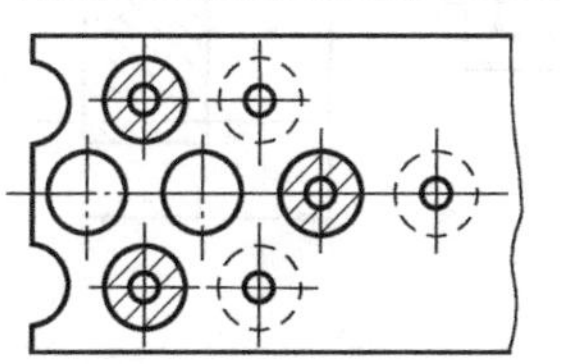	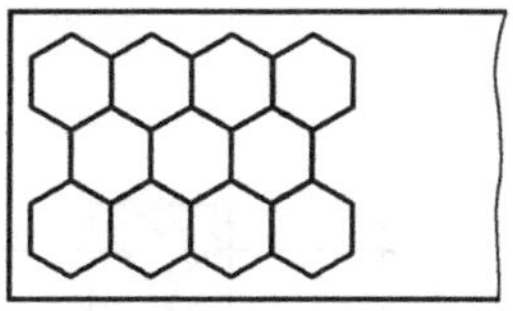 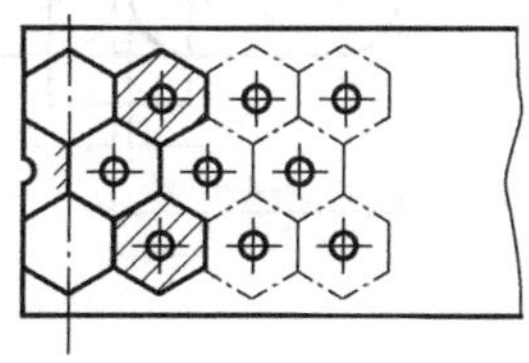	用于大批量生产中尺寸不大的圆形、正多边形。材料利用率随行数的增加而大大提高。但会使模具结构更复杂。由于模具结构的限制，同时冲相邻两件是不可能的，另外，由于增加行数，使模具在送料方向亦要增长。短的板料，每块都会产生残件或不能再冲料头等问题，为了克服其缺点，这种排样最好采用卷料

续表

排样方式	有废料排样	少、无废料排样	应用及特点
混合排			材料及厚度都相同的两种或两种以上的制件。混合排样只有采用不同零件同时落料，将不同制件的模具复合在一副模具上，才有价值
冲裁搭边			细而长的制件或将宽度均匀的板料只在制件的长度方向冲成一定形状

4. 排样设计

在排样设计中，除选择适当的排样方法外，还包括确定搭边值的大小，计算条料宽度及送料进距，画出排样图，必要时还需计算材料利用率。

1）搭边

冲裁件与冲裁件之间、冲裁件与条料侧边之间留下的工艺余料称为搭边。搭边的作用是：避免因送料误差发生零件缺角、缺边或尺寸超差；使凸、凹模刃口受力均衡，提高模具使用寿命及冲裁件断面质量；此外利用搭边还可以实现模具的自动送料。

冲裁时，搭边过大，会造成材料浪费，搭边太小，则起不到搭边应有的作用，过小的搭边还会导致板料被拉进凸、凹模间隙，加剧模具的磨损，甚至会损坏模具刃口。

搭边的合理数值主要取决于冲裁件的板料厚度、材料性质、外廓形状及尺寸大小等。一般说来，材料硬时，搭边值可取小些；材料软或脆性材料时，搭边值应取大些；板料厚度大，需要的搭边值大；冲裁件的形状复杂，尺寸大，过渡圆角半径小，需要的搭边值大；手工送料或有侧压板导料时，搭边值可取小些。

搭边值通常由经验确定，表2.7列出了低碳钢冲裁时，常用的最小工艺搭边值。

2）送料进距与条料宽度

模具每冲裁一次，条料在模具上前进的距离称为送料进距。当单个进距内只冲裁一个零件时，送料进距的大小等于条料上两个零件对应点之间的距离，如图2.8所示。

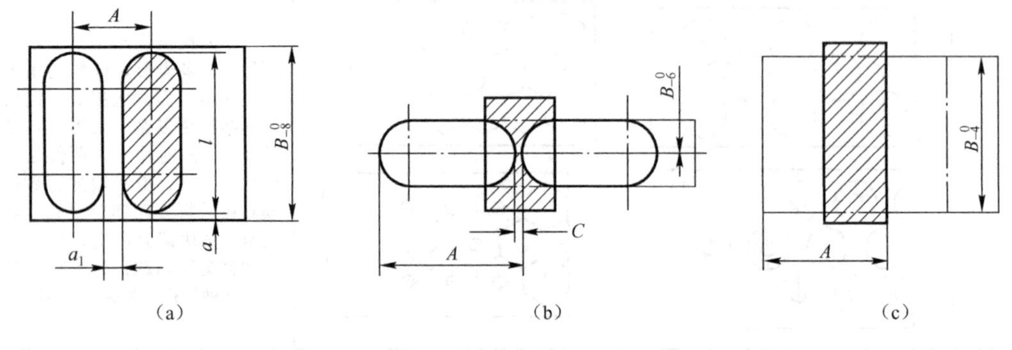

图2.8　排样方式

$$A = D + a_1 \tag{2.1}$$

式中，A 为送料进距，mm；D 为平行于送料方向的冲裁件宽度，mm；a_1 为冲裁件之间的搭边值，mm。

表 2.7　最小工艺搭边值/mm

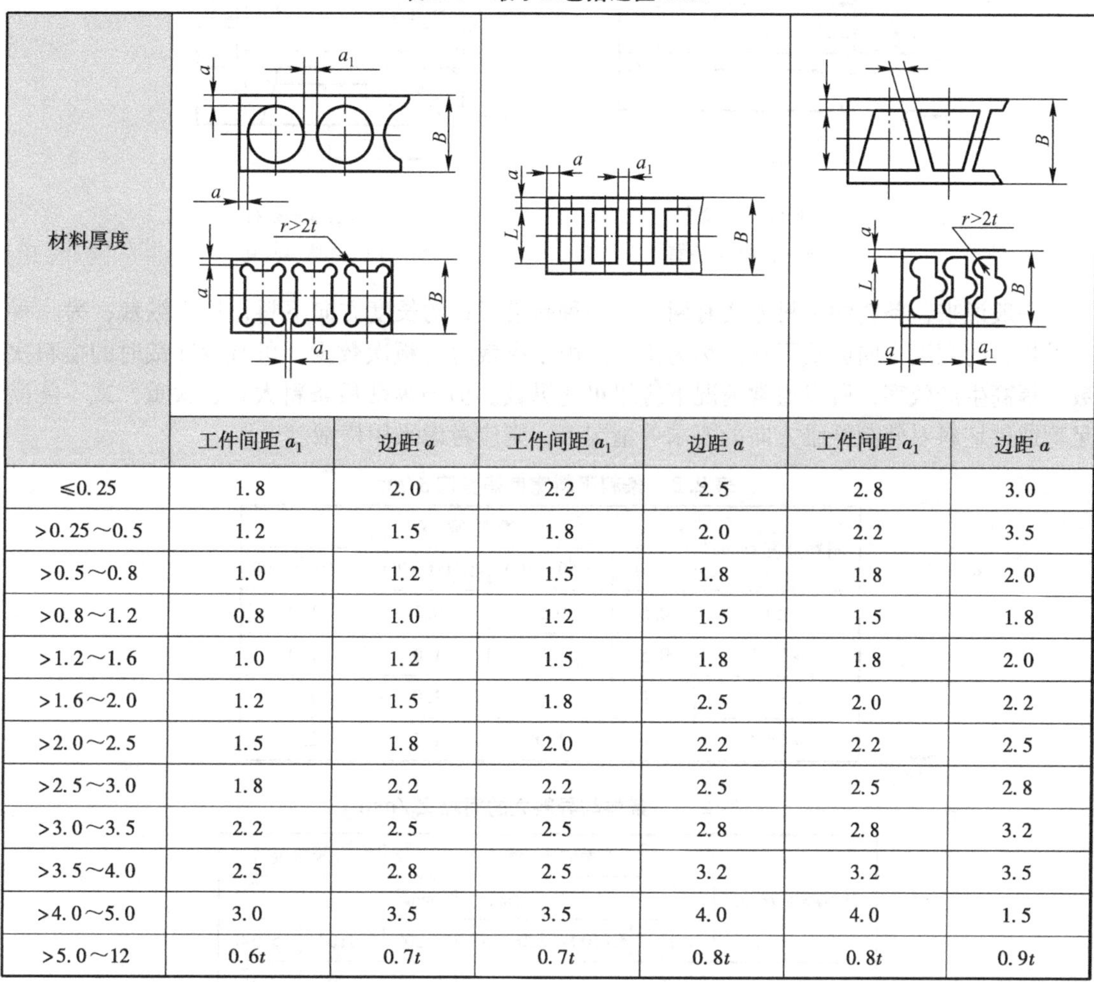

材料厚度	工件间距 a_1	边距 a	工件间距 a_1	边距 a	工件间距 a_1	边距 a
≤0.25	1.8	2.0	2.2	2.5	2.8	3.0
>0.25～0.5	1.2	1.5	1.8	2.0	2.2	3.5
>0.5～0.8	1.0	1.2	1.5	1.8	1.8	2.0
>0.8～1.2	0.8	1.0	1.2	1.5	1.5	1.8
>1.2～1.6	1.0	1.2	1.5	1.8	1.8	2.0
>1.6～2.0	1.2	1.5	1.8	2.5	2.0	2.2
>2.0～2.5	1.5	1.8	2.0	2.2	2.2	2.5
>2.5～3.0	1.8	2.2	2.2	2.5	2.5	2.8
>3.0～3.5	2.2	2.5	2.5	2.8	2.8	3.2
>3.5～4.0	2.5	2.8	2.5	3.2	3.2	3.5
>4.0～5.0	3.0	3.5	3.5	4.0	4.0	1.5
>5.0～12	0.6t	0.7t	0.7t	0.8t	0.8t	0.9t

3）条料宽度 B

冲裁前通常需按要求将板料裁剪为适当宽度的条料，为保证送料顺利，不因条料过宽而发生卡死现象，条料的下料公差规定为负偏差。条料在模具上送进时，一般都有导料装置，导料装置又分为有侧压和无侧压两种，侧压装置是指在条料送进过程中，在条料侧边作用一横向压力，使条料紧贴导料板一侧送进的装置。

当条料在无侧压装置的导料板之间送料时，如图 2.9 所示，条料宽度 B 按下式计算：

$$B = (L + 2a)^{0}_{-\delta} \tag{2.2}$$

当条料在有侧压装置或要求手动保持条料紧贴单侧导料板送料时，如图 2.10 所示，条料宽度 B 按下式计算：

$$B = (L + 2a + z_0)^{0}_{-\delta} \tag{2.3}$$

式（2.2）、式（2.3）中，B 为条料宽度，mm；L 为冲裁件在送料方向的最大尺寸，mm；a

为冲裁件与条料侧边之间的搭边，mm；δ为条料下料时的下偏差值，见表2.8，mm；Z_0为条料与导料板之间的间隙，见表2.9，mm。

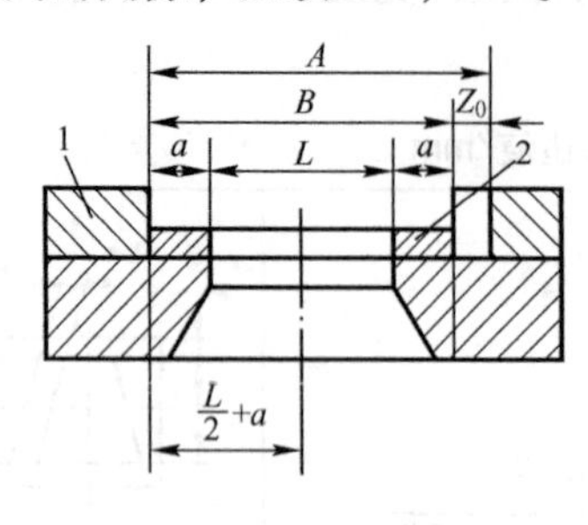

1—导料板；2—条料

图2.9　有侧压装置

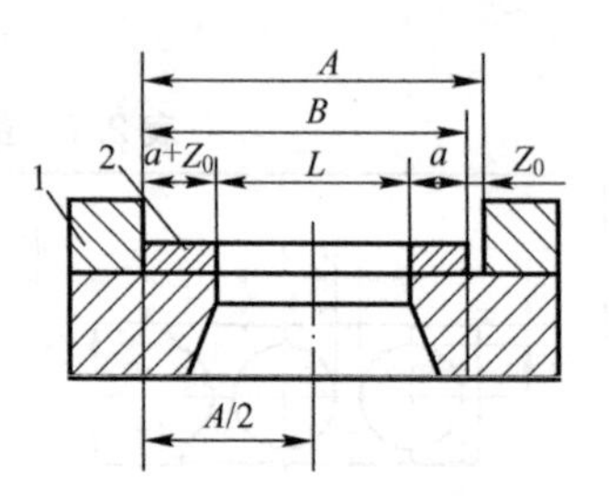

1—导料板；2—条料

图2.10　无侧压装置

一般说来，条料的下料方式有两种，一种是沿板料的长度方向下料，称为纵裁；另一种是沿板料的宽度方向剪裁下料，称为横裁。由于纵裁时剪板次数少，可减少冲裁时的换料次数，提高生产效率，所以通常情况下应尽可能纵裁。但当纵裁后条料太长、太重，或不能满足弯曲件坯料对轧制纤维方向的要求等情况下，则应考虑采用横裁。

表2.8　条料下料宽度偏差值δ/mm

材料厚度 t/mm	条料宽度			
	≤50	>50～100	>100～200	>200～400
≤1	0.5	0.5	0.5	1.0
>1～3	0.5	1.0	1.0	1.0
>3～4	1.0	1.0	1.0	1.5
>4～6	1.0	1.0	1.5	2.0

表2.9　条料与导料之的间隙 Z_0/mm

材料厚度 t/mm	无侧压装置			有侧压装置	
	条料宽度/mm				
	≤100	>100～200	>200～300	≤100	>100
≤1	0.5	0.6	1.0	5.0	8.0
>1～5	0.8	1.0	1.0	5.0	8.0

4）材料利用率计算

材料利用率是冲压工艺中一个非常重要的经济技术指标。其计算可用一个进距内冲裁件的实际面积与毛坯面积的百分比表示：

$$\eta = \frac{S_1}{S_0} \times 100\% = \frac{S_1}{AB} \times 100\% \tag{2.4}$$

式中，S_1为一个进距内冲裁件实际面积，mm^2；S_0为一个进距内所需毛坯面积，mm^2；A为送料进距，mm；B为条料宽度，mm。

5）排样图

排样图是排样设计的最终表达形式，是编制冲裁工艺与设计冲裁模具的重要工艺文件。

一张完整的冲裁模具装配图，应在其右上角画出冲裁件图形及排样图。排样图上，应注明条料宽度及偏差、送料步距及搭边值，如图 2.11 所示。对纤维方向有要求时，还应用箭头标明。

2.4　冲裁工艺计算

2.4.1　冲裁间隙

冲裁模凸、凹模刃口部分尺寸之差称为冲裁间隙，用 Z 表示，又称双面间隙（单面间隙用 $Z/2$ 表示），间隙是冲裁模设计中一个很重要的工艺参数，如图 2.12 所示。

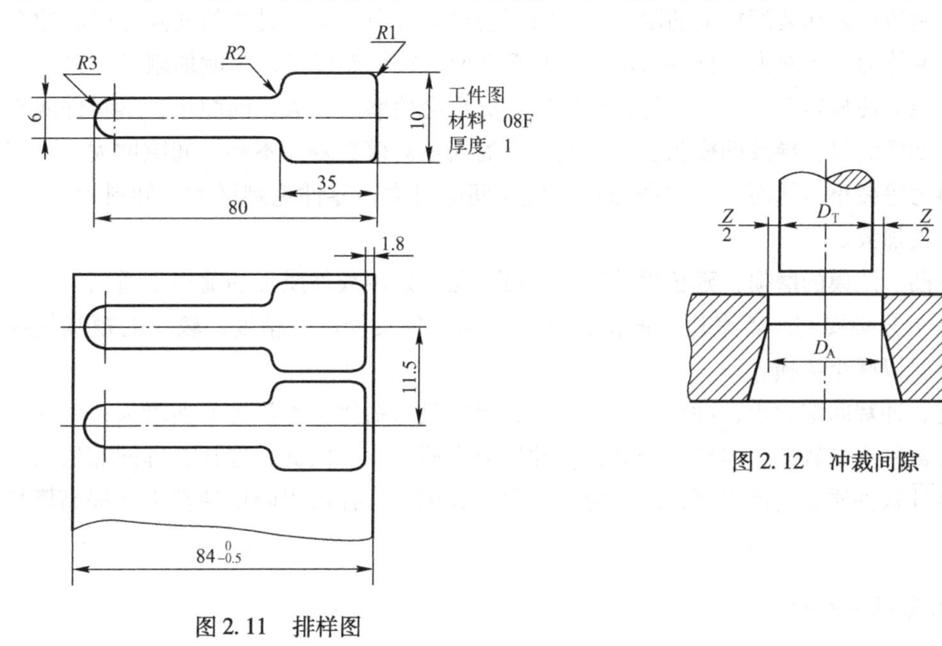

图 2.11　排样图

图 2.12　冲裁间隙

冲裁间隙对冲裁过程有着很大的影响，甚至可以说间隙对冲裁件的质量起着决定性的作用。

1. 间隙对冲裁过程的影响

1）间隙对冲裁件质量的影响

模具间隙是影响断面质量的主要因素，一般说来，间隙小，冲裁件断面质量就高；间隙过大，板料的弯曲、拉伸严重，断面易产生撕裂，光亮带减小，圆角带与断裂斜度增加，毛刺较大；另外，冲裁间隙过大时，冲裁件尺寸及形状也不易保证，零件精度较低。提高断面质量的关键在于推迟裂纹的产生，以增大光亮带宽度，其主要途径就是减小间隙。

2）间隙对冲裁力的影响

间隙增大，材料所受的拉应力增大，材料容易断裂，冲裁力有一定程度的降低，继续增

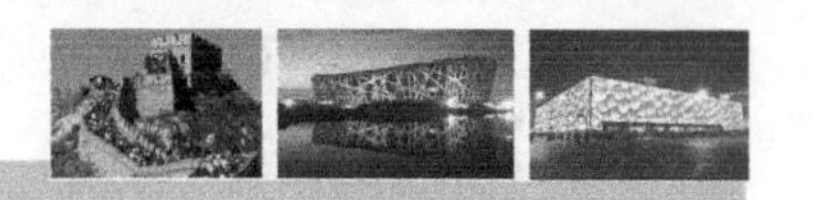

大间隙值，会因从凸、凹模刃口处产生的裂纹不相重合的影响，冲裁力下降变缓。当单向间隙介于料厚的5%～20%时，冲裁力的降低并不显著（不超过5%～10%），间隙减小，材料所受拉应力减小，压应力增大，材料不易产生撕裂，使冲裁力增大，在间隙合理情况下，冲裁力最小。

间隙对卸料力、推件力或顶件力的影响比较显著。间隙增大后，从凸模上卸料或从凹模孔中推料都省力。一般当单向间隙增大到料厚的15%～25%时，卸料力几乎为零，但当间隙继续增大时，因毛刺增大等因素，会引起卸料力、顶件力迅速增大。

3）间隙对模具寿命的影响

模具寿命分为刃磨寿命和模具总寿命。刃磨寿命是用两次刃磨之间的合格制件数表示。总寿命是用模具失效为止的总的合格件数表示。

模具受到制造误差和装配精度的限制，间隙不会绝对分布均匀。过小的间隙会引起冲裁力、侧压力、摩擦力、卸料力、推件力增大，甚至会使材料粘连刃口，这就加剧了刃口的磨损；过小的间隙会使材料产生二次剪切，产生的碎屑也会使磨损加大。间隙小，落料件或废料往往梗塞在凹模洞口，导致凹模胀裂。因此过小的间隙对模具寿命不利。间隙增大，可使冲裁力、卸料力等减小，从而刃口磨损减小。但是间隙过大，零件毛刺增大，卸料力增大，反而使刃口磨损加大。

为了减少凸、凹模的磨损，延长模具使用寿命，在保证冲裁件质量的前提下适当采用较大的间隙值是十分必要的。若采用小间隙，就必须提高模具硬度、精度，较小的模具粗糙度，良好润滑，以减小磨损。

综上所述，冲裁间隙较小，冲裁件质量较高，但模具寿命短，冲压力有所增大；而冲裁间隙较大，冲裁件质量较差，但模具寿命长，冲压力有所减少。因此，选择合理间隙值的原则是：在满足冲裁件质量的前提下，间隙值一般取偏大值，这样可以降低冲裁力和提高模具寿命。

2. 合理冲裁间隙的确定

1）经验确定法

生产中常用下述经验公式计算合理间隙 Z 的数值：

$$Z = ct \tag{2.5}$$

式中，t 为材料厚度，mm；c 为系数，与材料性能及厚度有关，当 $t<3$ mm 时，$c=6\%\sim12\%$；当 $t>3$ mm 时，$c=15\%\sim25\%$。当材料软时，取小值；当材料硬时，取大值。

2）查表法

表2.10所提供的经验数据为落料、冲孔模具刃口初始间隙，可用于一般条件下的冲裁。表中初始间隙的最小值 Z_{min} 为最小合理间隙，而初始间隙的最大值 Z_{max} 是考虑到凸模和凹模的制造误差，在 Z_{min} 的基础上增加一个数值。在使用过程中，由于模具工作部分的磨损，间隙将会有所增加，因而使间隙的最大值（最大合理间隙）可能超过表中所列数值。

表 2.10　落料、冲孔模具刃口初始间隙/mm

材料名称	45 T7、T8（退火） 磷青铜（硬） 铍青铜（硬）		10、15、20 冷轧带钢 30 钢板 H62、H68（硬） $2Al_2$、硅钢片		Q215、Q235 08、10、15 H62、H68（半硬） 纯铜磷青铜、 铍青铜（软）		H62、H68（软） 纯铜（软） 3A21、5A02 1060、1050A 1035、1200 8A06、$2Al_2$		酚醛环氧层 压玻璃布板、 酚醛层压纸板、 酚醛层压希板		钢纸板、 绝缘纸板、 云母板、橡胶板	
力学性能	HBS≥190 σ_b≥600MPa		HBS = 140～190 σ_b≥400～600MPa		HBS = 70～140 σ_b≥300～400MPa		HBS≤70 σ_b≤300MPa		—		—	
厚度	初始间隙											
	Z_{min}	Z_{max}	Z_{min}	Z_{max}	Z_{min}	Z_{max}	Z_{min}	Z_{max}	Z_{min}	Z_{max}	Z_{min}	Z_{max}
0.1	0.015	0.035	0.01	0.03	—	—	—	—	—	—	—	—
0.2	0.025	0.045	0.015	0.035	0.01	0.03	—	—	—	—		
0.3	0.04	0.06	0.03	0.05	0.02	0.04	0.01	0.03	—	—		
0.5	0.08	0.10	0.06	0.08	0.04	0.06	0.025	0.045	0.01	0.02		
0.8	0.13	0.16	0.10	0.13	0.07	0.10	0.045	0.075	0.015	0.03		
1.0	0.17	0.20	0.13	0.16	0.10	0.13	0.065	0.095	0.025	0.04	0.01～0.03	0.015～0.045
1.2	0.21	0.24	0.16	0.19	0.13	0.16	0.075	0.105	0.035	0.05		
1.5	0.27	0.31	0.21	0.25	0.15	0.19	0.10	0.14	0.04	0.06		
1.8	0.34	0.38	0.27	0.31	0.20	0.24	0.13	0.17	0.05	0.07		
2.0	0.38	0.42	0.30	0.34	0.22	0.26	0.14	0.18	0.06	0.08		
2.5	0.49	0.55	0.39	0.45	0.29	0.35	0.18	0.24	0.07	0.10		
3.0	0.62	0.68	0.49	0.55	0.36	0.42	0.23	0.29	0.10	0.13	0.04	0.06
3.5	0.73	0.81	0.58	0.66	0.43	0.51	0.27	0.35	0.12	0.16		
4.0	0.86	0.94	0.68	0.76	0.50	0.58	0.32	0.40	0.14	0.18		

说明：① 初始间隙的最小值相当于间隙的公称数值。

② 初始间隙的最大值是考虑到凸模和凹模的制造公差所增加的数值。

③ 在使用过程中，由于模具工作部分的磨损，间隙将有所增加，因而间隙的使用数值要超过表列数值。

2.4.2　冲裁模刃口尺寸设计

冲裁时，冲裁件的尺寸精度主要取决于凸、凹模的刃口部分尺寸，并且合理的冲裁间隙也靠凸、凹模刃口尺寸保证。

1. 凸、凹模刃口尺寸计算原则

由于冲裁时凸、凹模之间存在间隙，所落的料和冲出的孔的断面都是带有锥度的，而且，落料时工件的大端尺寸近似等于凹模的刃口尺寸。冲孔时工件的小端尺寸近似等于凸模刃口尺寸。因此，在计算刃口尺寸时，应按落料、冲孔两种情况分别进行。

（1）落料工序以凹模为基准件，先确定凹模刃口尺寸。由于凹模刃口磨损后尺寸变大，因此凹模刃口尺寸接近或等于工件最小极限尺寸，以保证模具在一定范围内磨损后，仍能冲

出合格零件。对应的凸模刃口尺寸则按凹模尺寸减去最小间隙值确定。

（2）冲孔工序以凸模为基准件，先确定凸模刃口尺寸。由于凸模刃口磨损后尺寸变小，因此凸模刃口尺寸接近或等于孔的最大极限尺寸，以保证模具在一定范围内磨损后，仍能冲出合格零件。对应的凹模刃口尺寸则按凸模尺寸加上最小间隙值确定。

（3）凹模和凸模制造公差主要与冲裁件的精度和形状有关。模具制造精度应比冲裁件精度高2～3级，一般为IT6级左右，也可按表2.11选取。为了使新模具间隙不小于最小合理间隙，一般凹模公差标成$+\delta_d$，凸模公差标成$-\delta_p$。

表2.11　规则形状冲裁凸、凹模制造极限偏差

材料厚度 t/mm	基本尺寸/mm									
	～10		>10～50		>50～100		>100～150		>150～200	
	δ_d	δ_p	δ_d	δ_p	δ_d	δ_p	δ_d	δ_p	δ_d	δ_p
0.4	+0.006	-0.004	+0.006	-0.004	—	—	—	—	—	—
0.5	+0.006	-0.004	+0.006	-0.004	+0.008	-0.005	—	—	—	—
0.6	+0.006	-0.004	+0.008	-0.005	+0.008	-0.005	+0.010	-0.007	—	—
0.8	+0.007	-0.005	+0.008	-0.006	+0.010	-0.007	+0.012	-0.008	—	—
1.0	+0.008	-0.006	+0.010	-0.007	+0.012	-0.008	+0.015	-0.010	+0.017	-0.012
1.2	+0.010	-0.007	+0.012	-0.008	+0.017	-0.010	+0.017	-0.012	+0.022	-0.014
1.5	+0.012	-0.008	+0.015	-0.010	+0.020	-0.012	+0.020	-0.014	+0.025	-0.017
1.8	+0.015	-0.010	+0.017	-0.012	+0.025	-0.014	+0.025	-0.017	+0.032	-0.019
2.0	+0.017	-0.012	+0.020	-0.014	+0.030	-0.017	+0.029	-0.020	+0.035	-0.021
2.5	+0.023	-0.014	+0.027	-0.017	+0.035	-0.020	+0.035	-0.023	+0.040	-0.027
3.0	+0.027	-0.017	+0.030	-0.020	+0.040	-0.023	+0.040	-0.027	+0.045	-0.030

2. 凸、凹模刃口尺寸计算

根据冲裁件形状的复杂程度，模具制造中凸、凹模的加工有两种方式，一种是按互换原则组织生产，另一种是按配合加工组织生产。

1）互换加工法中凸、凹模刃口尺寸计算

其特点是凸模和凹模各自按照图纸规定的技术要求、尺寸和公差单独地进行加工，因此要分别标注凸模和凹模的刃口尺寸与制造公差，这种计算方法适合于圆形和简单形状的冲裁件。

（1）冲孔

设冲裁件孔的直径为$d^{+\Delta}_{\ 0}$，根据刃口尺寸计算原则，计算公式如下。

凸模：
$$d_p = (d + x\Delta)^{\ 0}_{-\delta_p} \tag{2.6}$$

凹模：
$$d_d = (d + x\Delta + Z_{min})^{+\delta_d}_{\ 0} \tag{2.7}$$

若孔的直径标注不是$d^{+\Delta}_{\ 0}$，在计算前则要首先进行转化，转化后再利用式（2.6）、式

(2.7) 进行计算，如$30^{+0.02}_{-0.06}$则转化为$29.94^{+0.08}_{0}$，30 ± 0.2则转化为$29.8^{+0.4}_{0}$等。

(2) 落料

设冲裁件的落料尺寸为$D^{\ 0}_{-\Delta}$，根据刃口尺寸计算原则，计算公式如下。

凹模：
$$D_d=(D-x\Delta)^{+\delta_d}_{\ 0} \tag{2.8}$$

凸模：
$$D_p=(D-x\Delta-Z_{min})^{\ 0}_{-\delta_p} \tag{2.9}$$

同样，若落料尺寸不是按照$D^{\ 0}_{-\Delta}$形式给定，则需要转化后再进行计算，如$30^{+0.02}_{-0.06}$则转化为$30.2^{\ 0}_{-0.08}$。

式中，D、d 为落料、冲孔工件基本尺寸，mm；D_p、D_d 为落料凸、凹模刃口尺寸，mm；d_p、d_d 为冲孔凸、凹模刃口尺寸，mm；Δ 为工件公差，mm：δ_p、δ_d 为凸、凹模制造公差（见表 2.11），mm；x 为磨损系数（见表 2.12）。

表 2.12　磨损系数 x

材料厚度 t/mm	非圆形工件 x 值			圆形工件 x 值	
	1	0.75	0.5	0.75	0.5
	工件公差 Δ/mm				
1	<0.16	0.17～0.35	≥0.36	<0.16	≥0.16
>1～2	<0.20	0.21～0.41	≥0.42	<0.20	≥0.20
>2～4	<0.24	0.25～0.49	≥0.50	<0.24	≥0.24
>4	<0.30	0.31～0.59	≥0.60	<0.30	≥0.30

(3) 中心孔（孔心距）

设孔心距为$L\pm\Delta'$，模具尺寸为：

$$L_{模}=L\pm\frac{1}{4}\Delta'=L\pm\frac{1}{8}\Delta$$

$$\Delta=2\Delta'$$

同样，若孔心距标注不是$L\pm\Delta'$的形式的话，需要进行转化后再计算。

(4) 计算结果校验

因为凸、凹模分开单独加工，设计时应分别在凸、凹模图上标注刃口尺寸及制造公差，为保证冲裁间隙在合理范围内，应保证下式成立。

$$|\delta_p|+|\delta_d|\leqslant Z_{max}-Z_{min} \tag{2.10}$$

如果上式不成立，则应提高模具制造精度，以减小δ_d、δ_p。所以当模具形状复杂时，则不能采用这种方法。

实例 2.1　如图 2.13 所示冲压件，材料为 45 号钢，料厚 $t=0.5$ mm，计算凸、凹模刃口部分尺寸？

解　此冲压件的外形属落料，内孔属冲孔，查表 2.10 得：

$$Z_{min}=0.08\ \text{mm}$$

$$Z_{max}=0.10\ \text{mm}$$

$$Z_{max}-Z_{min}=0.02\ \text{mm}$$

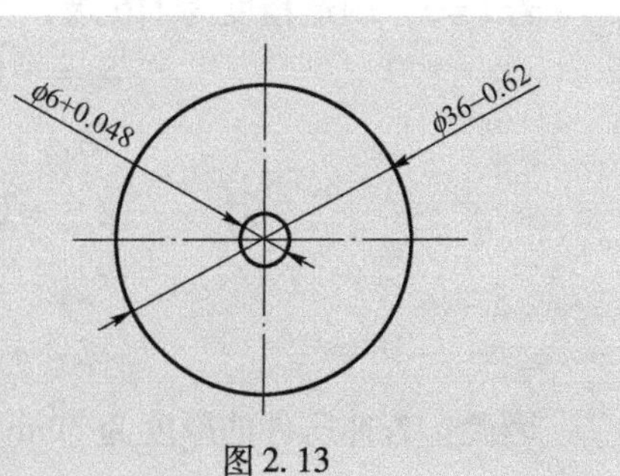

图 2.13

由公差值可查表2.12得磨损系数 x 为：

$$\phi6: x=0.75, \phi36: x=0.5$$

（1）冲孔 $\phi6$

$$d_p=(d+x\Delta)_{-\delta_p}^{0}=(6+0.75\times0.048)_{-0.004}^{0}=6.036_{-0.004}^{0}$$

$$d_d=(d+x\Delta+Z_{min})_{0}^{+\delta_d}=(6+0.75\times0.048+0.08)_{0}^{+0.006}=6.116_{0}^{+0.006}$$

校核：0.004+0.006=0.010<0.020。

（2）$\phi36$ 落料

$$D_d=(D-x\Delta)_{0}^{+\delta_d}=(36-0.5\times0.62)_{0}^{+0.006}=35.69_{0}^{+0.006}$$

$$D_p=(D-x\Delta-Z_{min})_{-\delta_p}^{0}=(35.69-0.08)_{-0.004}^{0}=35.61_{-0.004}^{0}$$

校核：0.004+0.006=0.010<0.020。

实例2.2 冲裁如图2.14的垫圈，材料为20钢，厚度为1 mm，计算凸、凹模工作部分的尺寸？请问若冲压件的厚度为3 mm，模具制造精度能否为IT6级？

解 由20号钢和厚度1 mm，查表2.10得：

$$Z_{min}=0.13\text{ mm}$$

$$Z_{max}=0.16\text{ mm}$$

$$Z_{max}-Z_{min}=0.03\text{ mm}$$

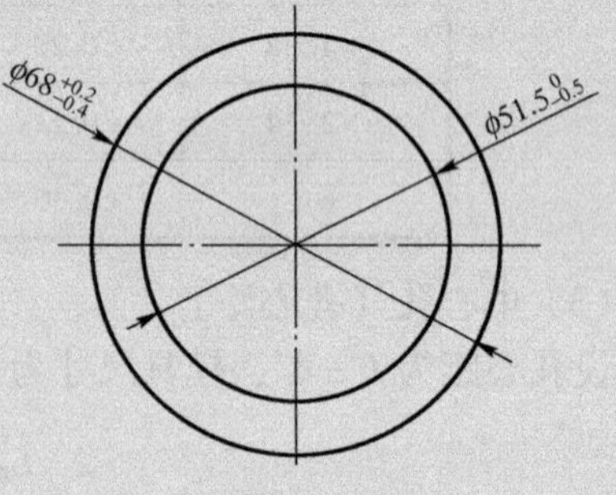

图2.14

由公差值由表2.12可查得磨损系数 x 为：

$$\phi51.5: x=0.5, \phi68: x=0.5$$

（1）冲孔：$\phi51.5_{-0.50}^{0}$ 尺寸转换为标准形式为 $\phi51.0_{0}^{+0.5}$。

$$d_p=(d+x\Delta)_{-\delta_p}^{0}=(51+0.5\times0.5)_{-0.008}^{0}=51.25_{-0.008}^{0}$$

$$d_d=(d_p+Z_{min})_{0}^{+\delta_d}=(51.25+0.13)_{0}^{+0.012}=51.38_{0}^{+0.012}$$

（2）落料：$\phi68_{-0.40}^{+0.20}$ 尺寸转换为标准形式为 $\phi68.2_{-0.6}^{0}$。

$$D_d=(D-x\Delta)_{0}^{+\delta_d}=(68.2-0.5\times0.6)_{0}^{+0.012}=67.9_{0}^{+0.012}$$

$$D_p=(D_d-Z_{min})_{-\delta_p}^{0}=(67.9-0.13)_{-0.008}^{0}=67.77_{-0.008}^{0}$$

验证：$|\delta_p|+|\delta_d|=0.020\leqslant0.03$。

若 $t=3$，制造精度为IT6级，则有：

$$\delta_d=-0.040, \delta_p=+0.023$$

$$|\delta_d|+|\delta_p|=0.04+0.023=0.063$$

$$Z_{max}=0.55, Z_{min}=0.49$$

$$Z_{max}-Z_{min}=0.55-0.49=0.06$$

$$|\delta_d|+|\delta_p|>Z_{max}-Z_{min}$$

因此：若冲压件的厚度为3mm，模具制造精度不能为IT6级。

实例2.3 如图2.15所示零件，其材料为Q235，料厚$t=0.5$mm。试求凸、凹模刃口尺寸。

解 由图2.15可知，该零件属于无特殊要求的一般冲孔、落料件。$\phi36$由落料获得，$2\times\phi6$及孔距18由冲孔同时获得。

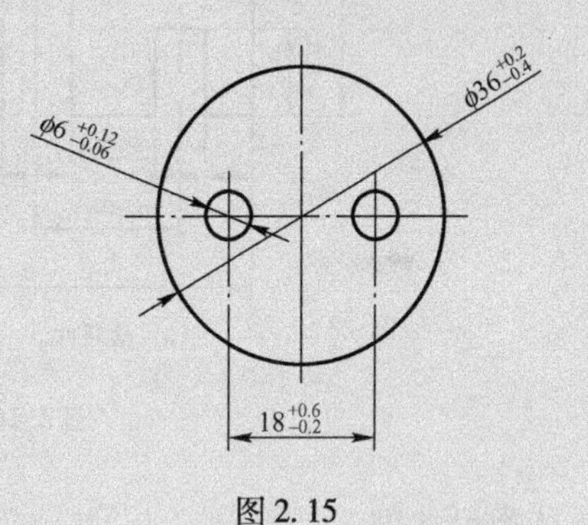

图2.15

查表得：

$Z_{min}=0.04, Z_{max}=0.06$，则$Z_{max}-Z_{min}=(0.06-0.04)\,mm=0.02\,mm$

由表查得：$\phi6$，取$x=0.5$；$\phi36$，取$x=0.5$。

（1）冲孔：$2\times\phi6^{+0.12}_{-0.06}$尺寸标准化后转为$2\times\phi5.94^{+0.18}_{0}$

$d_p=(d+x\Delta)^{0}_{-\delta_p}=(5.94+0.5\times0.22)^{0}_{-0.004}=6.05^{0}_{-0.004}$

$d_d=(d_p+Z_{min})^{+\delta_d}_{0}=(6.05+0.04)^{+0.012}_{0}=6.09^{+0.006}_{0}$

校核$|\delta_p|+|\delta_d|=0.004+0.006=0.01\leqslant0.02$。

（2）孔距尺寸：$18^{+0.6}_{-0.2}$转化为18.2 ± 0.4。

$$L_{模}=L\pm\frac{1}{4}\Delta'=18.2\pm\frac{1}{4}\times0.4=18.2\pm0.1$$

（3）落料：$\phi36^{+0.2}_{-0.4}$转化为$\phi36.2^{0}_{-0.6}$。

$$D_d=(D-x\Delta)^{+\delta_d}_{0}=(36.2-0.5\times0.6)^{+0.006}_{0}=35.9^{+0.006}_{0}$$

$$D_p=(D_d-Z_{min})^{0}_{-\delta_p}=(35.9-0.04)^{0}_{-0.004}=35.86^{0}_{-0.004}$$

校核$|\delta_p|+|\delta_d|=0.004+0.006=0.01\leqslant0.02$。

2）配合加工法中凸、凹模刃口尺寸计算

对于形状复杂或薄料冲裁件，为保证凸、凹模之间的合理间隙值，必须采用配合加工方式。此方法是先加工凸、凹模中的一件作为基准件，然后以选定的间隙配合加工另一件。对于落料先做凹模，以它为基准配做凸模；对于冲孔先做凸模，以它为基准配做凹模。因此只需在基准件上标注尺寸和制造公差，另一件只需标注基本尺寸并注明配做所留间隙值，这样δ_p和δ_d不在受间隙限制。这种方法不仅容易保证凸凹模间隙很小，而且还可放大基准件的制造公差，使得制造容易，故目前一般都采用此方法。

对于形状复杂的冲裁件，各部分的尺寸性质不同，凸、凹模的磨损情况也不同，因此，基准件的刃口尺寸需按不同方法计算。

图2.16（a）为落料件，计算时应以凹模为基准件，但凹模的磨损情况分为三类：第一类是凹模磨损后增大的尺寸（图中的A类尺寸）；第二类是凹模磨损后减小的尺寸（图中的B类尺寸）；第三类是凹模磨损后保持不变的尺寸（图中的C类尺寸）。图2.16（b）为冲孔件，应以凸模为基准件，可根据凸模的磨损情况，按图示方式将尺寸分为A、B、C三类，当凸模磨损后其尺寸增大的为A类、尺寸减小的为B类、尺寸保持不变的为C类。这样，对于复杂形状的落料和冲孔，其基准件的刃口尺寸均可按下式计算：

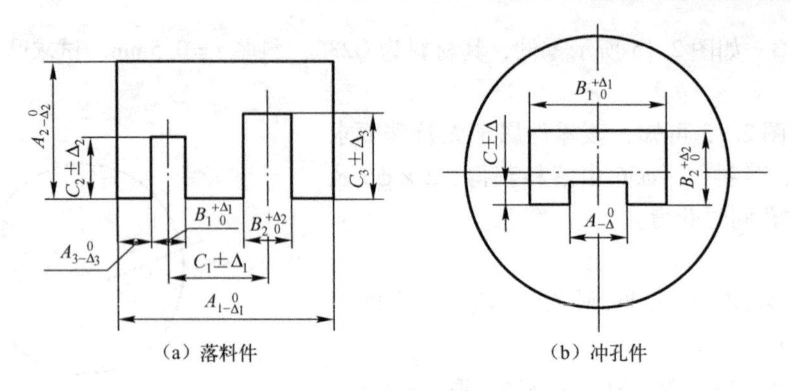

图 2.16　落料、冲孔尺寸分类

A 类尺寸　$$A=(A_{max}-x\Delta)_{\ 0}^{+\delta} \qquad (2.11)$$

B 类尺寸　$$B=(B_{min}+x\Delta)_{-\delta}^{\ 0} \qquad (2.12)$$

C 类尺寸　$$C=C\pm\delta/2 \qquad (2.13)$$

式（2.11）、式（2.12）、式（2.13）中，A、B、C 为基准件基本尺寸，mm；A_{max} 为冲裁件 A 类尺寸最大极限值，mm；B_{min} 为冲裁件 B 类尺寸最小极限值，mm；δ 为模具制造公差，$\delta=\frac{1}{4}\Delta$，mm；Δ 为工件公差，mm。

注： A、B 类尺寸，公式中分别为 A_{max}、B_{min}，计算时不需对尺寸进行转换，只需代入最大和最小极限尺寸即可；但 C 类尺寸要求为对称偏差，若标注为非对称时，需要首先将尺寸转换为对称偏差，按转换后的尺寸代入公式计算。

实例 2.4　如图 2.17 冲裁件，材料为 20 号钢，厚度为 2 mm，试计算凸、凹模的工作尺寸。

解　由 20 钢和 $t=2$ mm 查表得：

$$Z_{min}=0.30\text{ mm},\ Z_{max}=0.34\text{ mm}$$

由公差值可知：$x=0.5$

$$A_1=(a_1-x\Delta)_{\ 0}^{+\delta}=(70-0.5\times0.74)_{\ 0}^{+0.185}=69.63_{\ 0}^{+0.185}$$

$$A_2=(a_2-x\Delta)_{\ 0}^{+\delta}=(68-0.5\times0.74)_{\ 0}^{+0.185}=67.63_{\ 0}^{+0.185}$$

$$B=(b+x\Delta)_{-\delta}^{\ 0}=(30+0.5\times0.52)_{-0.13}^{\ 0}=30.26_{-0.13}^{\ 0}$$

C 类尺寸 $48_{\ 0}^{+0.62}$ 为非对称标注，转换后尺寸为 48.31 ±0.31

$$C=C\pm\frac{1}{2}\delta=48.31\pm0.08$$

落料凸模尺寸按凹模尺寸配制，并留双面间隙 0.30 ～ 0.34 mm。

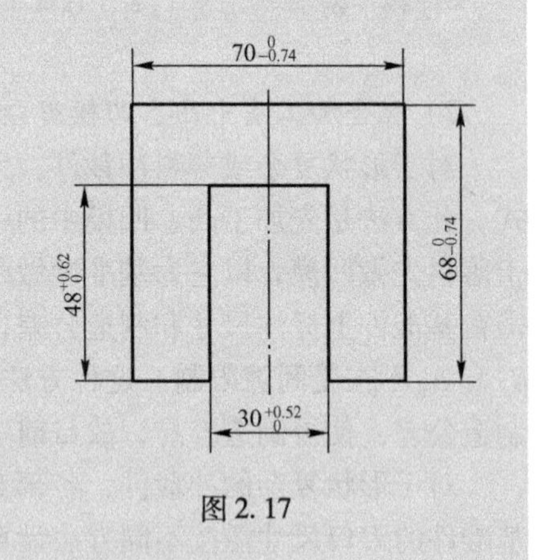

图 2.17

实例 2.5　如图 2.18 所示冲裁件，材料为 20 号钢，厚度为 2mm，计算凸、凹模工作部分尺寸？

解　材料为 20 号钢，厚度为 2 mm，查表得：$Z_{min}=0.30$ mm，$Z_{max}=0.34$ mm。

磨损系数 x：尺寸70为0.75，其余为0.5

A 类尺寸：

$$A_1=(a_1-x\Delta)^{+\delta}_{0}=(70.2-0.75\times0.3)^{+0.075}_{0}$$
$$=69.975^{+0.075}_{0}$$
$$A_2=(a_2-x\Delta)^{+\delta}_{0}=(50-0.5\times0.6)^{+0.15}_{0}$$
$$=49.7^{+0.15}_{0}$$

B 类尺寸：

$$B=(b+x\Delta)^{0}_{-\delta}=(19.8+0.5\times0.6)^{0}_{-0.15}$$
$$=20.1^{0}_{-0.15}$$

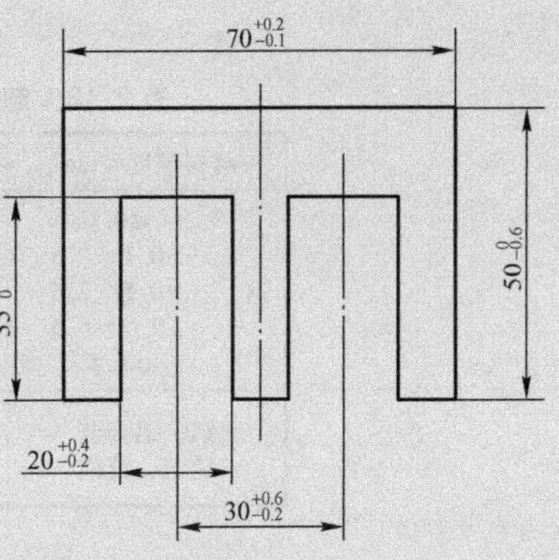

C 类尺寸：$30^{+0.6}_{-0.2}$ 转换为 30.2 ± 0.4，$35^{+0.4}_{0}$ 转换为 35.2 ± 0.2

图2.18

$$C_1=C_1\pm\frac{\Delta}{8}=30.2\pm\frac{1}{8}\times0.8=30.2\pm0.1$$

$$C_2=C_2\pm\frac{\Delta}{8}=35.2\pm\frac{1}{8}\times0.4=35.2\pm0.05$$

落料凸模尺寸按凹模尺寸配制，并留双面间隙0.30～0.34mm。

2.4.3 冲裁力及压力中心的计算

1. 冲裁力的计算

冲裁力是选择压力机的重要依据，也是模具设计和模具强度校核的依据。压力机选择时必须使压力机吨位大于设计所需的冲压力。对于平刃口模具冲裁，冲裁力可按下式计算：

$$F=kA\tau=kLt\tau \tag{2.14}$$

式中，F 为冲裁力，N；A 为冲裁断面面积，mm^2；L 为冲裁断面周长，mm；τ 为材料抗剪强度，MPa；t 为冲裁件厚度，mm；k 为系数，一般 $k=1.3$。

为了简便，也可用材料的抗拉强度 σ_b 按下式估算：

$$F=Lt\sigma_b$$

2. 卸料力、推件力、顶件力的计算

为了使冲裁过程连续，操作简单，就需要把箍在凹模上的材料卸下，把卡在凹模孔内的冲件废料推出。从凸模上将零件或废料卸下来所需的力称为卸料力 $F_{卸}$，顺着冲裁方向将零件或废料从凹模型腔推出的力称推件力 $F_{推}$，逆着冲裁方向将零件或废料从凹模腔顶出的力称为顶件力 $F_{顶}$。要准确计算这些力是很困难的，实际生产中常用下列经验公式计算：

$$F_{卸}=K_{卸}F \tag{2.15}$$
$$F_{推}=K_{推}F \tag{2.16}$$
$$F_{顶}=K_{顶}F \tag{2.17}$$

式中，F 为冲裁力，N；$K_{卸}$、$K_{推}$、$K_{顶}$ 为分别为卸料力、推件力、顶件力系数，其值见表2.13。

表2.13　卸料力、推件力、顶件力系数

材料厚度 t/mm		$K_{卸}$	$K_{推}$	$K_{顶}$
钢	≤0.1	0.065～0.075	0.1	0.14
	>0.1～0.5	0.045～0.055	0.063	0.08
	>0.5～2.5	0.04～0.05	0.055	0.06
	>2.5～6.5	0.03～0.04	0.045	0.05
	>6.5	0.02～0.03	0.025	0.03
铝、铝合金		0.025～0.08	0.03～0.07	
纯铜、黄铜		0.02～0.06	0.03～0.09	

3．冲裁压力中心的计算

冲裁压力中心就是冲裁力的合力作用点。在冲压生产中，为保证压力机正常工作，必须使冲裁模具的压力中心与压力机滑块中心线重合，否则在冲裁过程中，会使滑块、模柄、导柱承受附加弯矩，使模具与压力机滑块产生偏斜，凸、凹模之间的间隙分布不均，从而造成导向零件加速磨损，模具刃口及其他零件损坏，甚至会引起压力机导轨磨损，影响压力机精度。因此，在设计模具时，必须确定模具的压力中心，并使之与模柄轴线重合，从而保证模具压力中心与压力机滑块中心重合。

1）简单形状制件的压力中心

（1）冲裁直线段时，压力中心位于该线段的中点。

（2）冲裁简单对称的冲件时，其压力中心位于冲件轮廓图形的几何中心即重心，如图2.19（a)所示。

（3）冲裁圆弧线段时，其压力中心如图2.19（b）所示；计算公式如下：

$$x_0 = R \cdot \frac{180°}{\pi\alpha} 或 x_0 = R \cdot \frac{b}{l} \tag{2.18}$$

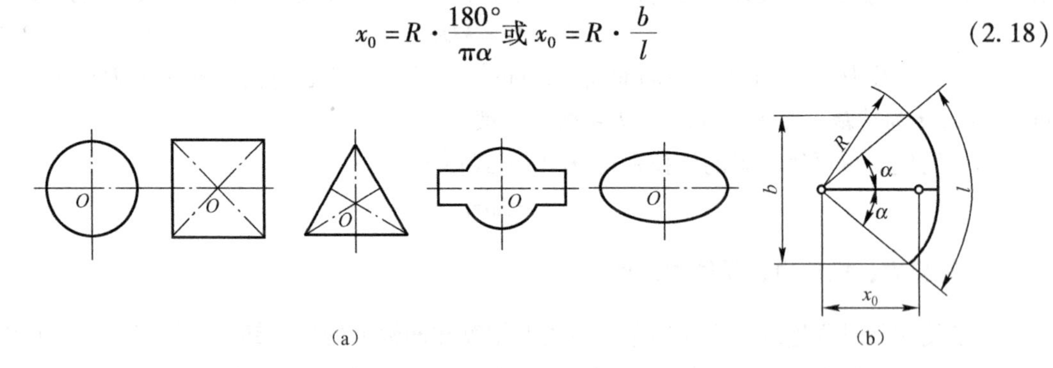

图2.19　简单形状制件的压力中心

2）冲裁复杂形状的冲裁件和多凸模的模具压力中心

以如图2.20（a）所示冲裁件为例，方法如下：

（1）任取坐标系，但取以计算最简便的坐标系最好；

（2）将组成复杂形状冲裁件图形的轮廓分解成若干最简单的线段，求出各线段的长度

l_1、l_2、l_3…和重心坐标 x_1、x_2、x_3…；

(3) 然后按式 (2.19)、式 (2.20) 算出压力中心的坐标 x_0、y_0。

$$x_0 = \frac{l_1x_1 + l_2x_2 + \cdots + l_nx_n}{l_1 + l_2 + \cdots + l_n} = \frac{\sum_{i=1}^{n} l_ix_i}{\sum_{i=1}^{n} l_i} \tag{2.19}$$

$$y_0 = \frac{l_1y_1 + l_2y_2 + \cdots + l_ny_n}{l_1 + l_2 + \cdots + l_n} = \frac{\sum_{i=1}^{n} l_iy_i}{\sum_{i=1}^{n} l_i} \tag{2.20}$$

多凸模的压力中心确定如图 2.20 (b) 所示，其计算方法与上述过程类似。所不同的是，式 (2.19)、式 (2.20) 中的 x_1、x_2、x_3…为各凸模的压力中心，l_1、l_2、l_3…为各凸模的冲裁周长。

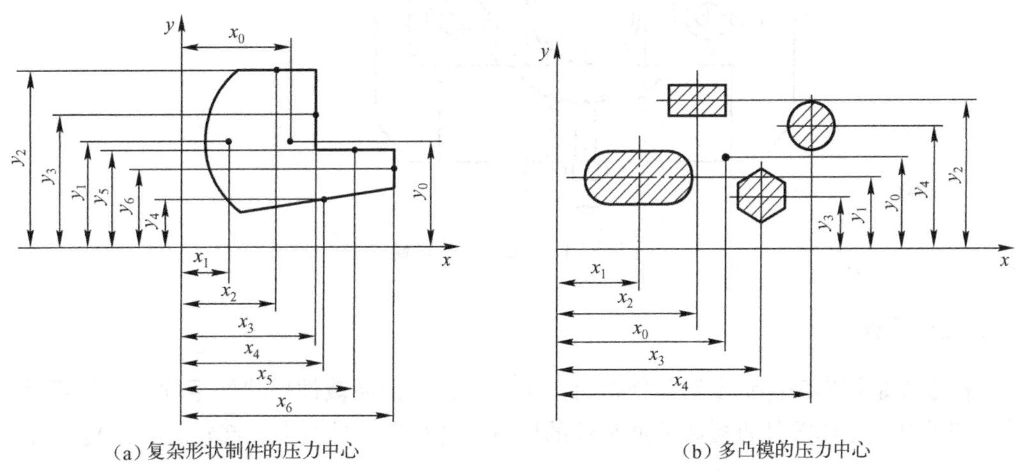

(a) 复杂形状制件的压力中心　　(b) 多凸模的压力中心

图 2.20

冲裁模压力中心的确定，除上述的解析法外，还可以用作图法和悬挂法。但因作图法精确度不高，方法也不简单，因此在应用中受到一定限制。

悬挂法的理论根据是：用匀质金属丝代替均布于冲裁件轮廓的冲裁力，该模拟件的重心就是冲裁的压力中心。具体作法是：用匀质细金属丝沿冲裁轮廓弯制成模拟件，然后用缝纫线将模拟件悬吊起来，并从吊点作铅垂线；再取模拟件的另一点，以同样的方法作另一铅垂线，两垂线的交点即为压力中心。悬挂法多用于确定复杂零件的模具压力中心。

2.5 冲裁模典型结构

冲裁是冲压最基本的工艺方法之一，其模具的种类很多。按照不同的工序组合方式，冲裁模可分为单工序冲裁模、连续冲裁模（级进模）和复合冲裁模。

2.5.1 冲裁模结构组成

根据零部件在模具中的作用，冲裁模结构一般由以下五部分组成（图 2.21）。

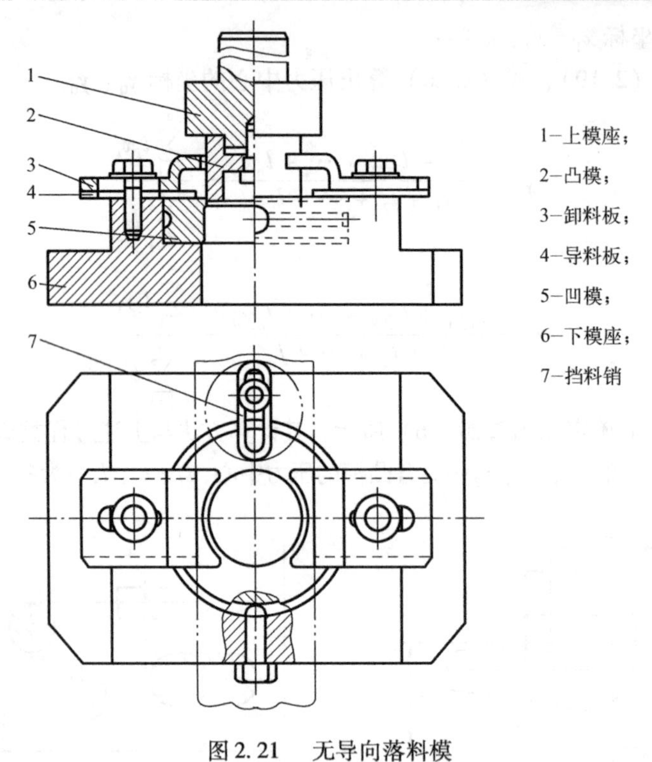

图2.21　无导向落料模

1. 工作零件

工作零件是指实现冲裁变形、使材料正确分离、保证冲裁件形状的零件，工作零件包括凸模、凹模等。工作零件直接影响冲裁件的质量，并且影响冲裁力、卸料力和模具寿命。

2. 定位零件

定位零件是指保证条料或毛坯在模具中的位置正确的零件，包括导料板（或导料销）、挡料销等。导料板对条料送进起导向作用，挡料销限制条料送进的位置。

3. 卸料及推件零件

卸料及推件零件是指将冲裁后由于弹性恢复而卡在凹模孔内或箍在凸模上的工件或废料脱卸下来的零件。卡在凹模孔内的工件，是利用凸模在冲裁时一个接一个地从凹模孔推落或由顶件装置顶出凹模。箍在凸模上的废料或工件，由卸料板卸下。

4. 导向零件

导向零件是保证上模对下模正确位置和运动的零件，一般由导套和导柱组成。采用导向装置可以保证冲裁时，凸模和凹模之间的间隙均匀，有利于提高冲裁件质量和模具寿命。

5. 连接固定零件

连接固定零件是指将凸、凹模固定于上、下模座，以及将上、下模固定在压力机上的零件。

冲裁模的典型结构一般由上述五部分零件组成，但不是所有的冲裁模都包含这五部分零件，如结构比较简单的开式冲模，上、下模就没有导向装置零件。冲模的结构取决于工件的要求、生产批量、生产条件和模具制造技术水平等多种因素，因此冲模结构是多种多样的，作用相同的零件其形式也不尽相同。

2.5.2　冲裁模典型结构

1．单工序冲裁模

单工序冲裁模是指在压力机的一次行程中，只完成一道工序的冲裁模。根据模具导向装置的不同，常用的单工序冲裁模又可分为导板模与导柱模两种。

1）导板式单工序冲裁模

图 2.22 为导板式单工序冲裁模。模具的上模部分由模柄 1、上模板 3、垫板 6、凸模固定板 7 及凸模 5 组成。模具的下模部分由导料板 10、固定挡料销 16、凹模 13、下模板 15 及承料板 11 等组成。其中导板 9 与凸模 5 为间隙配合，冲裁时对上模起导向作用，保证凸、凹模间隙均匀，同时导板 9 还起卸料作用。

1—模柄；
2—止动销；
3—上模板；
4、8、12—内六角螺钉；
5—凸模；
6—垫板；
7—凸模固定板；
9—导板；
10—导料板；
11—承料板；
13—凹模；
14—圆柱销；
15—下模板；
16—固定挡料销；
17—止动销；
18—限位销；
19—弹簧；
20—始用挡料销

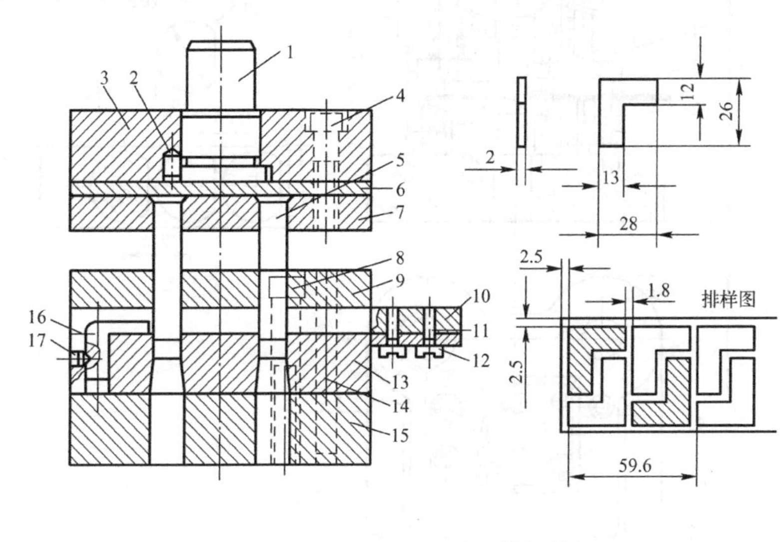

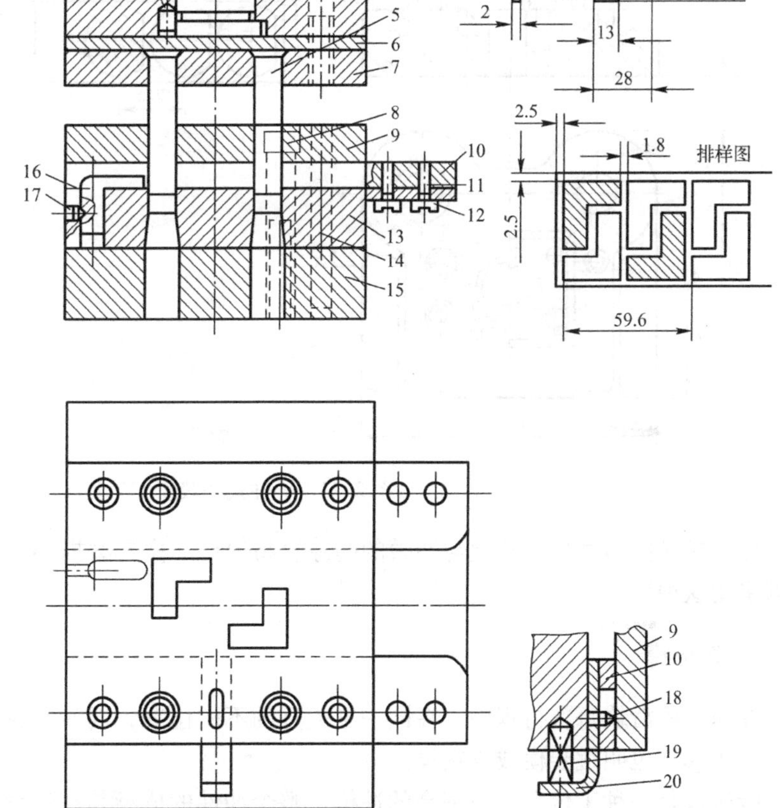

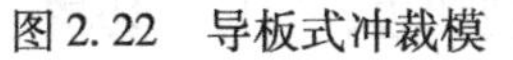
图 2.22　导板式冲裁模

导板与凸模的配合间隙必须小于凸、凹模间隙。一般来说，对于薄料 $t<0.8$ mm，导板与凸模的配合为H6/h5；对于厚料（$t>3$ mm），其配合为H8/h7。

导板式冲裁模结构简单，但由于导板与凸模的配合精度要求高，特别是模具间隙小时，导板的加工非常困难，导向精度也不容易保证，所以，此类模具主要用于材料较厚、工件精度不太高的场合，冲裁时要求凸模与导板不脱开。

2）导柱式单工序冲裁模

图2.23为导柱式单工序冲裁模的结构形式。该模具有两个导板，模具工作时，导柱1首先进入导套3从而导正凸模8进入凹模，保证凸、凹模间隙均匀。冲裁结束后，上模回复，凸模随之回复，装于导料板10上的卸料板9将箍紧于凸模8上的条料卸下，工件则从下模座漏料孔落下。

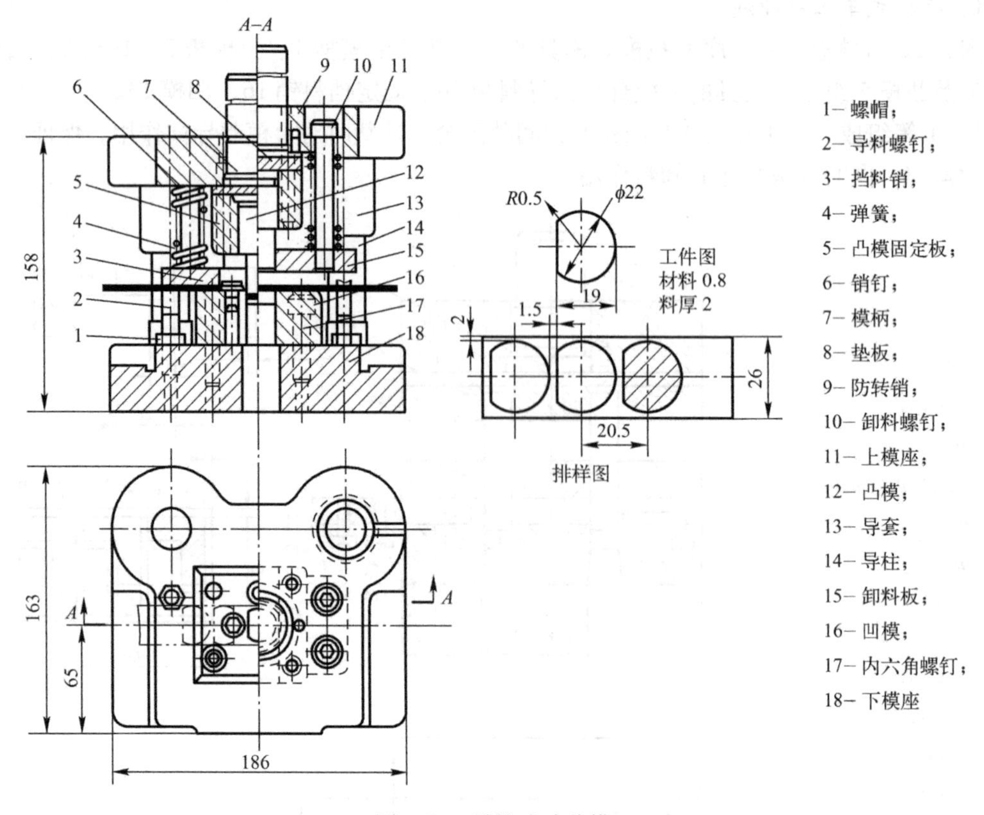

图2.23　导柱式冲裁模

导柱模导向精度高，凸模与凹模的间隙容易保证，模具磨损小，安装方便。大多数冲裁模都采用这种形式。

2. 级进模

在压力机滑块每次行程中，在同一副模具的不同位置，同时完成二道或二道以上的工序就叫级进模，也叫跳步模或连续模。

级进模是一种工位多、效率高的冲模。整个冲件的成型是在连续过程中逐步完成的。连续成型是工序集中的工艺方法，可使切边、切口、切槽、冲孔、塑性成型、落料等多种工序

在一副模具上完成。根据冲压件的实际需要，按一定顺序安排了多个冲压工序（在级进模中称为工位）进行连续冲压。它不但可以完成冲裁工序，还可以完成成型工序，甚至装配工序，许多需要多工序冲压的复杂冲压件可以在一副模具上完全成型，为高速自动冲压提供了有利条件。

由于级进模工位数较多，因而用级进模冲制零件，必须解决条料或带料的准确定位问题，才有可能保证冲压件的质量。根据级进模定位零件的特征，级进模有以下几种典型结构。

1）挡料销和导正销定位的级进模

导正销定位级进模如图 2.24 所示。

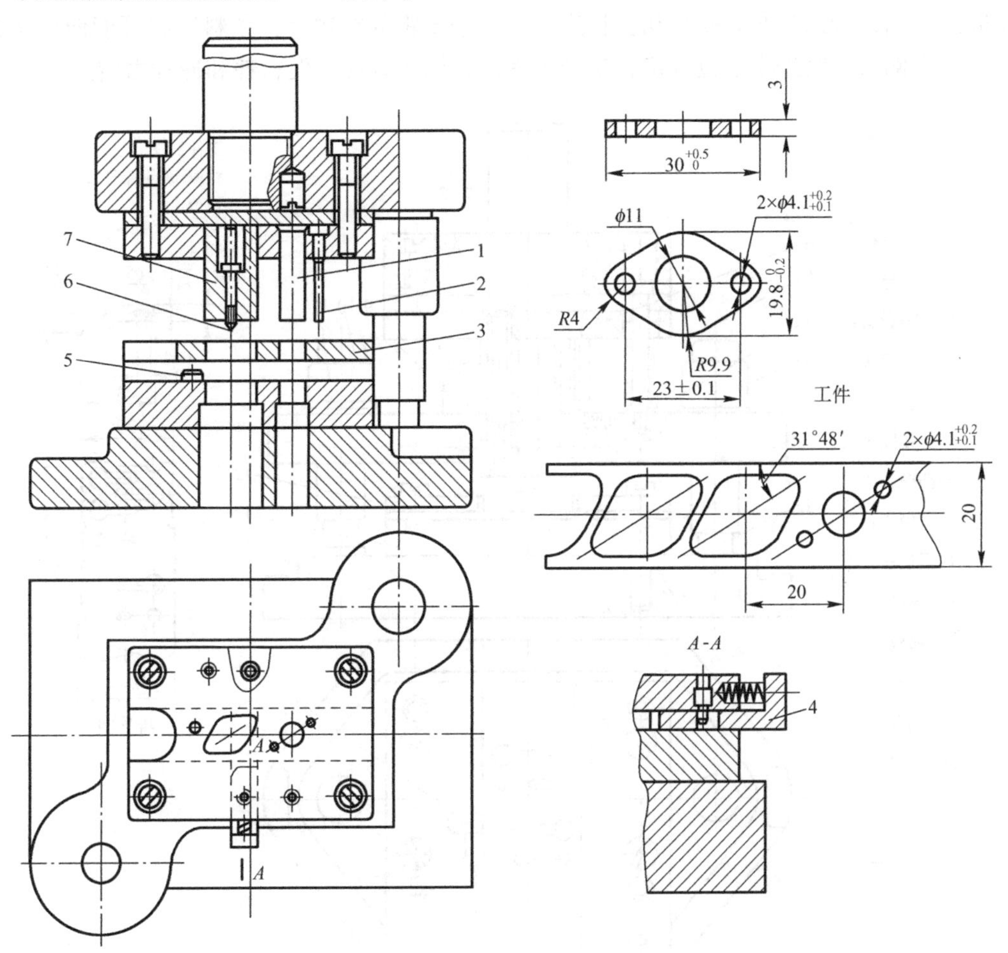

1、2－凸模；3－固定卸料板；4－始用挡料销；5－挡料销；6－导正销；7－凸模

图 2.24　导正销定位级进模

冲制时，始用挡料销挡首件，上模下压，凸模 1、2 先将三个孔冲出，条料继续送进时，由固定挡料销 5 挡料，进行外形落料。此时，挡料销 5 只对步距起一个初步定位的作用。落料时，装在凸模 7 上的导正销 6 先进入已冲好的孔内，使孔与制件外形有较准确的相对位置，由导正销精确定位，控制步距。此模具在落料的同时冲孔工步也在冲孔，即下一个制件的冲孔与前一个制件的落料是同时进行的，这样就使冲床每一个行程均能冲出一个制件。

此模具采用固定卸料板3卸料，操作比较安全。卸料板上开有导料槽，即把卸料板与导料板做成一个整体，简化了结构。卸料板左端有一个缺口，便于操作者观察。当零件形状不适合用导正销定位时，可在条料上的废料部分冲出工艺孔，利用装在凸模固定板上的导正销导正。导正销直径应大于2～5mm，以避免折断。如果料厚小于0.5mm，孔的边缘可能被导正销压弯而起不到导正的作用。另外，对窄长形凸模，也不宜采用导正销定位，这时可用侧刃定位。

2）侧刃定位的级进模

图2.25用侧刃16代替了挡料销来控制条料送进的步距（条料每次送进的距离）。侧刃实际上是一个特殊的凸模。侧刃断面的长度等于一个步距S，在条料送进的方向上，前后导料板间距不同，所以只有等侧刃切去长度等于一个步距的料边后，条料才有可能向前送进一个步距。有侧刃的级进模定位准确，生产效率高、操作方便，但料耗和冲裁力增大。

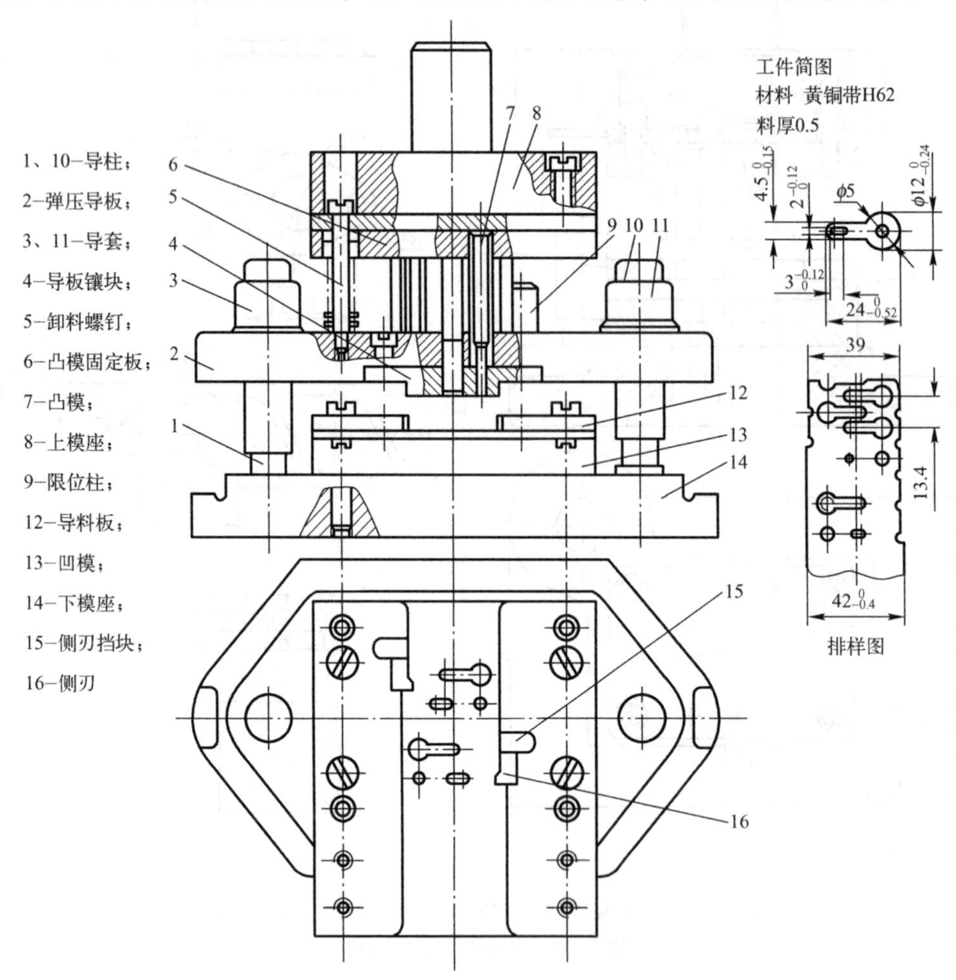

图2.25 侧刃定位的弹压导板级进模

该模具采用了弹压导板模架，由于冲孔凸模较小，为保证凸模的强度和刚度，以装在弹压导板2中的导板镶块4导向，而弹压导板则由导柱1、10导向；为保证凸模装配调整和更换更方便，凸模与固定板为间隙配合，这样也可消除压力机导向误差对模具的影响，对延长模具寿命有利；排样采用直对排，凹模型孔之间拉开一段距离，使工位之间不致过近而降低

模具的强度。由于料厚较薄，采用弹压卸料的形式，可保证制件平整。

3. 复合模

在压力机滑块每次行程中，在同一副模具的相同位置，同时完成二道或二道以上的工序就叫复合模。

复合模结构上的特征是具有一个既充当凸模又充当凹模的工作零件——凸凹模。按凸凹模的安装位置，分为倒装式复合模和顺装式复合模（正装式）两种类型。

1）倒装式复合模

当凸凹模装在下模部分时，叫倒装式复合模。倒装式复合模是应用最广泛的类型。图 2. 26 是倒装式复合模最典型的结构。模具中凸凹模 18 装在下模，它的外轮廓起落料凸模的作用，而内孔起冲孔凹模的作用，故称凸凹模。它和固定板 19 一起装在下模座上，落料凹模 17 和冲孔凸模 14 则装在上模部分。

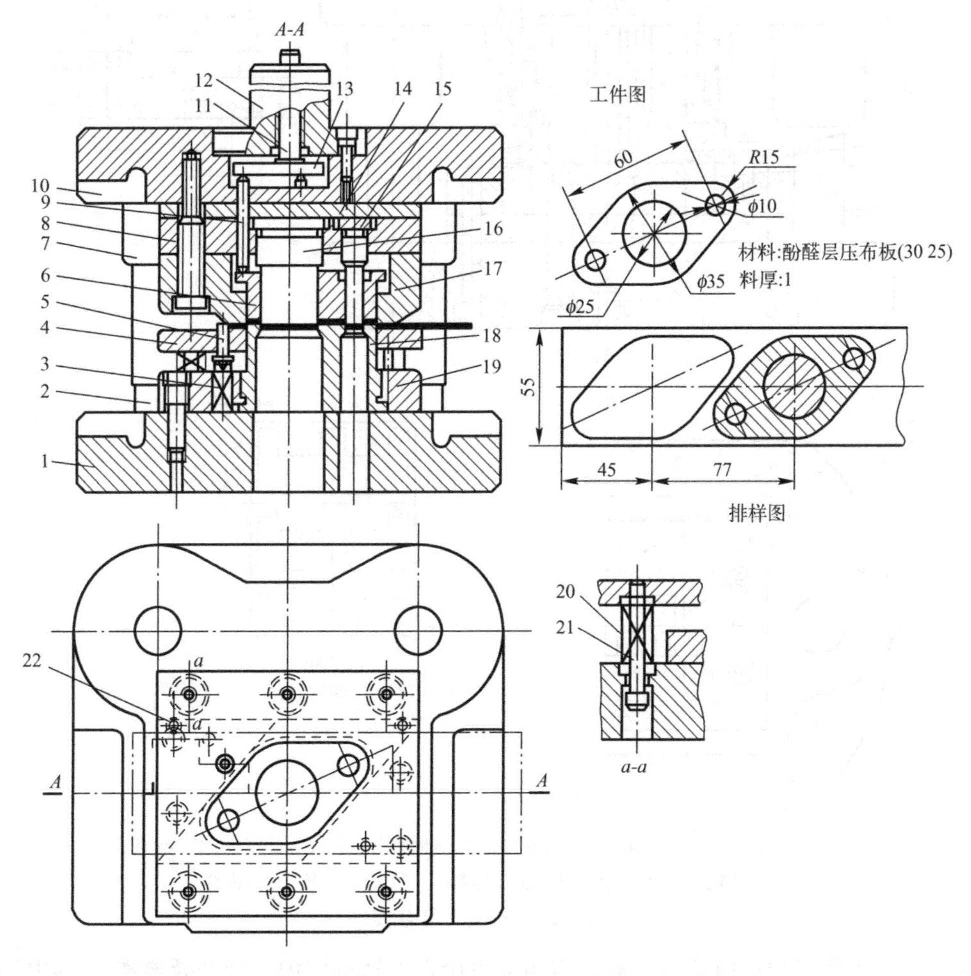

1－下模座；2－导柱；3、20－弹簧；4－卸料板；5－活动挡料销；6－推件块；7－导套；
8－凸模固定板；9－连接推杆；10－上模座；11－打杆；12－模柄；13－推板；14、15－垫板；
16－冲孔凸模；17－落料凹模；18－凸凹模；19－固定板；21－卸料螺钉；22－导料销

图 2. 26　倒装式复合模

工作时，条料由活动挡料销5和导料销22定位，冲裁完毕后，由于弹性回复使工件卡在凹模17内，为了使冲压生产顺利进行，使用由件12、11、10和9组成的刚性推件装置将工件推下。冲孔废料则从凸凹模孔内漏下，而条料废料则由弹压卸料板4卸下。

2）正装式复合模

如图2.27所示，凸凹模11装在上模，其外形为落料的凸模，内孔为冲孔的凹模，形状与工件一致，采用等截面结构，与固定板铆接固定。顶板7在弹顶装置的作用下，把卡在凹模2、3内的工件顶出，并起压料的作用，因此，冲出的工件平整。冲孔废料由打料装置通过推杆12从凸凹模11孔中推出，冲孔废料应及时用压缩空气吹走，以保证操作安全。凹模2、3采用镶拼式，制造容易，修复方便。

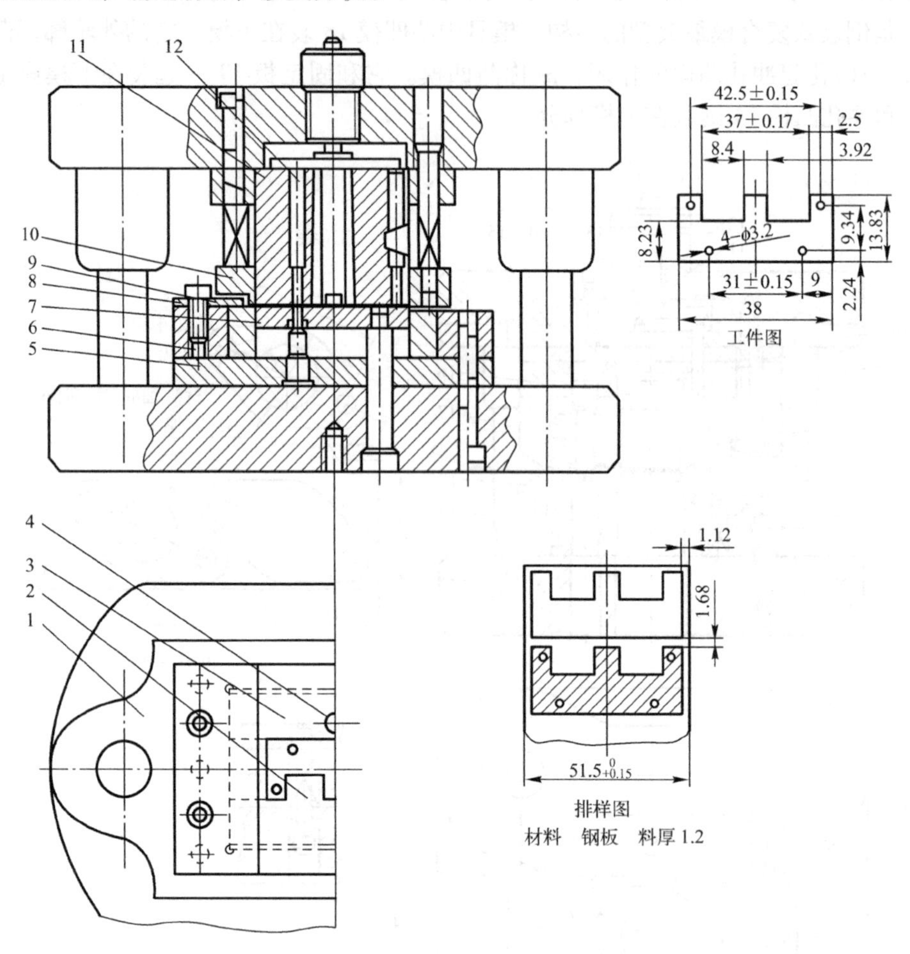

1－下模座；2、3－凹模拼块；4－挡料销；5－凸模固定板；6－凹模框；7－顶板；8－凸模；9－导料板；10－弹压卸料板；11－凸凹模；12－推杆

图2.27　正装式复合模

从上述的工作过程可以看出，复合模的主要优点是结构紧凑，生产效率高，冲出的制件精度高、平整，特别是工件内孔对外形的位置精度容易保证。但模具结构复杂，制造难度较大，模具零件的精度要求高，模具制造成本高、周期长。复合模适用于大批量生产。另外，凸凹模刃口形状与工件完全一致，其壁厚取决于制件相对应的尺寸，如果尺寸过小，则凸凹

模强度差。倒装式复合模因为凸凹模内积存废料，材料会对凸凹模产生胀力，其允许壁厚值比正装式要求大一些。但由于其结构比正装式简单（倒装式复合模的冲孔废料由凸模直接推出），在生产实际中应用更广泛。

通过对以上各种类型模具典型结构的分析可以看出，单工序模、级进模、复合模各有其优缺点，其对比关系如表 2.14 所示。

表 2.14　各种类型模具对比

模具种类 对比项目	单工序模		级进模	复合模
	无导向的	有导向的		
制件精度	低	一般	可达 IT13～IT8	可达 IT9～IT8
制件形状尺寸	尺寸大	中小型尺寸	复杂及极小制件	受模具结构与强度制约
生产效率	低	较低	最高	一般
模具制造工作量和成本	低	比无导向的略高	冲裁较简单制件时比复合模低	冲制复杂制件时比连续模低
操作的安全性	不安全，需采取安全措施		较安全	不安全，需采取安全措施
自动化的可能性	不能使用		最宜使用	一般不用

2.6　冲裁模零部件结构设计

2.6.1　凸模结构设计

1. 凸模的结构形式

(1) 圆形凸模：圆形凸模结构如图 2.28 所示。其中图 2.28（c）所示的凸模用于冲制直径为 1 ～ 8 mm 的工件；图 2.28（b）所示的凸模用于冲制直径为 8 ～ 30 mm 的工件；图 2.28（a）所示的凸模用于直径较大的工件。

在厚板料上冲小孔时，为避免凸模在冲裁时折断，可在凸模外加装保护套，如图 2.29 所示。凸模固定于保护套 2 中，保护套 2 固定于固定板 3 上，冲裁时，保护套 2 始终对凸模 1 起导向及保护作用。

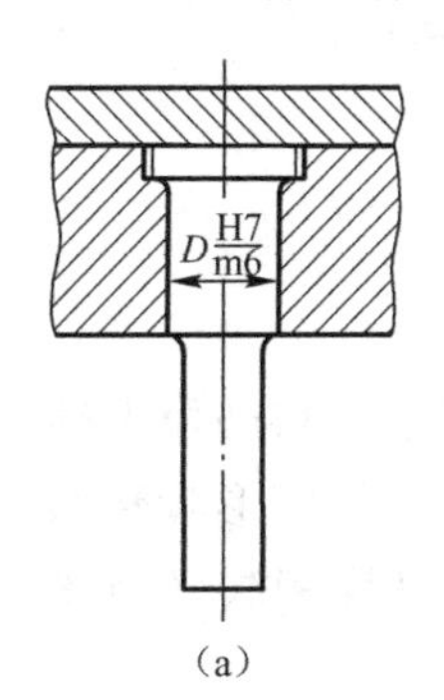

(a)

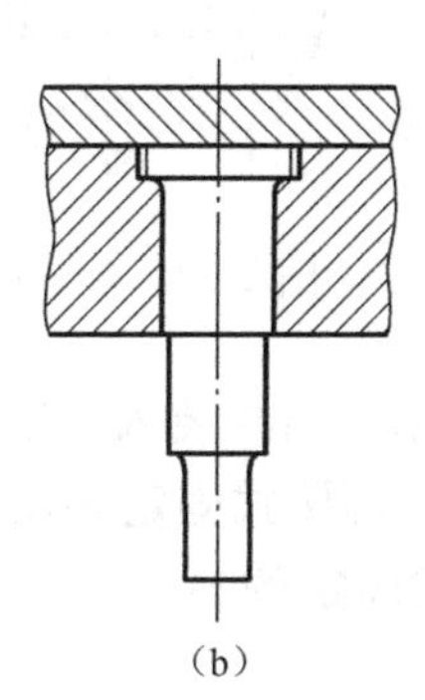
(b)

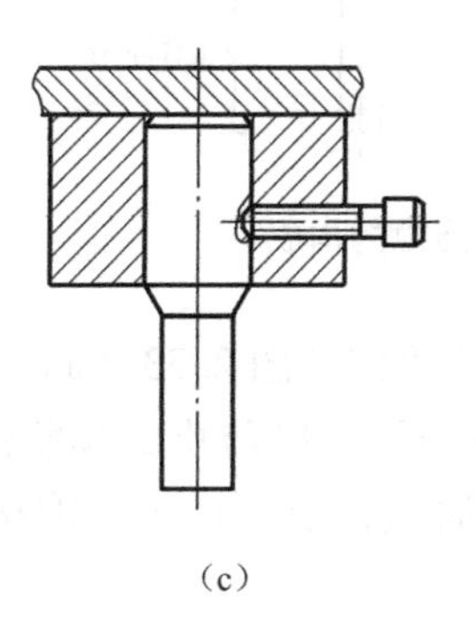
(c)

图 2.28　圆形凸模结构

3
2
1

1－凸模；2－保护套；3－固定板

图 2.29　保护套凸模

（2）非圆形凸模：冲裁非圆形孔及非圆形落料工件时，其凸模结构形式如图2.30所示。图2.30（a）为整体式，图2.30（b）为组合式，图2.30（c）为镶拼式。组合式及镶拼式凸模的基体部分可采用普通钢如45号钢，仅在工作刃口部分采用模具钢如Cr12、T10A制造，从而节约优质材料，降低模具成本。

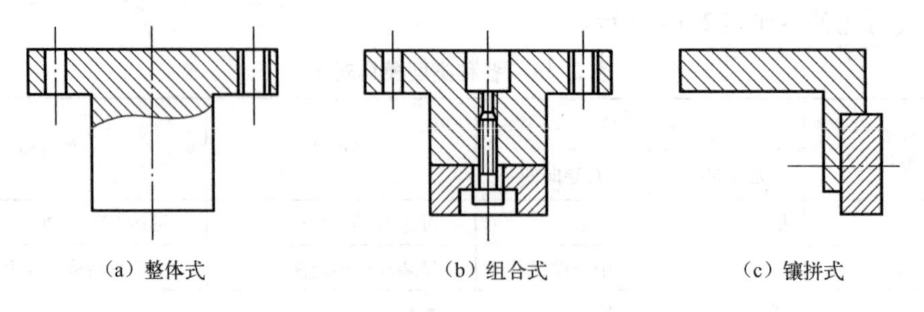

图2.30　非圆形凸模结构

2. 凸模的固定方法

凸模结构总的来说包含两大部分，即凸模的工作部分与安装部分，如图2.31所示。凸模的工作部分直接用来完成冲裁加工，其形状、尺寸应根据冲裁件的形状和尺寸，以及冲裁工序性质、特点进行设计。而凸模的安装部分多数是通过与固定板结合后，安装于模座上。凸模的安装形式主要取决于凸模的受力状态、安装空间的限制、有关的特殊要求、自身的形状及工艺特性等因素。其主要安装方式有以下几种。

（1）台阶式固定法：台阶式凸模固定法是应用较普遍的一种安装形式，多用于圆形及规则形状凸模的场合，如图2.32所示。凸模安装部分设有大于安装尺寸的台阶，以防止凸模从固定板中脱落。凸模与固定板多采用H7/n16配合，装配稳定性好。

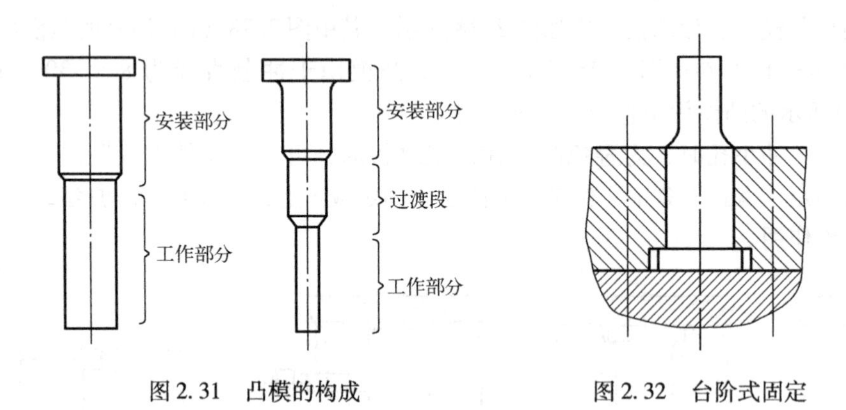

图2.31　凸模的构成　　　　图2.32　台阶式固定

（2）铆接式固定法：铆接式固定如图2.33（a）所示。凸模装入固定板后，将凸模上端铆出（1.5～2.5）mm×45°的斜面，以防止凸模脱落。铆接式固定多用于不规则形状断面的小凸模安装，凸模可做成直通式，便于加工。铆接式固定的另一种方式是反铆法（挤紧法），如图2.33（b）所示。

（3）螺钉及销钉固定法：对于一些大型或中型凸模，其自身的安装基面较大，一般可用螺钉及销钉将凸模直接固定在凸模固定板上，如图2.34所示。这种固定方法安装与拆卸简

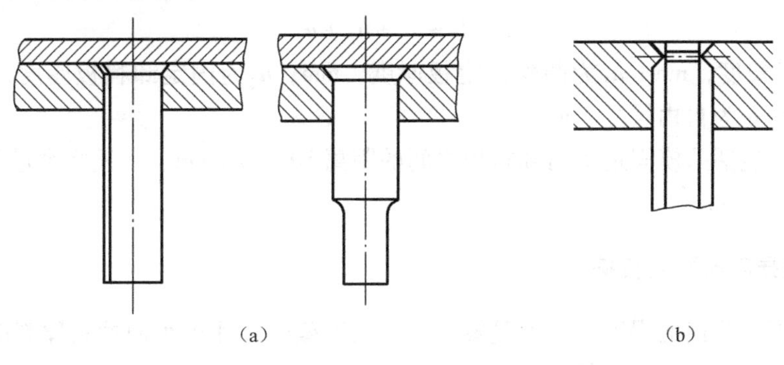

图 2.33　铆接式固定

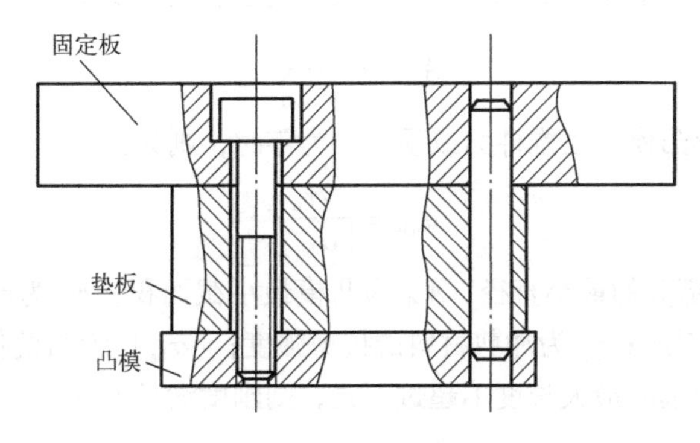

图 2.34　螺钉及销钉固定

便、稳定性好。

(4) 浇注黏结固定法：对于冲裁件厚度小于 2 mm 的冲裁模，可以采用低熔点合金、环氧树脂、无机黏结剂浇注黏结固定，如图 2.35 所示。利用浇注黏结固定，其固定板与凸模间有明显的间隙，固定板只需粗略加工，在凸模安装部位，不需精密加工，可以简化装配。

3. 凸模长度的计算

凸模长度一般按模具结构形式来确定。图 2.36 所示为一带固定卸料板的冲裁模结构，其凸模长度的确定，可通过下式计算：

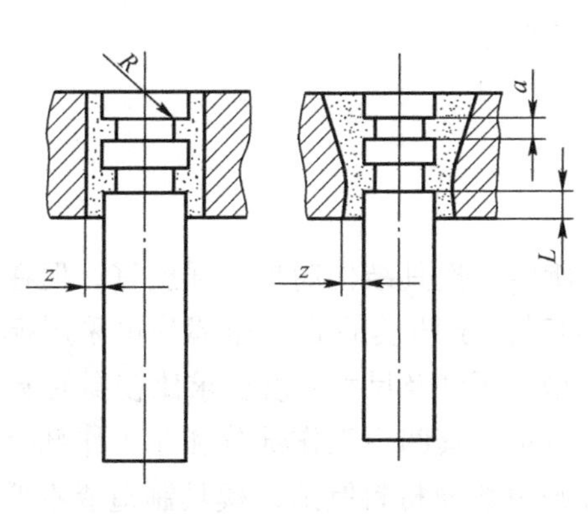

图 2.35　浇注黏结固定

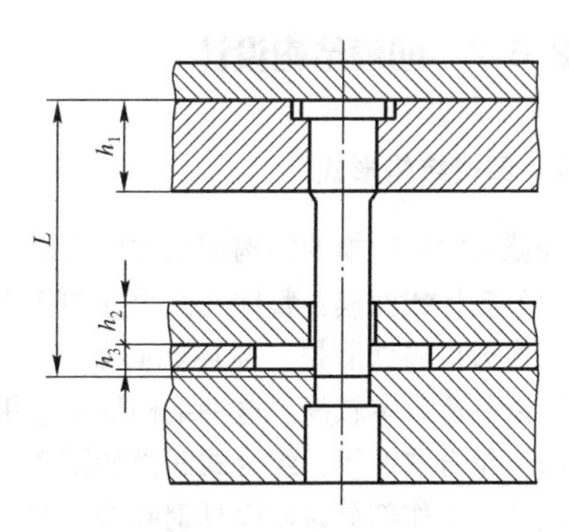

图 2.36　凸模长度计算

$$L = h + h_2 + h_3 + h_1 \tag{2.21}$$

式中，L 为凸模长度，mm；h_1 为凸模固定板厚度，mm；h_2 为固定卸料板厚度，mm；h_3 为导料板厚度，mm；h 为自由尺寸，mm。

自由尺寸 h 包括凸模固定板与卸料板之间的距离 10 ～ 20 mm、凸模修磨量及凸模进入凹模的深度 0.5 ～ 1 mm。

4. 凸模的强度与刚度校核

一般情况下，凸模的强度与刚度足够，但当凸模截面尺寸很小而冲裁厚料时或凸模特别细长时，则应进行强度与刚度的校核。

（1）强度校核。凸模最小截面积应满足下式，则强度满足要求：

$$A_{\min} \geqslant \frac{F'_z}{[\sigma_{bc}]} \tag{2.22}$$

特别地，对于圆形凸模，当推件力或顶件力为零时，则为：

$$d_{\min} = \frac{4t\tau_b}{[\sigma_{bc}]} \tag{2.23}$$

式中，$d_{\min}$ 为凸模工作部分的最小直径；$A_{\min}$ 为凸模最小截面积；F'_z 为凸模纵向所受的压力，其值为总冲压力；t 为料厚；τ_b 为冲剪材料的抗剪强度；$[\sigma_{bc}]$ 为凸模材料的许用抗压强度。

（2）刚度校核。凸模的最大长度不超过下式，则刚度满足要求。

有导向的凸模：

$$L_{\max} \leqslant 1200\sqrt{\frac{I_{\min}}{F_z}} \tag{2.24}$$

无导向的凸模：

$$L_{\max} = 425\sqrt{\frac{I_{\min}}{F_z}} \tag{2.25}$$

对于圆形凸模 $I_{\min} = \dfrac{\pi d^4}{64}$

式中，$L_{\max}$ 为凸模允许的最大长度；$I_{\min}$ 为凸模最小截面的惯性矩；d 为凸模最小截面的直径。

2.6.2 凹模结构设计

1. 凹模结构形式

冲裁模常用凹模的结构形式主要有以下几种。

（1）整体式凹模：整体式凹模如图 2.37（a）所示。模具结构简单，强度好，但在使用中，凹模刃口局部磨损、损坏就必须整体更换，同时由于凹模的非工作部分也采用模具钢材，所以制造成本较高。这种结构形式适用于中小型冲压件及尺寸精度要求比较高的模具。

（2）组合式凹模：组合式凹模如图 2.37（b）所示。其凹模工作部分和非工作部分是分别制造的。工作部分采用模具钢制造，非工作部分则由普通材料制造，模具制造成本低，维修方便，适合于大中型精度要求不太高的冲压件使用。

（3）镶拼式凹模：镶拼式凹模结构如图 2. 37（c）所示。其优点是加工方便，易损部分更换容易，降低了复杂模具的加工难度。适于冲制窄臂、形状复杂的冲压件。

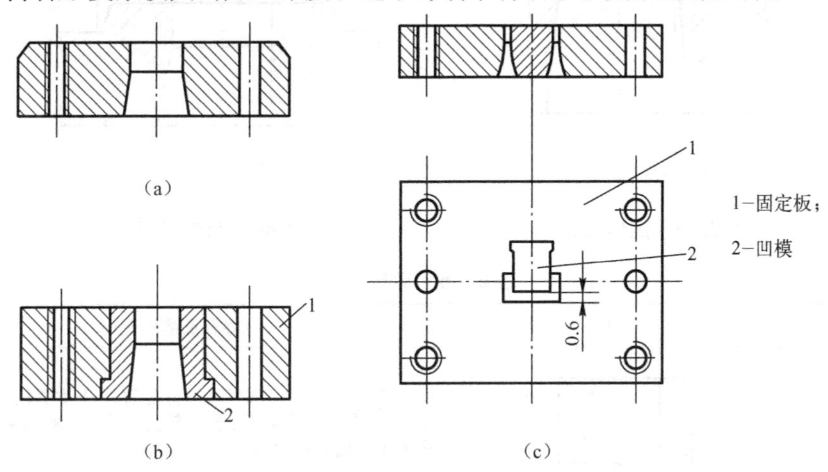

图 2. 37　凹模结构形式

2. 凹模刃口形式确定

冲裁模的凹模刃口形式主要有以下几种。

（1）直筒式：直筒式凹模刃口。模具刃口强度高，加工方便，并且冲压时刃口的尺寸和间隙不会因修磨而变化，冲压件的质量稳定。其缺点是冲裁件或冲裁废料不易排出。它主要应用在冲裁形状复杂或精度较高、直径小于 5 mm 的工件，常用于带有顶出装置的复合模。凹模下部锥度主要为了便于卸件，在设计时一般可取 2°～ 3°，如图 2. 38 所示。

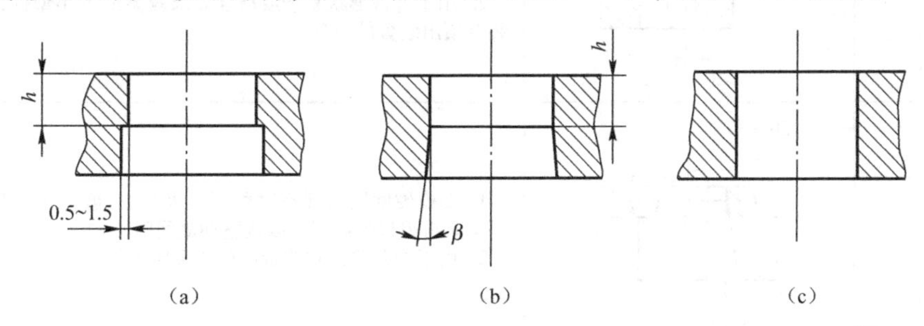

图 2. 38　直筒式凹模刃口

（2）锥形：锥形刃口，这种凹模由于刃口成锥形，故工件或废料易于排出，并且凸模对孔壁的摩擦及压力也较小，从而可以延长凹模寿命，但模具强度较差，使用中由于刃口磨损会使间隙增大。这种凹模刃口多用于冲裁形状简单、精度要求不高的零件，刃口斜度 α 与材料厚度有关，如图 2. 39 所示。

（3）凸台式：凸台式凹模刃口如图 2. 40 所示。它适用于冲裁料厚 0. 3 mm 以下的工件。凹模淬火硬度一般为 35 ～ 40 HRC。装配时，可以锤打凸台斜面来调整间隙，直到冲出合格的工件为止。这种凸台式凹模刃口，适用于间隙较小的薄料冲裁。

刃口形式如表 2. 15 所示。

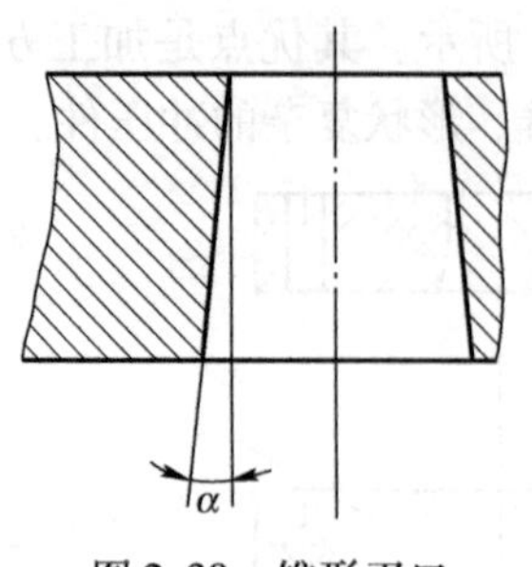

图2.39　锥形刃口

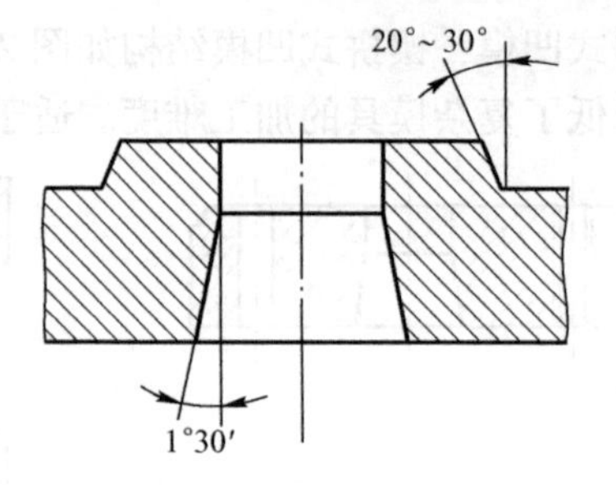

图2.40　凸台式刃口

表2.15　刃口形式

刃口形式	序号	简图	特点及适用范围
直筒形刃口	1		1. 刃口为直通式，强度高，修磨后刃口尺寸不变。 2. 用于冲裁大型或精度要求较高的零件，模具装有顶出装置，不适用于下漏料的模具
直筒形刃口	2		1. 刃口强度较高，修磨后刃口尺寸不变。 2. 凹模内易积存废料或冲裁件，尤其间隙较小时，刃口直壁部分磨损较快。 3. 用于冲裁形状复杂或精度要求较高的零件
	3		1. 特点同序号2，且刃口直壁下面的扩大部分可使凹模加工简单，但采用下漏料方式时刃口强度不如序号2的刃口强度高。 2. 用于冲裁形状复杂或精度要求较高的中小型件，也可用于装有顶出装置的模具
	4		1. 凹模硬度较低（有时可不淬火），一般为40HRC，可用于手锤敲击刃口外侧斜面以调整冲裁间隙。 2. 用于冲裁薄而软的金属或非金属零件
锥形刃口	5		1. 刃口强度较差，修磨后刃口尺寸略有增大。 2. 凹模内不易积存废料或冲裁件，刃口内壁磨损较慢。 3. 用于冲裁形状简单、精度要求不高的零件
	6		1. 特点同序号5。 2. 可用于冲裁形状较复杂的零件

续表

刃口形式	序号	简图	特点及适用范围			
主要参数		材料厚度 t/mm	α/（′）	β/（°）	刃口高度 h/mm	备注
		<0.5 0.5～1 1～2.5	15	2	≥4 ≥5 ≥6	α 值适用于钳工加工。采用线切割加工时，可取 $\alpha=5'\sim20'$
		2.5～6 >6	30	3	≥8 ≥10	

3. 凹模外形尺寸的设计

冲裁凹模的外形尺寸可按经验计算。凹模的厚度主要是从螺钉旋入深度和凹模刚度的需要两方面考虑的，一般应不小于 8 mm。随着凹模板平面尺寸的增大，其厚度也相应地增大。

$$h_a = Kb \quad (h_a > 15\ \text{mm}) \tag{2.26}$$

式中，h_a为凹模厚度，mm；K 为修正系数，见表 2.16；b 为最大孔口尺寸，mm。

表 2.16　凹模厚度修正系数 K

孔口尺寸 b/mm \ 料厚 t/mm	0.5	1.0	2.0	3.0	>3.0
<50	0.30	0.35	0.42	0.50	0.60
>50～100	0.20	0.22	0.28	0.35	0.42
>100～200	0.15	0.18	0.20	0.24	0.30
>200	0.10	0.12	0.15	0.18	0.22

凹模壁厚 c：

$$c = (1.5 \sim 2.0)h_a \quad 且\ c \geqslant 30 \sim 40\ \text{mm} \tag{2.27}$$

4. 凸凹模

凸凹模是复合模中同时具有落料凸模和冲孔凹模作用的工作零件。它的内外缘均为刃口，内外缘之间的壁厚取决于冲裁件的尺寸。从强度方面考虑，其壁厚应受最小值限制。凸凹模的最小壁厚与模具结构有关：当模具为正装结构时，内孔不积存废料，胀力小，最小壁厚可以小些；当模具为倒装结构时，若内孔为直筒形刃口形式，且采用下出料方式，则内孔积存废料，胀力大，故最小壁厚应大些。

凸凹模的最小壁厚值，目前一般按经验数据确定，倒装复合模的凸凹模最小壁厚见表 2.17。正装复合模的凸凹模最小壁厚可比倒装的小些。

表 2.17　倒装复合模的凸凹模最小壁厚

简图	δ　δ　δ

续表

材料厚度 t/mm	0.14	0.6	0.8	1.0	1.2	1.4	1.6	1.8	2.0	2.2	2.5
最小壁厚 δ/mm	1.4	1.8	2.3	2.7	3.2	3.6	4.0	4.4	4.9	5.2	5.8
材料厚度 t/mm	2.8	3.0	3.2	3.5	3.8	4.0	4.2	4.4	4.6	4.8	5.0
最小壁厚 δ/mm	6.4	6.7	7.1	7.6	8.1	8.5	8.8	9.1	9.4	9.7	10

2.6.3 定位装置

定位装置的作用是确定冲压件在模具中的位置，限定冲压件的送进步距，以保证冲压件的质量，使冲压生产顺利进行。冲模的定位装置，按其工作方式及作用不同可分为挡料销、定位板（钉、块）、导正销、定位侧刃等。

1. 挡料销

挡料销的作用是保证条料有准确的送进位置。图2.41所示为一圆头固定挡料销，结构简单，但操作不便；图2.42所示为钩形固定挡料销，钩形挡料销设置距凹模刃口较远，凹模强度好；图2.43所示为可调挡料销，使用中可根据材料进距调整位置，多用于通用切断模；图2.44所示为活动式弹簧挡料销，多用于带固定卸料板的冲裁模，其料厚不宜小于0.8 mm，操作时需将条料略向后拉，因此生产效率较低；图2.45所示为自动挡料销结构，冲裁时随凹模下降而压入孔内，操作方便，多用于弹压卸料板的复合模中；图2.46所示为初始挡料销，多用于连续模中第一步冲压时的定位。

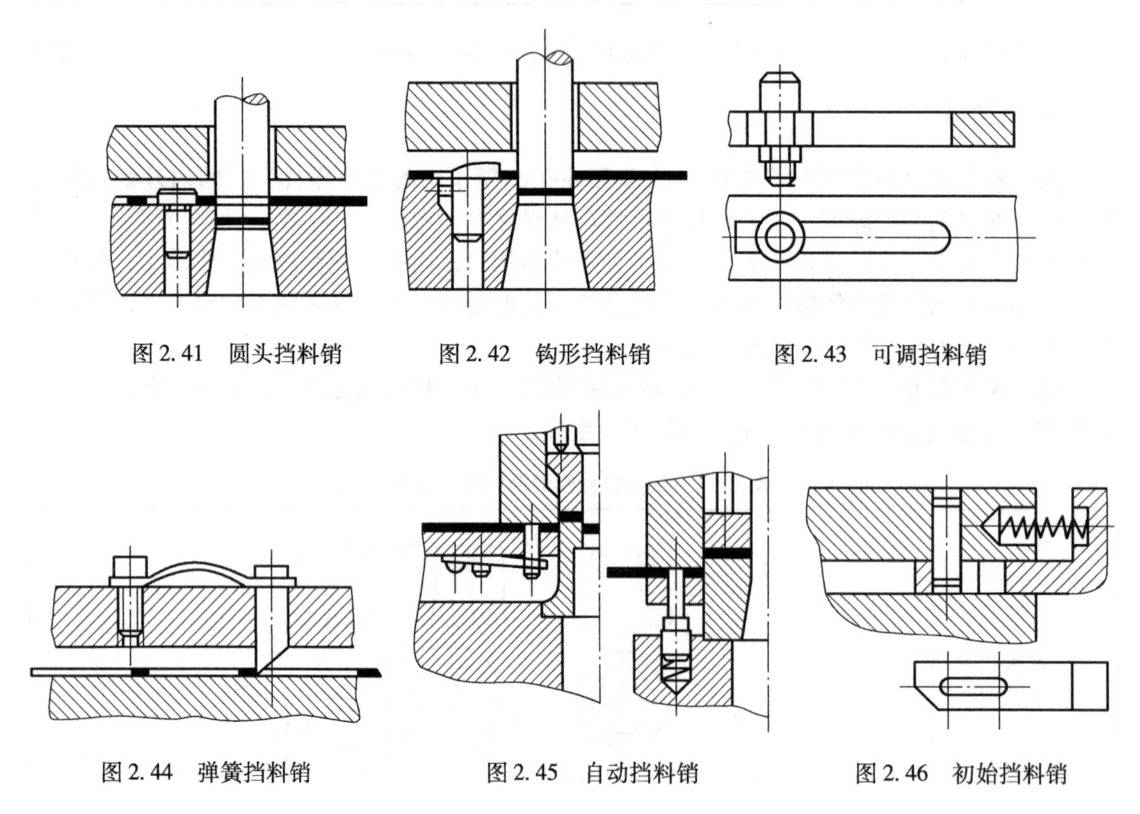

图2.41　圆头挡料销　　图2.42　钩形挡料销　　图2.43　可调挡料销

图2.44　弹簧挡料销　　图2.45　自动挡料销　　图2.46　初始挡料销

挡料销一般用 45 号钢制造，淬火硬度为 43 ～ 48 HRC。设计时，挡料销高度应稍大于冲压件的材料厚度。

2. 定位板与定位钉

定位板与定位钉是对单个毛坯或半成品按其外形或内孔进行定位的零件。由于坯料形状不同，定位形式也很多。图 2.47 所示为外形定位。图 2.48 所示为内孔定位，其中图 2.48（a）为小型孔定位钉，一般 D（内孔直径）$< \phi 5$ mm；图 2.48（b）为中型孔定位钉，一般 $D \geqslant \phi 15 \sim \phi 30$ mm；图 2.48（c）为大型孔定位板，一般 $D > \phi 30$ mm；图 2.48（d）为大型异形孔定位板。定位板与定位钉一般采用 45 钢制成，淬火硬度为 43 ～ 48 HRC。

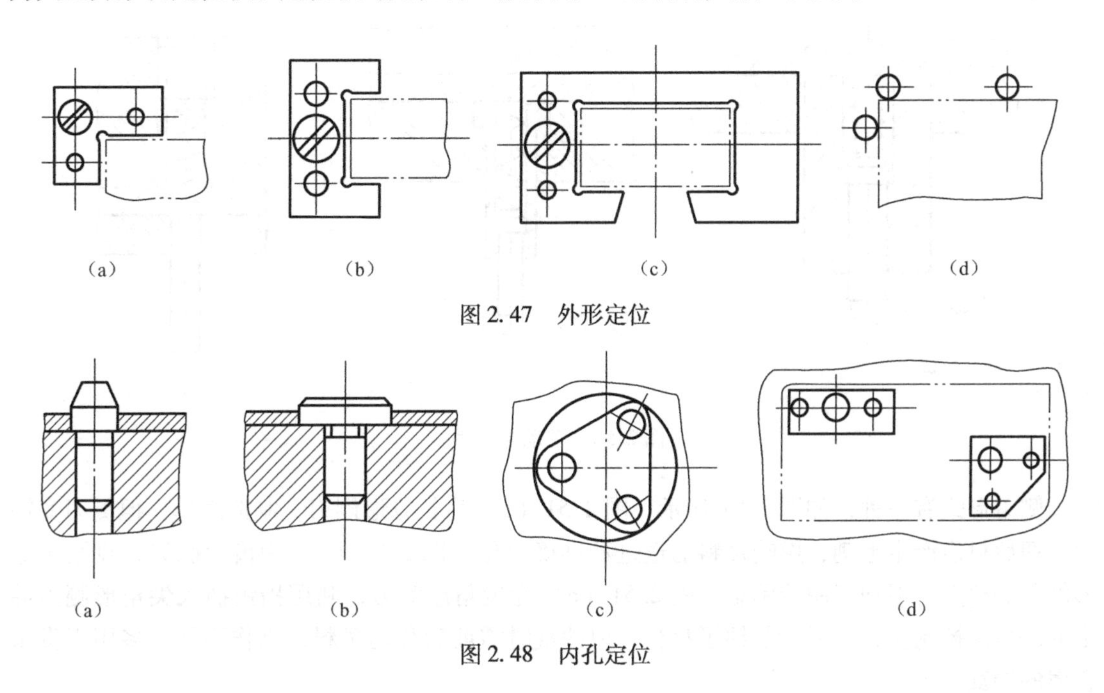

图 2.47　外形定位

图 2.48　内孔定位

3. 导正销

导正销多用于连续冲裁件的精确定位，冲裁时为减少条料的送进误差，保证工件内孔与外形的相对位置精度，导正销先插入已冲好的孔（或工艺扎）中，将坯料精确定位。图 2.49所示为几种导正销的结构形式。其中图 2.49（a）和图 2.49（b）适用于直径小于 $\phi 10$ mm 的孔，而图 2.49（c）和图 2.49（d）适用于直径大于 $\phi 10$ mm 的孔。图 2.50 所示为活动导正销结构形式。采用这种导正销，既便于修理，又可避免发生模具损坏和危及人身安全等冲压事故，定位精度较固定式导正销差些。导正销可装在落料凸模上，也可装在固定板上。

导正销与导孔之间要有一定的间隙，导正销高度应大于模具中最长凸模的高度。导正销一般采用 T7、T8 或 45 钢制作，并需经淬火处理。

4. 定位侧刃

侧刃多用于连续模，工作时在条料侧边冲去一个狭条，狭条长度等于步距，以此作为送料进距。带侧刃的冲裁模操作方便，送料步距正确，易于实现冲压自动化，但浪费材料。

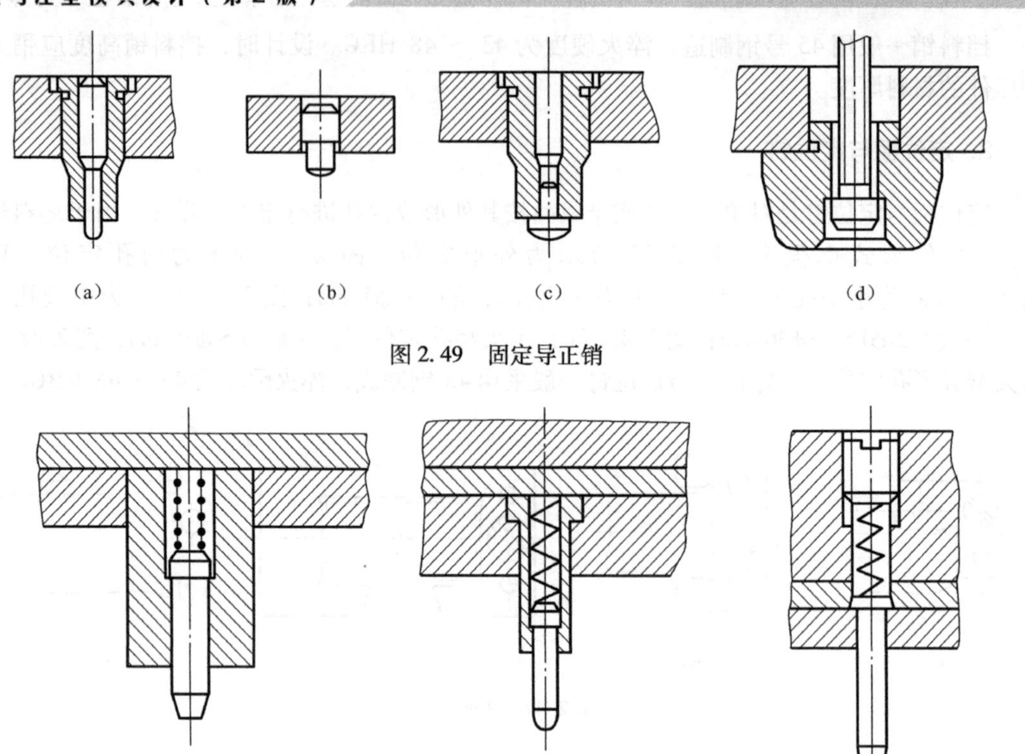

图2.49　固定导正销

图2.50　活动导正销

侧刃形式有三种，如图2.51所示。图2.51（a）为长方形侧刃，制造简单，但侧刃变钝后，切后料边产生毛刺，影响带料的送进和准确定位。图2.51（b）为齿形侧刃，克服了矩形侧刃的缺点，但加工制造困难。图2.51（c）为尖角形侧刃，利用挡销插入尖角形侧刃冲出的缺口来控制步距。尽管节约了材料，但冲裁时需前后移动条料，操作不便，多用于贵重金属的冲裁。

当大批量生产冲压件时，多采用双侧刃，如图2.52所示。采用双侧刃，所冲工件精度较单侧刃高，且带料脱离一个侧刃时，第二个侧刃仍能起定位作用。双侧刃可以是对角放置，也可以对称放置。侧刃厚度一般为6～10 mm，其长度为条料送进步距长度。材料可用T10、T10A、Cr12钢制造，淬火硬度为62～64HRC。

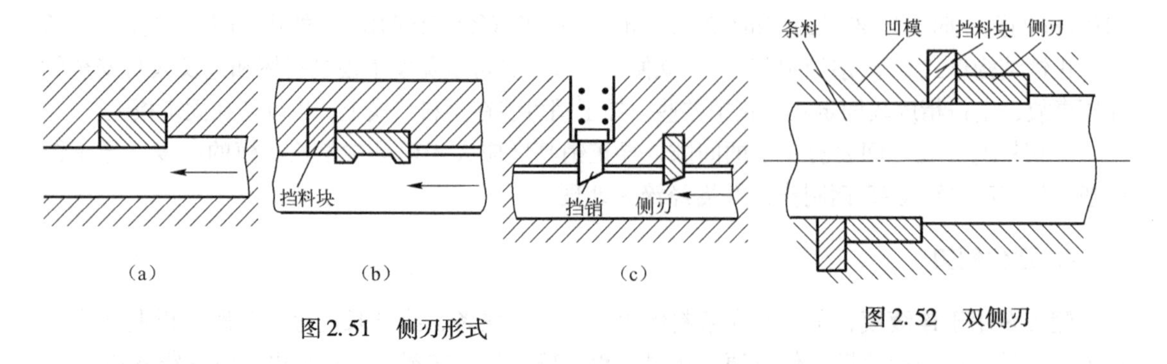

图2.51　侧刃形式

图2.52　双侧刃

5. 侧压装置

如果条料的公差较大，为避免条料在导料板中偏摆，使最小搭边得到保证，应在送料方向的一侧装侧压装置，迫使条料始终紧靠另一侧导料板送进。

侧压装置的结构形式如图 2.53 所示。标准侧压装置有两种：图 2.53（a）是弹簧式侧压装置，其侧压力较大，宜用于较厚板料的冲裁模；图 2.53（b）为簧片式侧压装置，侧压力较小，宜用于板料厚度为 0.3 ～ 1 mm 的薄板冲裁模。在实际生产中还有两种侧压装置：图 2.53（c）是簧片压块式侧压装置，其应用场合与图 2.53（b）相似；图 2.53（d）是板式侧压装置，侧压力大且均匀，一般装在模具进料一端，适用于侧刃定位的级进模中。在一副模具中，侧压装置的数量和位置视实际需要而定。

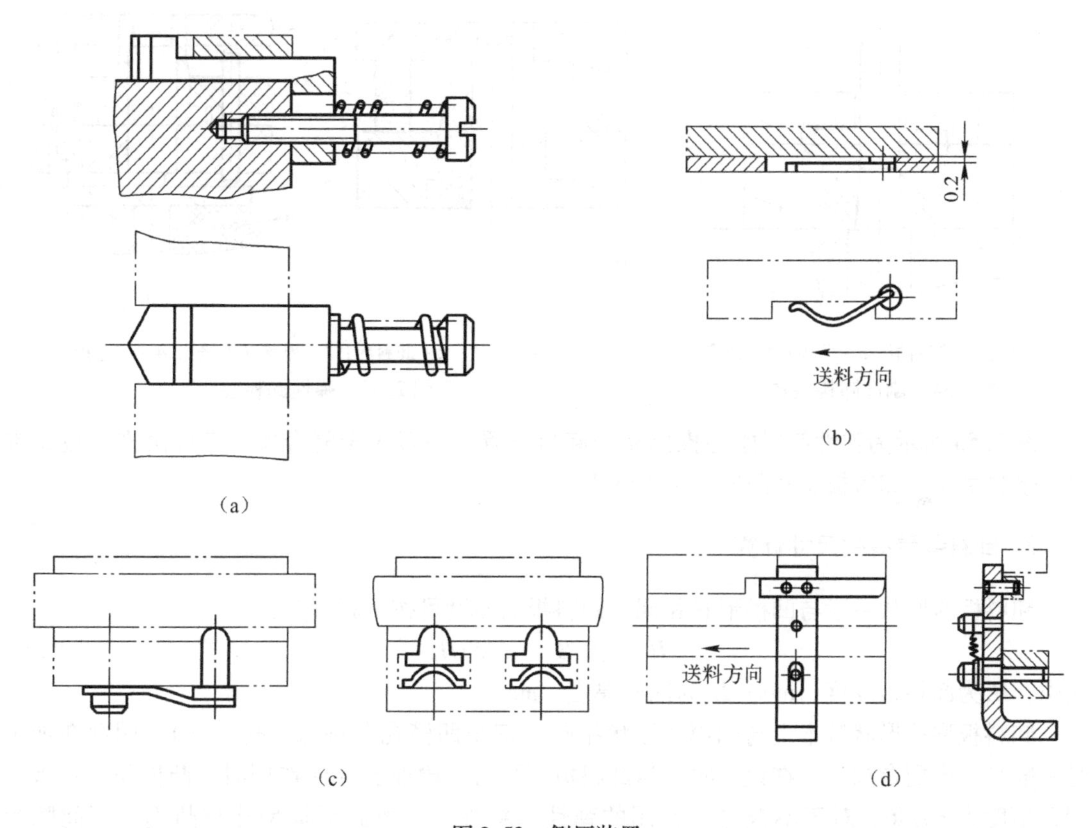

图 2.53　侧压装置

应该注意的是，板料厚度在 0.3 mm 以下的薄板不宜采用侧压装置。另外，由于有侧压装置的模具，送料阻力较大，因而备有辊轴自动送料装置的模具也不宜设置侧压装置。

2.6.4　卸料装置

冲裁模的卸料装置是用来对条料、坯料、工件、废料进行推、卸、顶出的机构，以便下次冲压的正常进行。

1. 卸料装置

卸料装置分为刚性卸料装置和弹性卸料装置两大类。刚性卸料装置如图 2. 54 所示。卸料板 2 固定在凹模 3 上，由于冲裁时板料在无压料情况下工作，因此冲出的工件有明显的翘曲现象。刚性卸料装置卸料力大，常用于材料较硬、厚度较大、精度要求不太高的工件冲裁。

弹性卸料装置如图 2. 55 所示。这种卸料装置靠弹簧或橡胶的弹性压力，推动卸料板动作而将材料卸下。工作时，卸料板 2 先将材料压紧，冲裁完成模具回复时卸料。具有弹性卸料装置的模具冲出的工件平整，精度较高。常用于材料较薄、较软工件的冲裁。

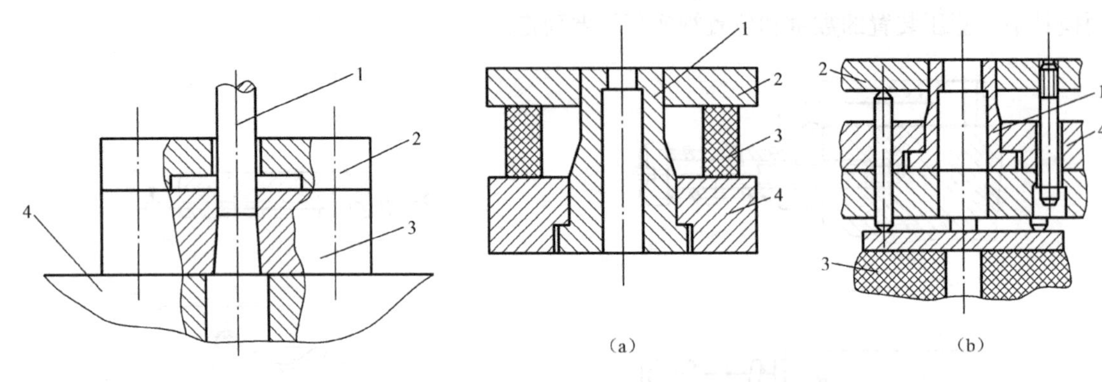

1－凸模；2－卸料板；3－凹模；4－模座

图 2. 54　刚性卸料装置

1－凸凹模；2－卸料板；3－橡胶（弹簧）；4－固定板

图 2. 55　弹性卸料装置

图 2. 56 所示为弹性卸料刚性推出复合卸料装置，一般用于复合模。工件由推件板 3 推出，余料由弹压卸料板 5 从凸凹模 1 上卸下。

2. 卸料装置有关尺寸计算

卸料板的形状一般与凹模形状相同，卸料板的厚度可按下式确定：

$$H_x=(0.8\sim1.0)H_a \tag{2.28}$$

式中，H_x为卸料板厚度，mm；H_a为凹模厚度，mm。

卸料板型孔形状基本上与凹模孔形状相同（细小凹模孔及特殊型孔除外），因此在加工时一般与凸模配合加工。在设计时，当卸料板型孔对凸模兼起导向作用时，凸模与卸料板的配合精度为 H7/f6；对于不兼导向作用的弹性卸料板，一般卸料板型孔与凸模单面间隙为 0. 05 ～ 0. 1 mm。而刚性卸料板凸模与卸料板单面间隙为 0. 2 ～ 0. 5 mm，并保证在卸料力的作用下，不使工件或废料拉进间隙内为准。卸料板一般选用 45 钢制造，不需要热处理。

3. 弹簧的选用

模具中常用的弹簧是压缩弹簧和拉伸弹簧。按绕制钢丝断面的不同，又分为圆柱形弹簧、方形弹簧、碟形弹簧几种形式。

圆柱形弹簧的特点是弹力较方形弹簧和碟形弹簧小，但变形量较大，应用最广。而方形弹簧和碟形弹簧弹力比圆形弹簧大，主要用于要求推卸料力较大的中型以上模具中，如图 2. 57 所示圆形弹簧的计算与选用原则如下：

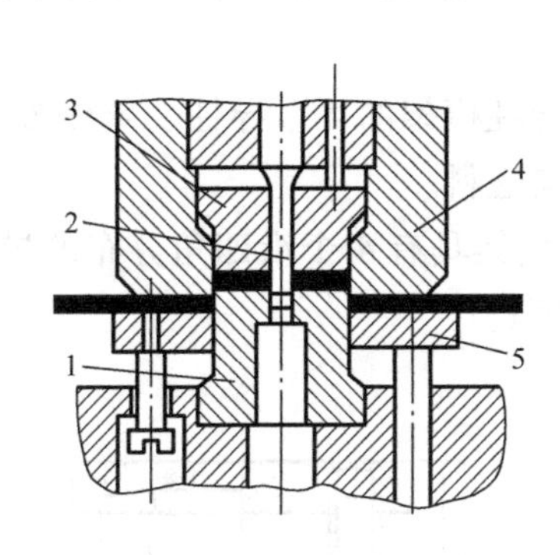

1－凸凹模；2－冲孔凸模；3－推件板；4－凹模；5－卸料板

图 2.56　复合卸料装置

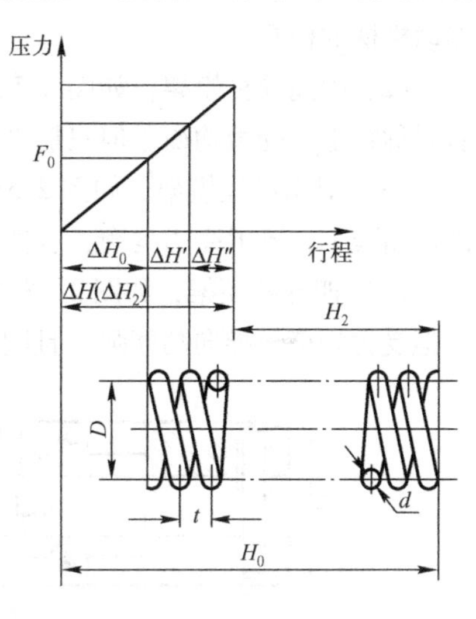

图 2.57　弹簧特性曲线

（1）卸料弹簧的预压力应满足下式：

$$F_0 \geqslant F_x / n \tag{2.29}$$

（2）弹簧最大许可压缩量应满足下式：

$$\Delta H_2 \geqslant \Delta H \tag{2.30}$$

$$\Delta H = \Delta H_0 + \Delta H' + \Delta H'' \tag{2.31}$$

式中，ΔH_2为弹簧最大许可压缩量；ΔH 为弹簧实际总压缩量；ΔH_0为弹簧预压缩量；$\Delta H'$为卸料板的工作行程，一般取 $\Delta H' = t + 1$，t 为料厚；$\Delta H''$为凸模刃模最大调整量，可取 5 ～10 mm。

（3）弹簧应能够合理地布置在模具的相应空间。

2.6.5　固定零件

模具的固定零件包括上、下模座（模板）、固定板、垫板及模柄等。

1. 上、下模座

上、下模座有带导柱、导套和不带导柱、导套两种形式。带导柱、导套的形式与模柄一起构成了模架。模架是整副模具的支持，承担冲裁中的全部载荷，模具的全部零件均以不同的方式直接或间接地固定于模架上。模架的上模座通过模柄与压力机滑块相连，下模座通常以螺钉压板固定在压力机工作台上。上、下模座之间靠导向装置保持精确定位，引导凸模运动，保证冲裁间隙均匀。模架按国标由专业生产厂生产，在设计模具时，可根据凹模的周界尺寸选择标准模架。选择中主要保证模架有足够的刚度、足够的精度和可靠的导向精度。模架的主要形式有以下几种：

（1）后侧导柱模架，如图 2.58（a）所示，后侧导柱模架的 2 个导柱、导套处于模架后侧，可实现纵向、横向送料，送料方便。但由于导柱、导套偏置，易引起单边磨损，不适于

浮动模柄的模具。

（2）中间导柱模架，如图2.58（b）所示，中间导柱模架的2个导柱、导套位于模具左右对称线上，受力均衡，但只能沿前后单方向送料。

（3）对角导柱模架，如图2.58（c）所示，对角导柱模架的2个导柱、导套布置于模具的对角线上，不但受力均衡，且能实现纵、横两个方向送料。

（4）四导柱模架，如图2.58（d）所示，四导柱模架具有4个沿四角分布的导柱导套，不但受力均衡，导向功能强，且刚度大，适合于大型模具。

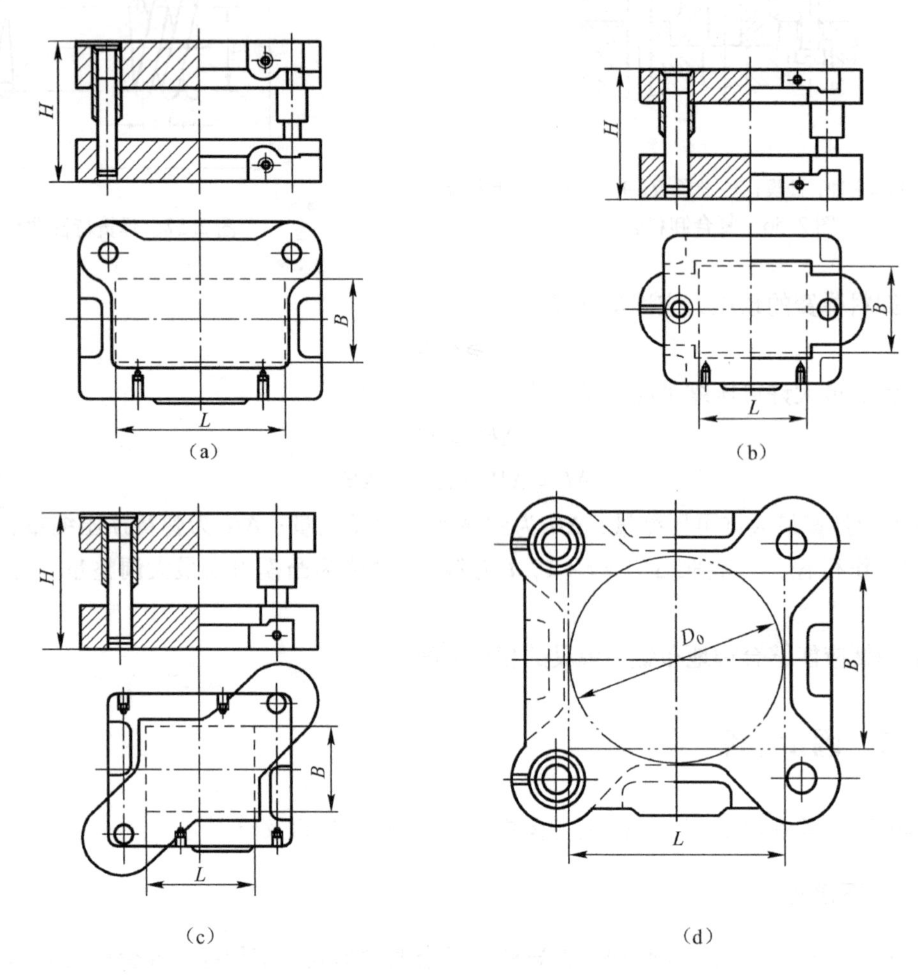

图2.58　模架

2. 垫板

为了防止较小的凸模压损模座的平面，一般在凸模和模座之间加设垫板。垫板外形尺寸多与凹模边界一致，垫板材料一般选T7、T8或45钢制成。T7、T8淬火硬度为52～56 HRC，45钢淬火硬度为43～48 HRC。

在设计复合模时，凸凹模与模座之间同样应加装垫板。

3. 固定板

在冲裁模中，凸模、凸凹模、镶块凸模与凹模都是通过与固定板结合后安装在模座上的。固定板的周界尺寸与凹模相同，其厚度应为凹模厚度的（0.8 ～ 0.9）倍。固定板一般选用 Q235 制作，有时也可用 45 钢。凸模固定板上的各型孔位置均与凹模孔相对应，形状可根据模尾部形状或根据安装固定方法确定。

4. 模柄

冲模的上模是通过模柄安装在冲床滑块上的。模柄的形式很多，常用的有压入式模柄（图 2.59（a））、旋入式模柄（图 2.59（b）、（c））、螺钉固定式模柄（图 2.59（d））等结构形式，图 2.59（a）和图 2.59（b）常用于中小型冲模，图 2.59（d）一般应用于大中型冲模。

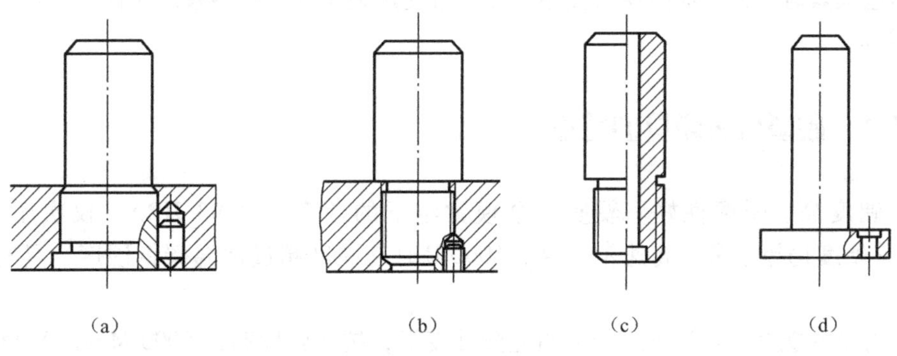

图 2.59　模柄结构

图 2.60 所示为浮动式模柄结构。常用于冲裁精度较高的薄板工件及滚动导柱导向的模具。此类模柄在冲裁时，能消除压力机导轨对冲模导向精度的影响，提高了冲裁精度，但加工制造复杂。

模柄一般用 Q235 或 45 钢制成。直径大小应根据所选压力机的安装孔直径来确定。

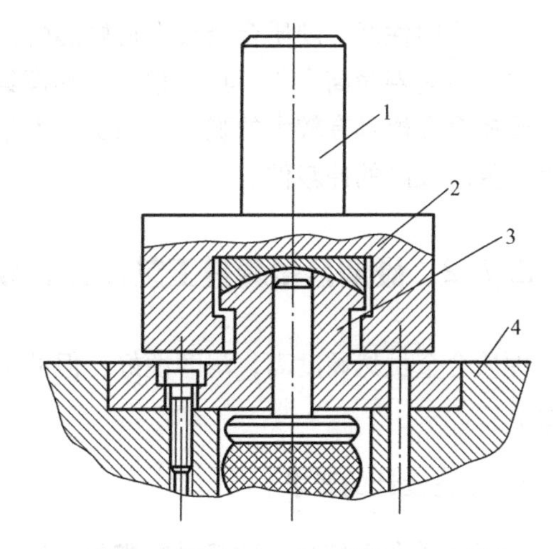

1 – 模柄；2 – 垫板；3 – 活动模柄；4 – 上模座

图 2.60　浮动式模柄

5. 紧固件

模具中的紧固零件主要包括螺钉、销钉等。螺钉主要连接冲模中的零件，使其成为整体，而销钉则起定位作用。螺钉最好选用内六角螺钉，这种螺钉的优点是紧固牢靠，由于螺钉头埋入模板内，模具的外形比较美观，拆装空间小。销钉常采用圆柱销，设计时，圆柱销不能少于两个。

销钉与螺钉的距离不应太小，以防强度降低。模具中螺钉、销钉的规格、数量、距离尺寸等在选用时可参考国标中冷冲模典型组合进行设计。

2.6.6 模具的闭合高度

模具的闭合高度是指模具在最低工作位置时，上模座上表面与下模座下表面之间的距离。为使模具正常工作，模具闭合高度 H 必须与压力机的装模高度相适应，使之介于压力机最大装模高度 H_{max} 与最小装模高度 H_{min} 之间，一般可按下式确定：

$$H_{max} - 5\ \text{mm} \geqslant H \geqslant H_{min} + 10\text{mm} \tag{2.32}$$

当模具闭合高度小于压力机最小装模高度时，可以加装垫板。

2.7 硬质合金模

在制造模具时，为了提高模具使用寿命，常使用硬质合金材料来制作模具的凸、凹（凸凹模）模等。

2.7.1 硬质合金模具的特点

（1）硬度高、耐磨性好。硬质合金模常温下的硬度可达 93 HRA，仅次于金刚石。600℃时其硬度仍超过常温高速钢硬度，1000℃时其硬度超过常温碳钢硬度，具有很好的红硬性。

（2）力学性能好。常温下工作无明显塑性变形，抗压强度高达 6000 MPa。900℃时抗弯强度仍可达 1000 MPa 以上。

（3）耐蚀性好。硬质合金具有良好的耐蚀、耐氧化性能。

（4）模具寿命高。与工具钢相比，其模具寿命可提高 20 ～ 200 倍。

硬质合金模具有较大的脆性，加工较困难，且价格较为昂贵。因此，一般只用于生产批量大、要求较高的冲裁件。

2.7.2 硬质合金模具工艺设计、模具设计要求

硬质合金虽然硬度高，耐磨性好，但冲击韧性差，因此在设计硬质合金模具时必须引起注意。

1. 工艺设计的要求

由于硬质合金较脆，冲裁时要避免刃口单边受力。在大量生产中，一般采用复合模和连续模，故在进行排样设计时必须注意如下几点：

（1）侧刃位置要正确。在连续模中，大部分采用侧刃定位，侧刃位置要适当。侧刃位置不正确，会导致凹模型孔单边工作，很容易发生刃口崩裂现象。

（2）排样。在排样时也应避免凸、凹模单边工作。在不浪费材料的原则下，可将原来的交错排样改为并列排样，从而避免出现单边冲裁的情况。

(3) 搭边值。保证正常的搭边值，以免搭边断裂后嵌入间隙，使刃口崩裂。

(4) 多排冲裁。若采用多排冲裁时，每一副模具冲制工件的数量不能太多，形状复杂的不宜超过两件，否则模具制造困难。

2. 模具结构要求

(1) 模架刚性要好。为了避免冲裁过程中由于模具的弹性变形而使刃口崩裂，要适当增加上、下模座的厚度，其厚度为钢模的 1.5 倍。小型模具一般用两个导柱，大件或复杂件的模具则用四个导柱。

(2) 导向精度要高。为了提高导向精度，可采用卸料板导向以避免凸模偏移，或采用滚动式导柱导套。同时为了消除冲床对模具导向精度的影响，可采用浮动式模柄。浮动模柄在上模座上的固定位置要和模具压力中心一致，保证冲压过程中的同心度。

(3) 其他要求。当采用弹性卸料板时，卸料板应装有导向装置，以保证对凸模的准确导向。为防止弹性卸料板在冲裁时撞击凹模的硬质合金镶块，模具闭合时，卸料扳与硬质合金凹模之间应有 $t+0.05$ mm 的间隙。为防止硬质合金凹模在冲裁时因弯曲变形而碎裂，在凹模底部应加淬硬的厚垫板。对直径很小的凸模，应加强其根部，或配以护套以增加其刚性，并用卸料板导向。

2.7.3　硬质合金模具的固定方法

1. 机械固定法

机械固定法如图 2.61 所示，包括螺钉紧固及压配合等方法。此方法拆装方便，连接可靠，应用较为广泛。

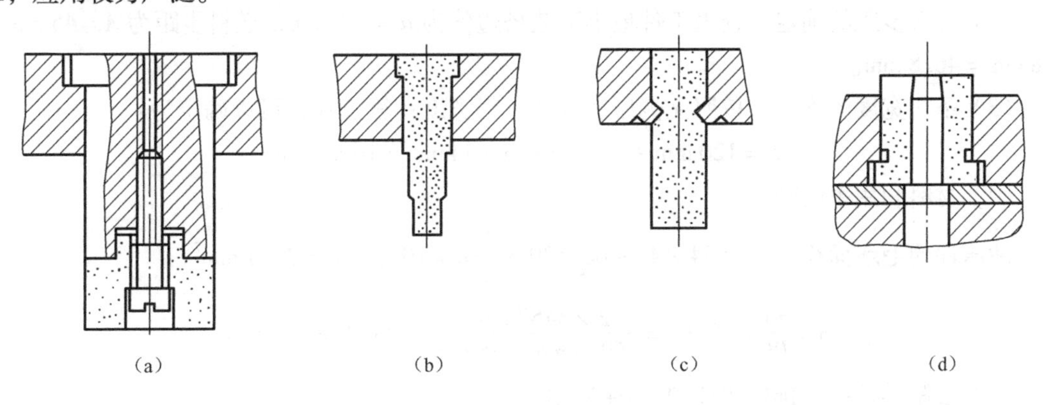

图 2.61　机械固定法

2. 热压法

热压法如图 2.62 所示。由于钢的线膨胀系数比硬质合金大，故此方法拆装均较为方便。热压法过盈常取直径尺寸的 0.6% ～ 1.0%，框套加热温度一般取 500 ～ 600℃。热压法常用于圆形零件的固定。硬质合金的固定方法还有浇注法、黏结固定法和焊接固定法等。

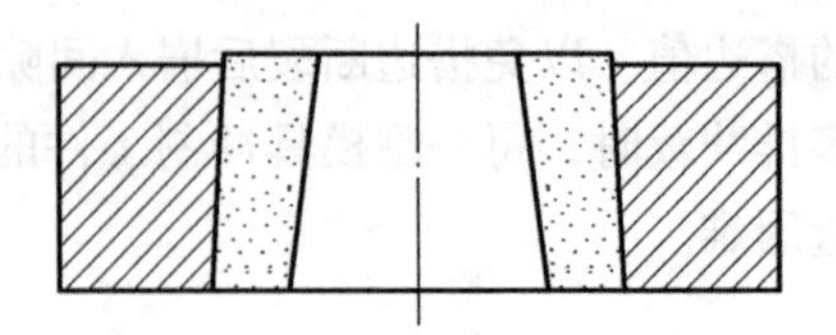

图 2.62 热压法

案例1 钢料零件冲裁模具设计

已知冲裁件如图 2.63 所示，材料为 10 号钢，厚度为 1 mm，中批量生产。试完成该零件落料、冲孔复合冲裁模具的设计。

1. 冲压件工艺分析

该零件形状简单、对称，由圆弧和直线组成。冲裁件内外形所能达到的经济精度为 IT12 ～ IT13，孔中心与边缘距离尺寸公差为 ±0.6 mm。将以上精度要求与零件简图中所标注的尺寸公差相比较，可认为该零件的精度要求能够在冲裁加工中得到保证。其他尺寸标注、生产批量等情况，也均符合冲裁的工艺要求，故决定采用冲孔落料复合冲裁模进行加工，且一次冲压成型。

2. 模具设计与计算

1）排样设计

排样设计主要确定排样形式、送料步距、条料宽度、材料利用率和绘制排样图。

（1）排样方式的确定。根据冲裁件的结构特点、排样方式可选择为对头直排。

（2）送料步距的确定。查表工件最小工艺搭边值为 $a=1.8\ \text{mm}$，送料步距为 $A=45\ \text{mm}+1.8\ \text{mm}=46.8\ \text{mm}$。

（3）条料宽度的确定。按照无侧压装置的条料宽度计算公式，可以确定为：

$$B=120\ \text{mm}+3\times1.8\ \text{mm}+44\ \text{mm}=169.4\ \text{mm}$$

（4）材料利用率的确定。

冲压件的毛坯面积：$A=(44\times45+66\times20+\frac{1}{2}\pi\times10^2)\ \text{mm}^2=3457\ \text{mm}^2$

$$\eta=\frac{nA}{Bh}\times100\%=\frac{2\times3457\ \text{mm}^2}{169.4\ \text{mm}\times48\ \text{mm}}\times100\%=85.03\%$$

（5）绘制排样图。排样图如图 2.64 所示。

2）计算总冲压力

该模具采用弹性卸料和下方出料方式。总冲压力 F_0 由冲裁力 F、卸料力 $F_{卸}$ 和推件力 $F_{推}$ 组成。由于采用复合冲裁模，其冲裁力有落料冲裁力 $F_{落料}$ 和冲裁力 $F_{冲孔}$ 两部分组成。

（1）落料、冲孔冲裁力。材料为 10 号钢，查设计手册，其抗拉强度为 $\sigma_b=350\ \text{MPa}$，则：

落料周长： $L=44\times2+45+66\times2+\pi\times10=296.4\ \text{mm}$

冲孔周长： $L=2\pi r=2\times3.14\times13=81.64$

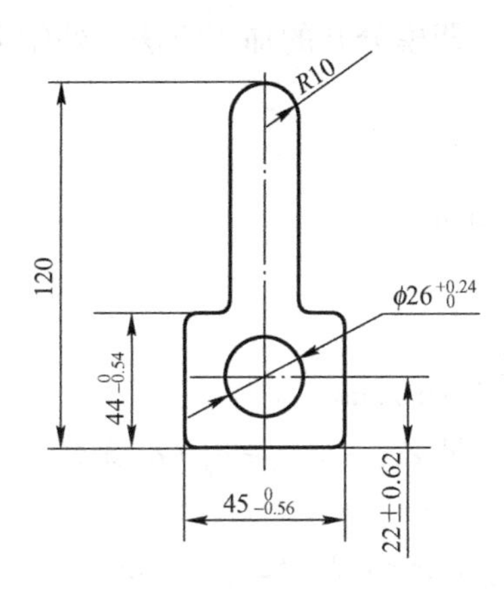

图 2.63　零件简图

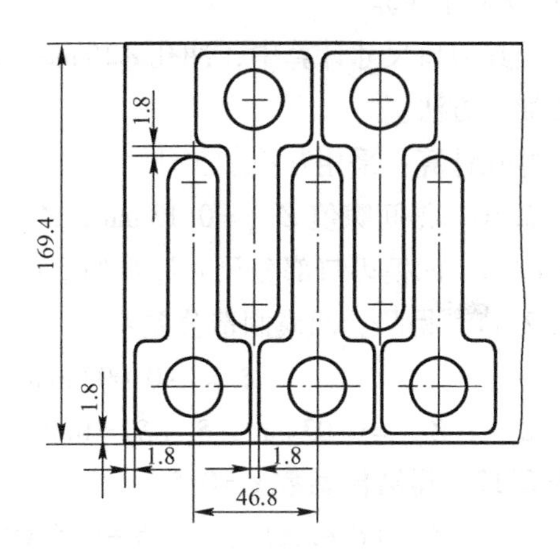

图 2.64　排样图

$$F_{落料} = Lt\sigma_b = (296.4 \times 1 \times 350)\text{ N} = 103740\text{ N},$$
$$F_{冲孔} = Lt\sigma_b = (81.64 \times 1 \times 350)\text{ N} = 28574\text{ N}$$
$$F = F_{落料} + F_{冲孔} = (103740 + 28574)\text{ N} = 132314\text{ N}$$

（2）推件力。查表 2.13，推件力系数 $K_{推} = 0.055$，凹模中的工件数 n 设为 2，则：

$$F_{推} = nK_{推}\ F_{冲孔} = (2 \times 0.055 \times 28574)\text{ N} = 3143.14\text{ N}$$

（3）卸料力。查表 2.13，卸料系数 $K_{卸} = 0.04$，则：

$$F_{卸} = K_{卸}\ F_{冲孔} = (0.04 \times 28574)\text{ N} = 1142.96\text{ N}$$

（4）总冲压力 F_0的确定：

$$F_0 = F + F_{推} + F_{卸} = (132314 + 3143.14 + 1142.96)\text{ N} = 136.6001\text{ kN}$$

压力机的公称压力应大于计算总冲压力 136.6kN。本例中可选 J23-63 开式双柱可倾压力机。

3）计算压力中心

如图 2.65 所示，压力中心可按前面叙述中的式子将冲裁件轮廓分段进行计算。因为零件左右对称，即 $x_0 = 0$，故只需计算 y_c。将工件冲裁周边分成 l_1、l_2、l_3、…、l_6基本线段，求出各段长度及各段的中心位置：

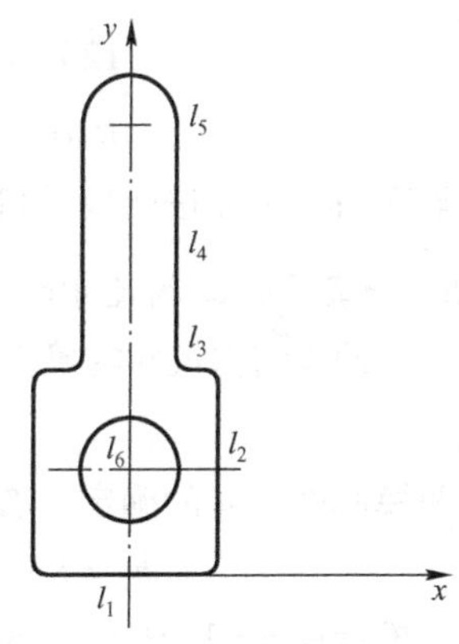

图 2.65　压力中心

$l_1 = 45\text{ mm}$，$y_1 = 0$

$l_2 = 88\text{ mm}$，$y_2 = 22\text{ mm}$

$l_3 = 25\text{ mm}$，$y_3 = 44\text{ mm}$

$l_4 = 132\text{ mm}$，$y_4 = 77\text{ mm}$

$l_5 = 31.4\text{ mm}$，$y_5 = 110\text{ mm} + \dfrac{10\sin\pi/2}{\pi/2}\text{ mm} = 116.29\text{ mm}$

$l_6 = 81.64\text{ mm}$，$y_6 = 22\text{ mm}$

$$y_c = \frac{l_1y_1 + l_2y_2 + \cdots + l_6y_6}{l_1 + l_2 + \cdots + l_6}\text{ mm} = 46.27\text{ mm}$$

4）刃口尺寸计算

本例模具刃口尺寸计算中，冲孔 ϕ26 mm 采用凸、凹模分开的加工方法，外轮廓的落料采用配合加工方法。

（1）冲孔计算：采用互换加工法。

查表 2.10，得间隙值 $Z_{min}=0.13$ mm，$Z_{max}=0.16$ mm。

冲孔的凸、凹模刃口部分尺寸计算如下：

查表 2.11，得凸、凹模制造公差：

$$\delta_p = -0.007\ \text{mm},\ \delta_d = +0.010\ \text{mm}$$

由于 $Z_{max}-Z_{min}=0.03$ mm，$\delta_p+\delta_d=0.017$ mm，满足 $Z_{max}-Z_{min}\geqslant\delta_p+\delta_d$ 条件。

查表 2.12，得磨损系数 $x=0.5$。

$$d_p=(d+x\Delta)_{-\delta_p}^{\ 0}=(26+0.5\times0.24)_{-0.007}^{\ 0}\ \text{mm}=26.12_{-0.007}^{\ 0}\ \text{mm}$$

$$d_d=(d_p+Z_{min})_{\ 0}^{+\delta_d}=(26.12+0.13)_{\ 0}^{+0.010}\ \text{mm}=26.25_{\ 0}^{+0.010}\ \text{mm}$$

（2）外轮廓的落料：采用配合加工法。

以凹模为基础，凹模磨损后尺寸均会增大，为 A 类尺寸。零件图中 120 和 $R10$ 未标注公差属于自由公差，但这个尺寸也不是任意的，它受一个默认精度的控制。其公差的取值范围一般根据零件的生产工艺确定，一般来说，可以用 IT12 ～ 13 或 GB/T 1804 中的 m 级，它与该冲裁件的经济精度 IT12 ～ 13 相一致。查表由数据库中"冲裁和拉伸件为标注公差尺寸的极限偏差表"中获其极限偏差$120_{-0.63}^{\ 0}$和 $R10_{-0.27}^{\ 0}$。

查表得系数 x 为：

尺寸 120、45、44：　　$\Delta\geqslant0.36$，$x=0.5$

$R10$：　　$0.17<\Delta<0.35$，$x=0.75$

$$45_d=(45-0.5\times0.56)_{\ 0}^{+0.14}\ \text{mm}=44.72_{\ 0}^{+0.14}\ \text{mm}$$

$$44_d=(44-0.5\times0.54)_{\ 0}^{+0.35}\ \text{mm}=43.73_{\ 0}^{+0.35}\ \text{mm}$$

$$120_d=(120-0.5\times0.63)_{\ 0}^{+0.16}\ \text{mm}=119.685_{\ 0}^{+0.16}\ \text{mm}$$

$$R10_d=(10-0.75\times0.27)_{\ 0}^{+0.07}\ \text{mm}=9.80_{\ 0}^{+0.07}\ \text{mm}$$

落料凸模尺寸按凹模刃口尺寸配制，并留双面间隙 0.13 ～ 0.16 mm。

5）模具零件结构尺寸的确定

（1）凹模结构尺寸的确定。凹模外形尺寸主要包括凹模厚度 h_a、凹模宽度 B_1 和凹模长度 L_1。

凹模厚度尺寸的确定。查表 2.16 凹模厚度修正系数 $K=0.18$，凹模厚度尺寸为：

$$h_a=Kb=0.18\times120\ \text{mm}=21.6\ \text{mm}，取整为 22 mm。$$

凹模壁厚 $c=1.5h_a=33$ mm。

凹模宽度 $B_1=44.72+2c=(44.72+2\times33)$ mm $=110.72$ mm，取整为 111 mm。

凹模长度尺寸的确定。根据排样图，凹模长度 $L_1=119.685+2c$，$L_1=(119.685+2\times33)=185.685$ mm，取整为 186 mm。

（2）凸模长度的确定。凸模长度尺寸与凸模固定板和推件板的厚度有关。凸模长度取 49 mm。

（3）凸凹模的尺寸的确定。根据模具的具体情况，凸凹模的厚度选取69 mm。

3. 绘制模具总装图

按已经确定的模具形式及相关参数，选择冷冲模架。绘制模具总装图，如图2.66所示。

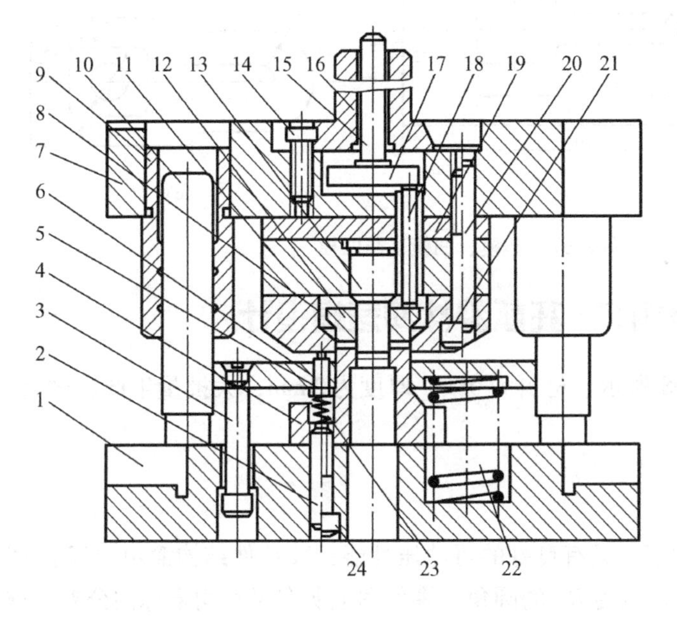

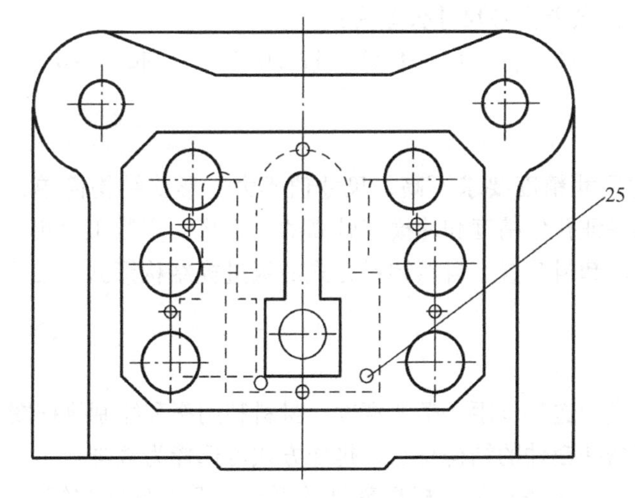

1—下模板；
2—圆柱销；
3—卸料螺钉；
4—凸凹模；
5—活动挡料销；
6—卸料板；
7—上模板；
8—凹模；
9—导套；
10—导柱；
11—凸模固定板；
12—推件板；
13—凸模；
14—内六角螺钉；
15—推杆；
16—模柄；
17—推板；
18—推销；
19—垫板；
20—圆柱销；
21—内六角螺钉；
22—弹簧；
23—弹簧；
24—内六角螺钉；
25—导料销

图2.66　倒装复合冲裁模

4. 绘制模具零件图

（1）凸模如图2.67（a）所示。
（2）落料凹模如图2.67（b）所示。
（3）凸凹模如图2.67（c）所示。

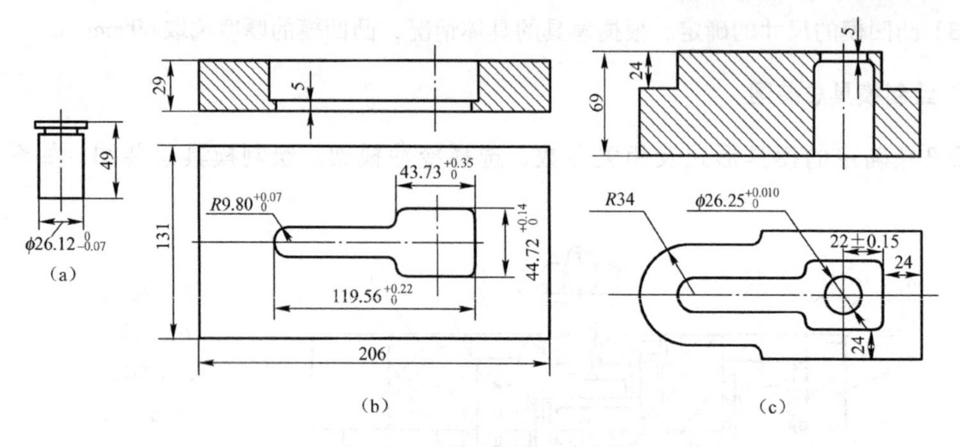

图2.67　凸模、凹模、凸凹模

案例2　托板零件冲裁模设计

已知冲裁件托板如图2.68所示，材料为08F，厚度为2 mm，大批量生产。试完成落料、冲孔模具的设计。

1. 冲裁件的工艺分析

08F钢板是优质碳素结构钢，具有良好的可冲压性能；冲裁件结构简单，但有90°尖角，为提高模具寿命，将所有90°角改为$R1$的圆角。零件图上所有尺寸均未标注公差，属自由尺寸，可按IT14级确定工件尺寸的公差。各尺寸公差为：

$58^{0}_{-0.74}$　$38^{0}_{-0.62}$　$30^{0}_{-0.52}$　$16^{0}_{-0.44}$　14 ± 0.22　17 ± 0.22　$\phi3.5+0.3$

2. 模具设计与计算

由上面的分析可知冲裁件尺寸精度要求不高，尺寸值不大，形状结构简单，但生产量大，根据材料较厚的特点，为保证孔位精度和冲模有较高的生产率，实行工序集中的工艺方案，采用导正钉进行定位、刚性卸料装置、自然卸料方式的级进模结构形式，使得压力机在一次行程中同时完成多道工序。

1）排样设计

排样设计主要确定排样形式、送料步距、条料宽度、材料利用率和绘制排样图。

（1）排样方式的确定。根据冲裁件的结构特点、排样方式可选择为直排。

（2）送料步距的确定。查表确定搭边值。根据零件的形状，两工件间按矩形取搭边值，$b=2$ mm，侧边按圆形取搭边值，$a=2$ mm。连续模进料步距为32 mm。

（3）条料宽度的确定。按照相应的公式计算，可以确定为$B=58\text{ mm}+2\text{ mm}\times2=62\text{ mm}$

（4）材料利用率的确定。

冲压件的毛坯面积：

$$A=(38\times30+16\times4+\pi\times8^2)\text{mm}^2=1404.96\text{ mm}^2$$

$$\eta=\frac{A}{Bh}\times100\%=\frac{1404.96\text{ mm}^2}{62\text{ mm}\times32\text{ mm}}\times100\%=70.81\%$$

(5) 绘制排样图。排样图如图2.69所示。

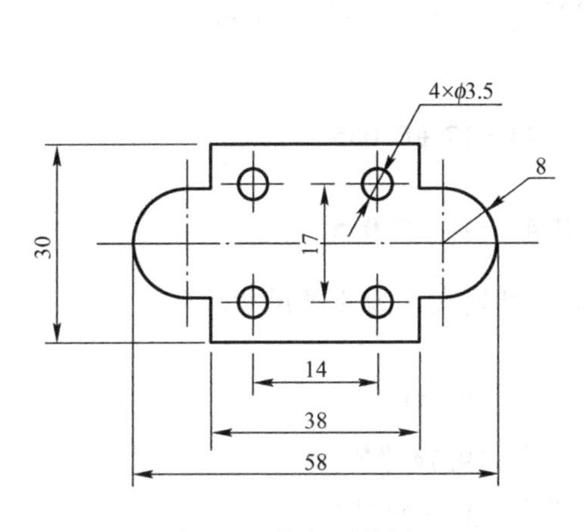

图2.68 托板零件图

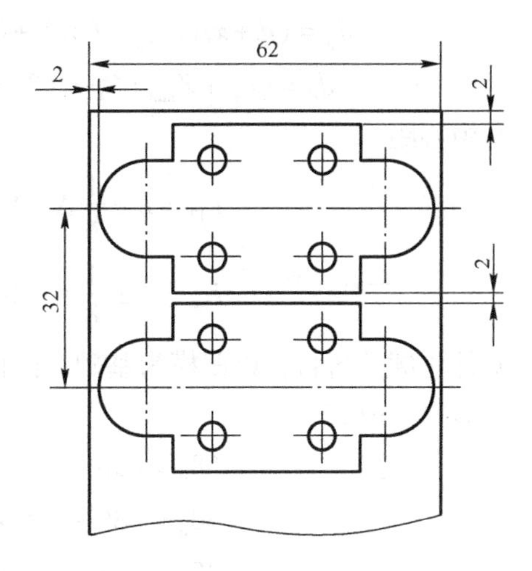

图2.69 排样图

2) 计算总冲压力

该模具采用弹性卸料和下方出料方式。总冲压力 F_0 由冲裁力 F 和推料力 $F_{推}$ 组成。由于采用复合冲裁模，其冲裁力由落料冲裁力 $F_{落料}$ 和冲裁力 $F_{冲孔}$ 两部分组成。

落料、冲孔冲裁力。材料的抗剪强度为300 MPa，则：

$$F_{落料} = kLt\tau = 1.3 \times [2 \times (58-16) + 2 \times (30-16) + 16\pi] \times 2 \times 300 = 126500\ \text{N}$$

$$F_{冲孔} = kLt\tau = 1.3 \times 4\pi \times 3.5 \times 2 \times 300 = 34300\ \text{N}$$

$$F = F_{落料} + F_{冲孔} = (126500 + 34300)\ \text{N} = 160800\ \text{N}$$

查表得系数 $K_t = 0.005$，n 取为3，则：

$$F_{推} = nKtF = 3 \times 0.055 \times 160800\ \text{N} = 26532\ \text{N}$$

总冲压力 F_0 的确定：

$$F_0 = F + F_{推} = (160800 + 26532)\ \text{N} = 187.332\ \text{kN}$$

3) 计算压力中心

压力中心可按前面叙述中的式子将冲裁件轮廓分段进行计算。因为零件左右、上下分别对称，即 $x_0 = 0$，$y_0 = 0$。

4) 刃口尺寸计算

本例模具刃口尺寸计算中，冲孔 $\phi 3.5$ mm 采用凸、凹模分开的加工方法，外轮廓的落料采用配合加工方法。

查表2.10，得间隙值 $Z_{min} = 0.22$ mm，$Z_{max} = 0.26$ mm。

冲孔的凸、凹模刃口部分尺寸计算如下。

查表2.11，得凸、凹模制造公差：

$$\delta_p = -0.012\ \text{mm},\ \delta_d = +0.017\ \text{mm}$$

由于 $Z_{max} - Z_{min} = 0.04$ mm，$\delta_p + \delta_d = 0.029$ mm，满足 $Z_{max} - Z_{min} \geqslant \delta_p + \delta_d$ 条件。

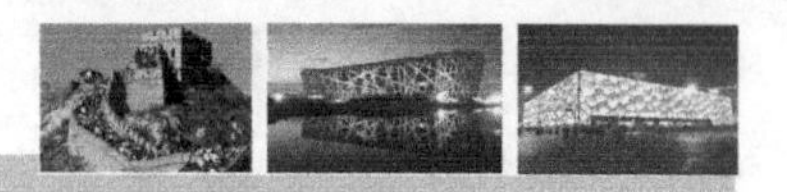

查表2.12，所有尺寸 $\Delta>0.42$，因此磨损系数 $x=0.5$。

$$d_p=(d+x\Delta)_{-\delta_p}^{\ 0}=(3.5+0.5\times0.3)_{-0.012}^{\ 0}\text{ mm}=3.65_{-0.012}^{\ 0}\text{ mm}$$

$$d_d=(d_p+Z_{min})_{\ 0}^{+\delta_d}=(3.65+0.22)_{\ 0}^{+0.017}\text{mm}=3.87_{\ 0}^{+0.017}\text{mm}$$

孔中心距：

$$L_{17}=L\pm\frac{1}{8}\Delta=17\pm\frac{1}{8}\times0.44=17\pm0.055$$

$$L_{14}=L\pm\frac{1}{8}\Delta=14\pm\frac{1}{8}\times0.44=14\pm0.055$$

对外轮廓的落料，以凹模为基础，凹模磨损后尺寸增大，为 A 类尺寸。

查表得 $x=0.5$：

$$58_d=(58-0.5\times0.74)_{\ 0}^{+0.185}=57.63_{\ 0}^{+0.185}$$

$$30_d=(30-0.5\times0.52)_{\ 0}^{+0.13}=29.74_{\ 0}^{+0.13}$$

$$38_d=(38-0.5\times0.62)_{\ 0}^{+0.155}=37.69_{\ 0}^{+0.155}$$

$$8_d=(8-0.5\times0.44)_{\ 0}^{+0.11}=7.78_{\ 0}^{+0.11}$$

落料凸模尺寸按凹模尺寸配制，并留双面间隙0.22～0.26 mm。

5）模具零件结构尺寸的确定

（1）凹模结构尺寸的确定。凹模外形尺寸主要包括凹模厚度 h_a、凹模宽度 B_1 和凹模长度 L_1。

凹模厚度尺寸的确定。查表2.16，凹模厚度修正系数 $K=0.28$，凹模厚度尺寸 $h_a=Kb=0.28\times58\text{ mm}=16.24\text{ mm}$。

凹模壁厚 $c=2h_a=32.48\text{ mm}$。

凹模宽度 B_1 = 步距 + 工件宽 $+2c=(32+30+2\times32.48)\text{ mm}=126.96\text{mm}$，设计时取整数为130 mm。

凹模长度尺寸的确定。根据排样图，凹模长度 L_1 = 工件长 $+2c=(58+2\times32.48)=122.96\text{mm}$，设计时取123。

（2）凸模长度的确定。凸模长度尺寸与凸模固定板和推件板的厚度有关。

凸模长度计算为 $L_1=h_1+h_2+h_3+Y$。

其中 $h_1=8$，卸料板厚 $h_2=12$，凸模固定板厚 $h_3=18$，凸模修模量 $Y=18$，则 $L_1=8+12+18+18=56\text{mm}$

3. 绘制模具总装图

按已经确定的模具形式及相关参数，选择冷冲模架。绘制模具总装图，如图2.70所示。

4. 绘制模具零件图

（1）落料凹模如图2.71所示；

（2）凸凹模如图2.72所示；

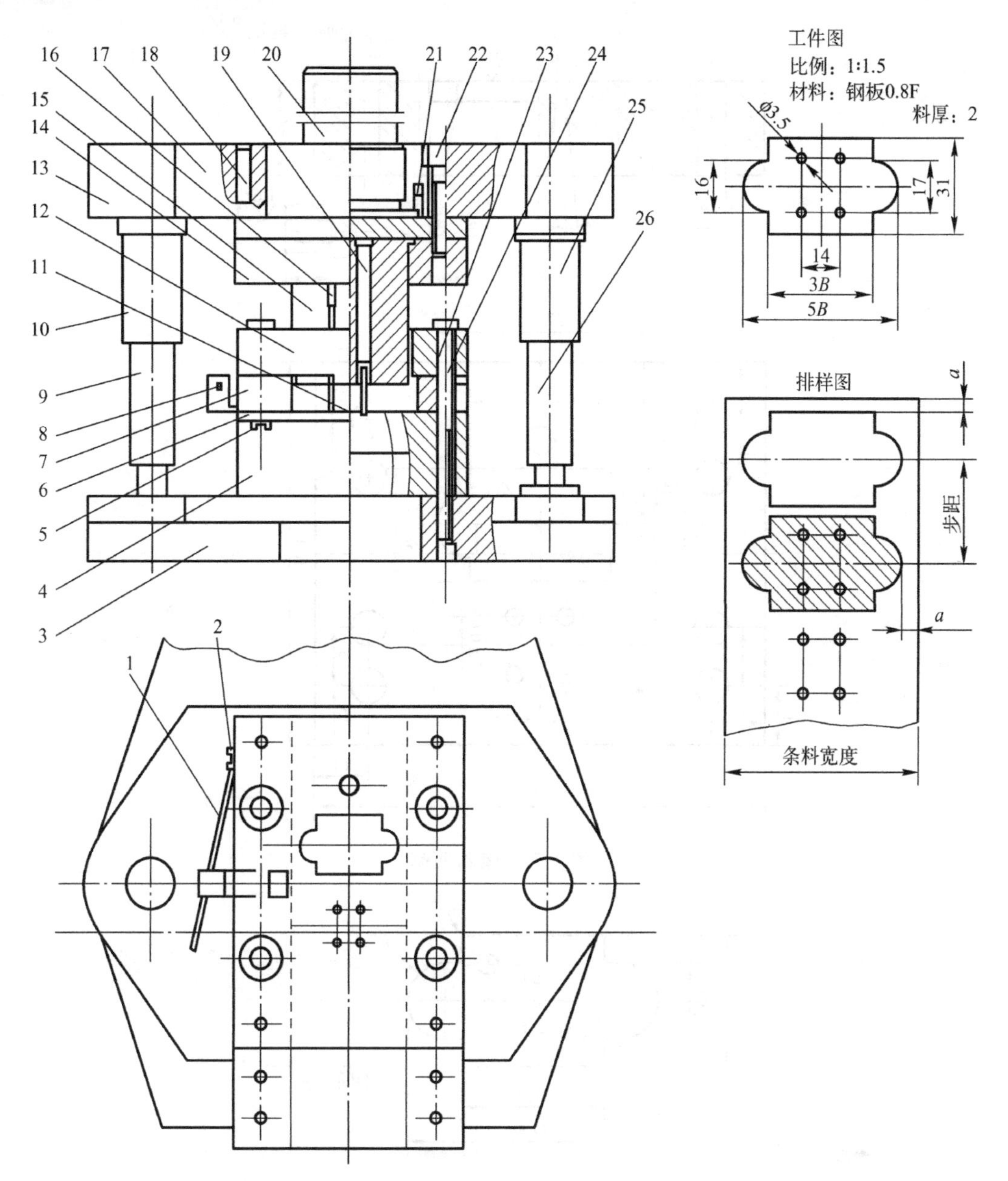

1－簧片；2－螺钉；3－下模座；4－凹模；5－螺钉；6－承导料；7－导料板；8－始用挡料销；
9、26－导柱；10、25－导套；11－挡料钉；12－卸料板；13－上模座；
14－凸模固定板；15－落料凸模；16－冲孔凸模；17－垫板；18－圆柱销；
19－导正销；20－模柄；21－防转销；22－内六角螺钉；23－圆柱销；24－螺钉

图 2. 70　单排冲孔落料连续冲裁模

（3）固定板如图 2. 73 所示；

（4）卸料板如图 2. 74 所示。

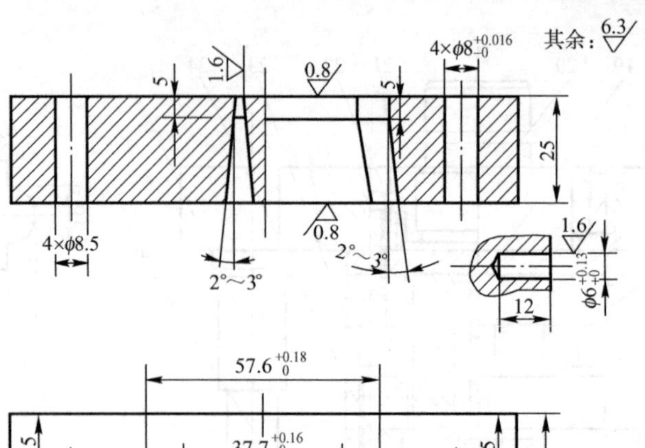

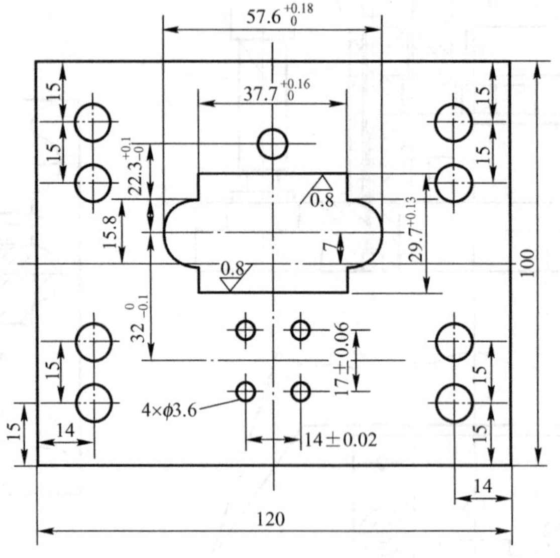

图2.71　落料凹模

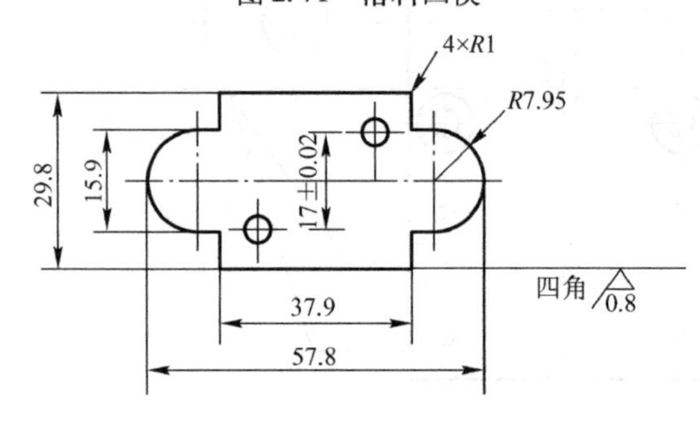

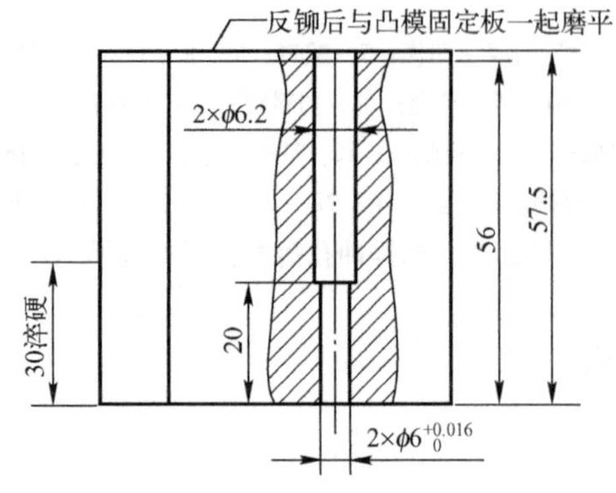

图2.72　凸凹模

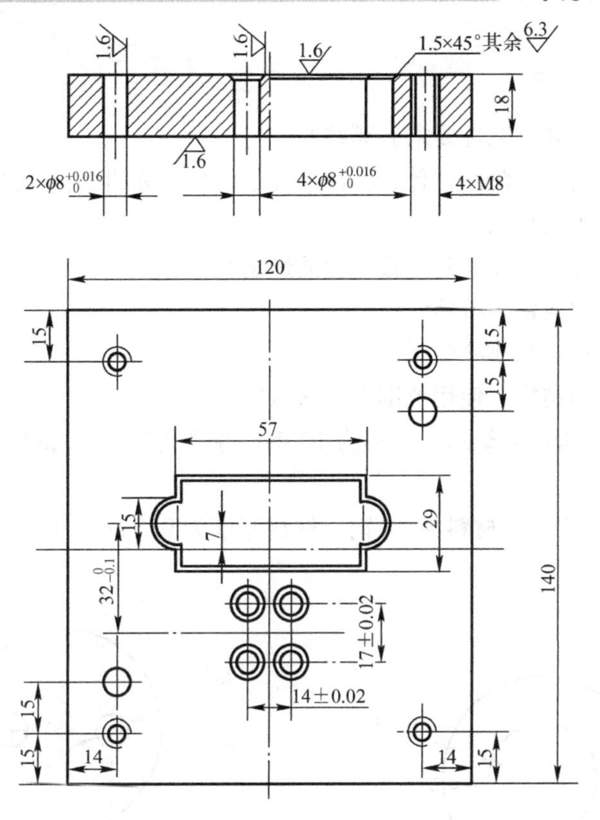

图 2.73　固定板

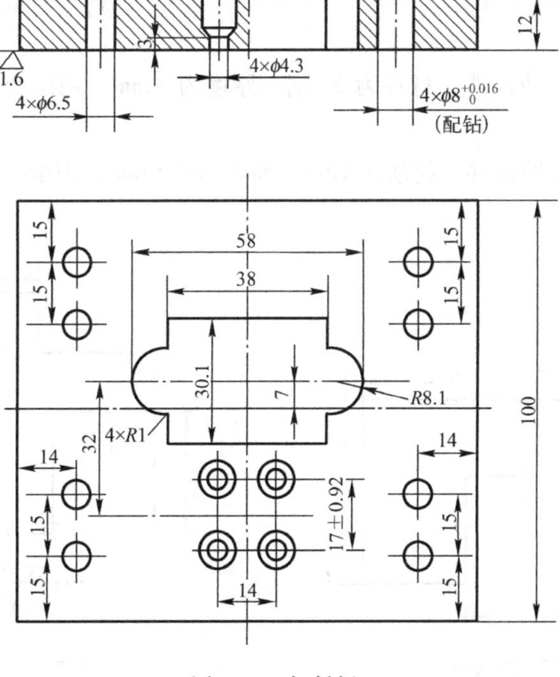

图 2.74　卸料板

思考题2

1. 冲裁件设计时对其工艺性要求有哪些？

2. 冲裁变形过程的三个阶段是什么，冲裁件断面具有哪四个特征区？

3. 排样原则及分类是什么？

4. 什么是冲裁间隙，简述其对冲裁过程的影响？

5. 冲裁模的结构组成包括哪些？

6. 冲裁模典型结构包括哪些？

7. 常见定位装置的结构、使用范围及优缺点？

8. 冲裁如图2.75所示的垫圈，材料为10钢，厚度为3 mm，试使用互换加工法计算凸凹模刃口部分尺寸？

9. 如图2.76所示工件，材料为45钢，材料厚度为0.5 mm，使用互换加工法求凸凹模刃口尺寸？

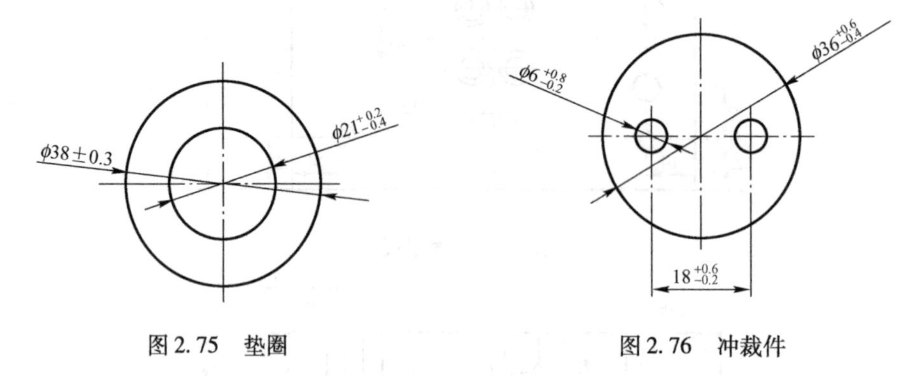

图2.75　垫圈　　　图2.76　冲裁件

10. 如图2.77所示冲裁件，材料为20钢，厚度为2 mm，用配合加工法试计算凸凹模的工作尺寸？

11. 如图2.78所示冲裁件，材质为H62，厚度为1.5 mm，用配合加工法求凸凹模工作部分尺寸？

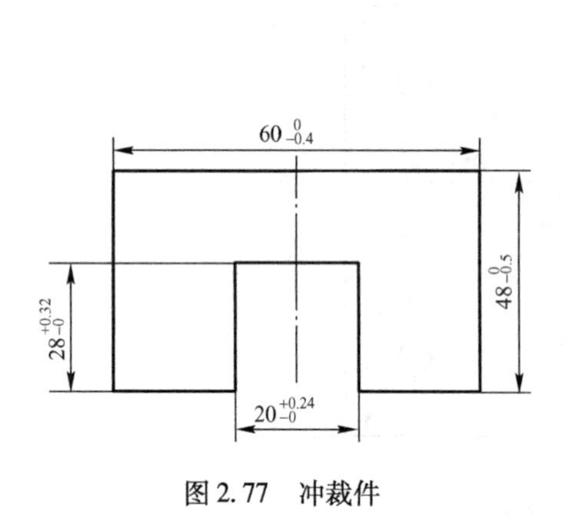

图2.77　冲裁件

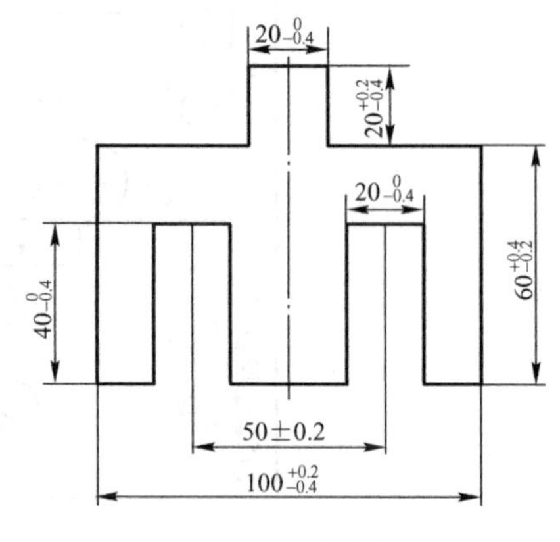

图2.78　冲裁件

12. 已知冲裁件如图 2.79 所示，材料为 20 钢，厚度为 1 mm，中批量生产。试完成该零件落料、冲孔复合冲裁模具的设计。

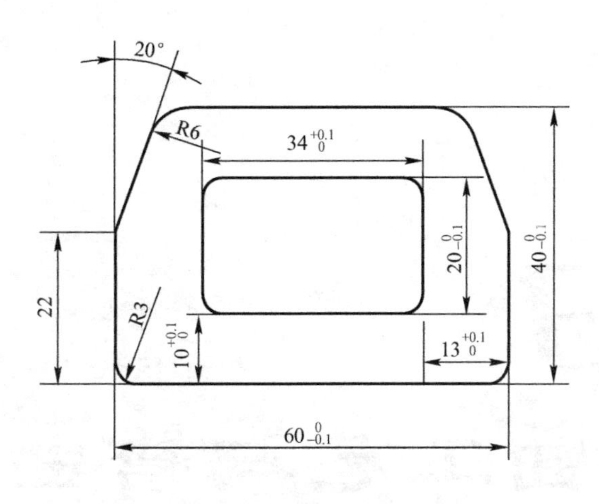

图 2.79　冲裁件

单元3 弯曲工艺与弯曲模

本章介绍弯曲工艺及弯曲件工艺性、弯曲变形过程分析、弯曲件展开长度、弯曲力计算、弯曲件的回弹及预防、弯曲件的工序安排、弯曲模结构和弯曲模工作部分尺寸计算。

教学导航

教	知识重点	1. 弯曲工艺及弯曲件工艺性；2. 弯曲件展开长度；3. 弯曲件的回弹及预防；4. 弯曲件的工序安排；5. 弯曲模结构；6. 弯曲模工作部分尺寸计算
	知识难点	1. 弯曲件展开长度；2. 弯曲件的回弹及预防；3. 弯曲模工作部分尺寸计算
	推荐教学方式	采用“教、学、做”三结合的教学方式，以生产产品为实例，强化学生对弯曲模设计的理解。通过大作业使学生熟悉弯曲模设计完整过程
	建议学时	6学时
学	推荐学习方法	以实例为基础，学习弯曲模的设计方法，通过“学中做、做中学”来加深理解
	必须掌握的理论知识	1. 弯曲工艺及弯曲件工艺性；2. 弯曲件展开长度；3. 弯曲件的回弹及预防
	必须掌握的技能	1. 弯曲件的工序安排；2. 弯曲模结构；3. 弯曲模工作部分尺寸计算

3.1 弯曲工艺与弯曲件工艺性

3.1.1 弯曲工艺基础

在冲压生产中，把金属坯料弯折成一定角度或形状的过程，称为弯曲。弯曲所使用的模具称为弯曲模。

弯曲是冲压生产中应用较广泛的一种工艺，可用于制造大型结构零件，也可用于生产中小型机器及电子仪器仪表零件。根据所使用的模具及设备的不同，弯曲可分为压弯、折弯、扭弯、辊弯及拉弯等。本章就压弯工艺及模具进行讨论。

弯曲工艺及模具设计就是搞清弯曲过程、特点及工艺性、确定弯曲工艺方案、设计相应的弯曲模。常用弯曲方式如表3.1所示。

表3.1 常用弯曲方式

类　型	简　图	特　点
压弯		板材在压力机或弯板机上的弯曲
拉弯		对于弯曲半径大（曲率小）的弯曲件，在拉力作用下进行弯曲，从而得到塑性变形
辊弯		用2～4个滚轮，完成大曲率半径的弯曲
棍压成型（辊形）		在带料纵向连续运动过程中，通过几组滚轮逐渐弯曲，而获得所需的形状

3.1.2 弯曲件结构工艺性

具有良好工艺性的弯曲零件，不仅能简化弯曲工序和弯曲模的设计，而且能提高弯曲件精度、节约材料、提高生产效率。

1. 弯曲件的材料

如果弯曲件的材料具有足够的塑性，屈强比（σ_s/σ_b）小，屈服点与弹性模量的比值（σ_s/E）小，则有利于弯曲成型和工件质量的提高，如软钢、黄铜和铝等材料的弯曲成型性能好。而脆性较大的材料，如磷青铜、铍青铜、弹簧钢等，则最小相对弯曲半径 r_{min}/t 大，回弹大，不利于成型。

2. 最小弯曲半径

弯曲时的弯曲半径 r 越小，毛坯外表面变形程度就越大。如果弯曲半径过小，毛坯外表面变形可能会超过材料变形极限而产生裂纹，因此，弯曲工艺受到最小弯曲半径的限制。最小弯曲半径 r_{min} 受材料的力学性能、弯曲方向、弯曲中心角 α、板料厚度等因素的影响。最小弯曲半径可按表3.2选取。

表3.2 弯曲件最小弯曲半径

材料	退火或正火		冷作硬化	
	弯曲方向			
	垂直于纤维	平行于纤维	垂直于纤维	平行于纤维
08、10	0.1t	0.4t	0.4t	0.8t
15、20	0.1t	0.5t	0.5t	1.0t
25、30	0.2t	0.6t	0.6t	1.2t
35、40	0.3t	0.8t	0.8t	1.5t
45、50	0.5t	1.0t	1.0t	1.7t
55、60	0.7t	1.3t	1.3t	2.0t
65Mn、T7	1.0t	2.0t	2.0t	3.0t
Cr18Ni9	1.0t	2.0t	3.0t	4.0t
硬铝（软）	1.0t	1.5t	1.5t	2.5t
硬铝（硬）	2.0t	3.0t	3.0t	4.0t
磷铜	—	—	1.0t	3.0t
半硬黄铜	0.1t	0.35t	0.5t	1.2t
软黄铜	0.1t	0.35t	0.35t	0.8t
紫铜	0.1t	0.35t	1.0t	2.0t
铝	0.1t	0.35t	0.5t	1.0t
镁合金	加热到300～400℃		冷作状态	
Ma1－M	2.0t	3.0t	6.0t	8.0t
MA8－M	1.5t	2.0t	5.0t	6.0t
钛合金 BT_1	1.5t	3.0t	6.0t	8.0t
BT_5	3.0t	2.0t	5.0t	6.0t
钼合金	加热到400～500℃		冷作状态	
$t\leqslant 2$	2.0t	3.0t	4.0t	5.0t

3. 弯曲件直边高度

当弯曲 90°时，为保证弯曲件质量，必须使其直边高度 h 大于厚度 t 的两倍以上（即 $h > 2t$）。当 $h < 2t$ 时，则应预先压槽弯曲或加大直边高度，待弯曲后将直边高出部分切除（图 3.1）。当弯曲边带有斜角时，应使 $h = (2 \sim 4)\ t > 3\text{mm}$（图 3.2）。

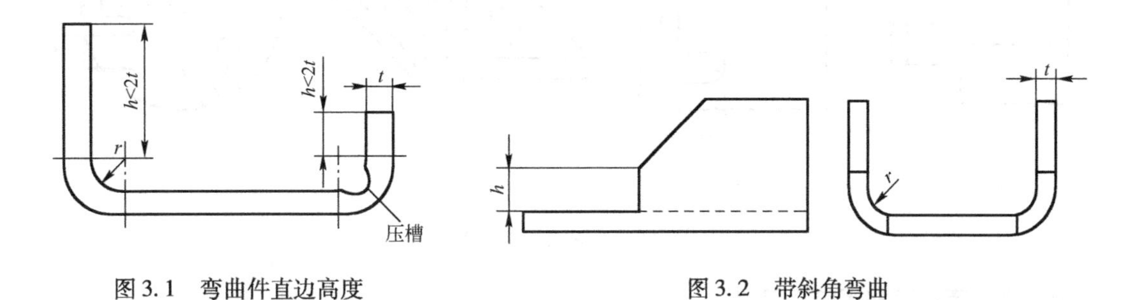

图 3.1　弯曲件直边高度　　　　图 3.2　带斜角弯曲

4. 弯曲件孔边距

当弯曲带孔的工件时，如果孔位于弯曲区附近，则弯曲时孔要发生变形。为了避免这种缺陷的出现，必须使孔处于变形区之外，见图 3.3（a）。孔边到弯曲半径 r 中心的距离 s 为：当$t < 2\text{mm}$，$s \geqslant t$；当 $t \geqslant 2\text{mm}$ 时，$s \geqslant 2t$。

如果孔边至弯曲半径 r 中心的距离过小需弯曲成型后再冲孔。如工件结构允许，可在弯曲处预先冲出工艺孔（图 3.3b）或工艺槽，由工艺孔来吸收弯曲变形应力，防止孔在弯曲时变形。

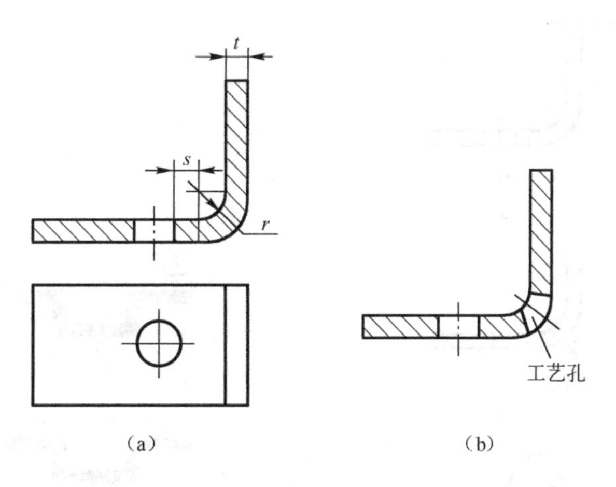

图 3.3　弯曲件孔边距

5. 止裂孔、止裂槽

如图 3.4 所示的情况，对于局部弯曲某一段边缘时，为了防止尖角处由于应力集中而产生撕裂，可增添工艺孔、工艺槽或将弯曲线移动一定距离，以避开尺寸突变处，并使 $s \geqslant r$，$b \geqslant t$，$d \geqslant t$，$h = t + r + b/2$。

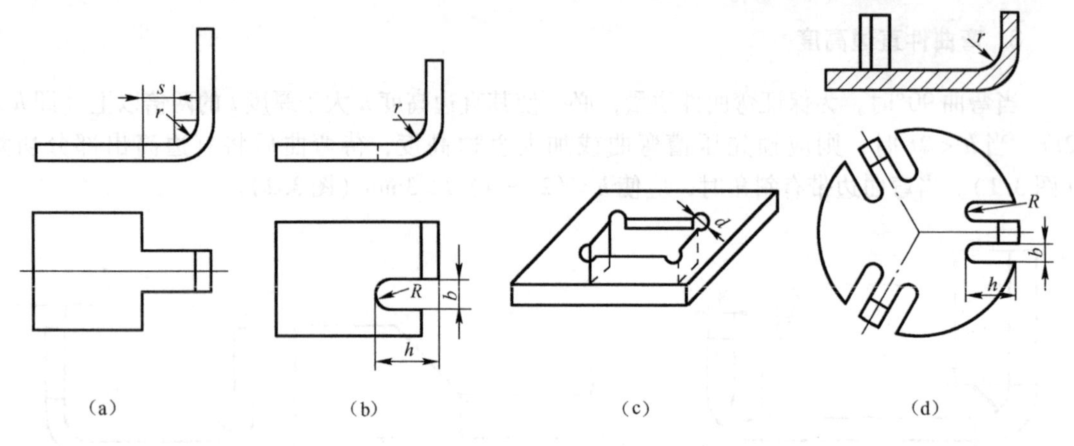

图3.4　止裂孔、止裂槽

6. 增添连接带和定位工艺孔

在弯曲变形区附近有缺口的弯曲件，若在坯料上先将缺口冲出，弯曲时会出现叉口，严重时无法成型，这时应在缺口处留连接带，待弯曲成型后再将连接带切除，如图3.5所示。

7. 弯曲件尺寸标注

图3.6所示的弯曲件有三种尺寸标注方法。图3.6（a）所示的尺寸可以采用先落料冲孔，然后弯曲成型，工艺比较简单。而图3.6（b）、（c）所示的尺寸标注方法，冲孔只能在弯曲成型后进行，增加了工序。当孔无装配要求时，应采用图3.6（a）的标注方法。

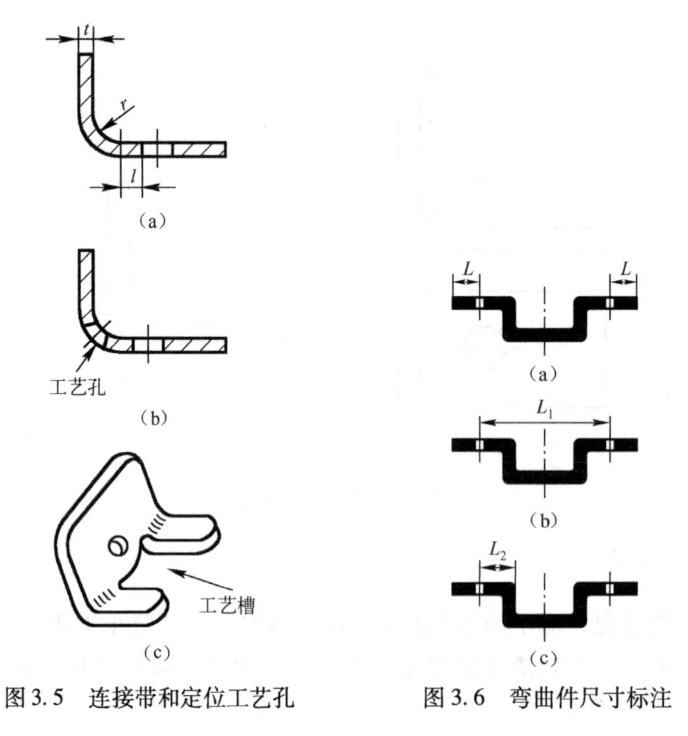

图3.5　连接带和定位工艺孔　　图3.6　弯曲件尺寸标注

8. 弯曲件精度

弯曲件的精度与材料的力学性能、厚度、模具结构、毛坯定位方式、工序数量和工序顺序有关，同时与弯曲件本身的形状、尺寸及工艺性有关。若无特殊要求，一般弯曲件的尺寸精度不高于 IT13 级，角度公差大于 ±15′。

3.2　弯曲变形过程分析

3.2.1　弯曲过程分析

弯曲是一种简单的成型工序，下面以 V 形件弯曲为例来说明其工作过程（见图 3.7）。毛坯放在凹槽上，在压力机滑块带动下，弯曲凸模下降接触毛坯并逐渐向下使其产生变形，随着凸模不断下压，毛坯弯曲半径逐渐减小，变形逐渐增大，当凸模到达下死点时，毛坯被紧压于凸、凹模之间，毛坯内弯曲半径与凸模的弯曲半径吻合，完成弯曲过程。

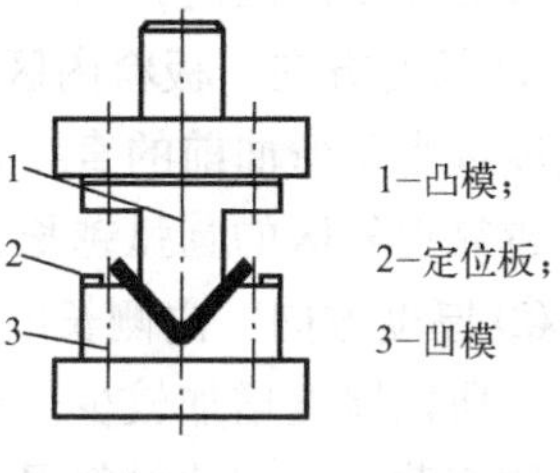

1—凸模；
2—定位板；
3—凹模

图 3.7　V 形件弯曲

V 形件的弯曲变形过程如图 3.8 所示。

图 3.8（a），凸模随压力机滑块下行，凸模和毛坯单点接触并施加压力，板料受弯矩作用发生弯曲变形。

图 3.8（b），上模继续下行，压力增大，超过板料的屈服强度而开始发生塑性变形，这时自由弯曲，弯曲力臂 l_0 变为 l_1。

图 3.8（c），上模继续下压，毛坯弯曲区域逐渐减小，直到和凸模 3 点接触，这时内层弯曲半径已由 r_1 变为 r_2，力臂变得更小，由 l_1 变为 l_2。

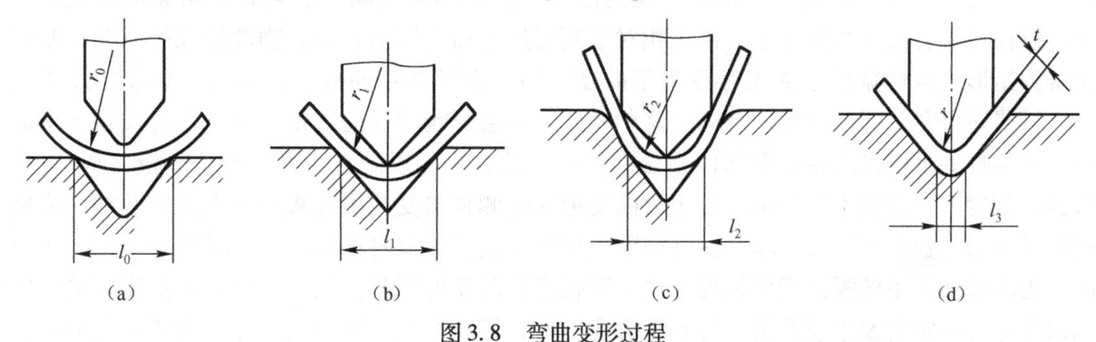

图 3.8　弯曲变形过程

图 3.8（d），最后在压力作用下，毛坯的直边部分则向和以前相反的方向弯曲。到行程结束时，凸、凹模对毛坯进行校正，使它的圆角、直边和凸模全部靠紧，弯曲力臂变为最小值 l_3。

3.2.2　弯曲变形分析

研究材料的变形常采用网格法，如图 3.9 所示。弯曲前在毛坯侧面画上网格，观察弯曲变形后坐标网格的变化情况，就可分析出变形时毛坯的受力情况。从毛坯弯曲变形后的情况可以发现：

（1）弯曲变形主要发生在弯曲带中心角 α 范围内，中心角以外基本上不变形，如图3.10所示。弯曲变形区的弯曲带中心角为 α，弯曲后工件的成型角度为 θ，两者关系为：

$$\alpha = 180° - \theta$$

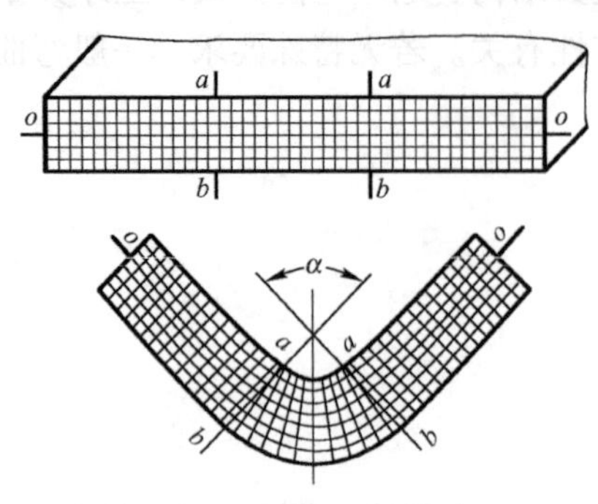

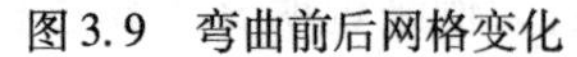

图3.9　弯曲前后网格变化

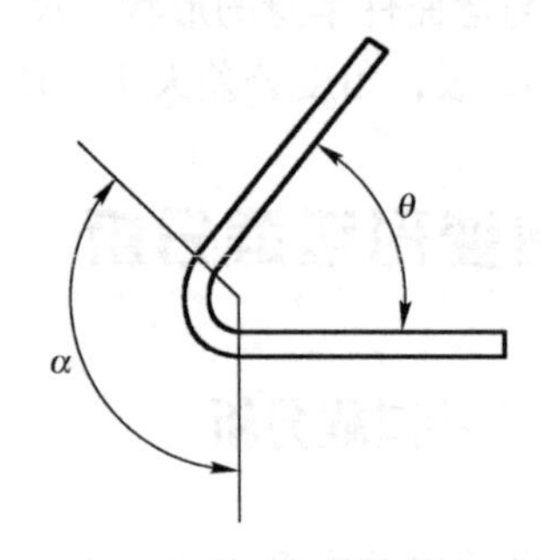

图3.10　弯曲角与弯曲带中心角

（2）在变形区内，从网格变形情况看，毛坯在长、宽、厚三个方向都产生了变形。

① 长度方向　板料内区的纵向网格线长度缩短，越靠近内区越短。最内区的圆弧最短，其长度远小于弯曲前的直线长度，说明内区材料受到压缩。而板料外区的纵向网格线长度伸长，越靠近外区的圆弧越长，其长度明显大于弯曲前的直线长度，说明外区材料受到拉伸。

② 厚度方向　内侧长度方向缩短，厚度应增加，但由于凸模紧压毛坯，厚度方向变形较困难，所以厚度增加较少。毛坯外侧长度伸长，厚度会发生变薄。这样，内侧厚度增加量小于外侧变薄量，因此材料厚度在外侧变形区内会变薄，使毛坯的中性层发生内移。变形程度越大，变薄现象越严重，且内移量越大。

③ 宽度方向　内层材料受压缩，宽度应增加，外层材料受拉伸，宽度要减小。这种变形情况根据毛坯的宽度不同分为两种情况，一种是宽板（毛坯宽度与厚度之比 $B/t>3$）弯曲，材料在宽度方向的变形会受到相邻金属的限制，材料不易流动，因此其横断面形状变化较小，仅在两端会出现少量变形，由于相对于宽度尺寸而言数值较小，横断面几乎不变，基本保持为矩形。虽然宽板弯曲仅存在少量畸变，但是在某些弯曲件生产场合，如铰链加工制造，需要两个宽板弯曲件的配合时，这种畸变可能会影响产品的质量。当弯曲件质量要求高时，上述畸变可以采取在变形部位预做圆弧切口的方法加以防止。另一种是窄板（$B/t \leqslant 3$）弯曲，宽度方向变形不受约束。由于弯曲变形区外侧材料受拉引起板料宽度方向收缩，内侧材料受压引起板料宽度方向增厚，其横断面形状变成了外窄内宽的扇形，图3.11（b）、（c）所示为两种情况下的断面变化情况。由于窄板弯曲时变形区断面发生畸变，因此当弯曲件的侧面尺寸有一定的要求或其他零件有配合要求时，需要增加后续辅助工序。对于一般的弯曲过程来说，大部分属于宽板弯曲。

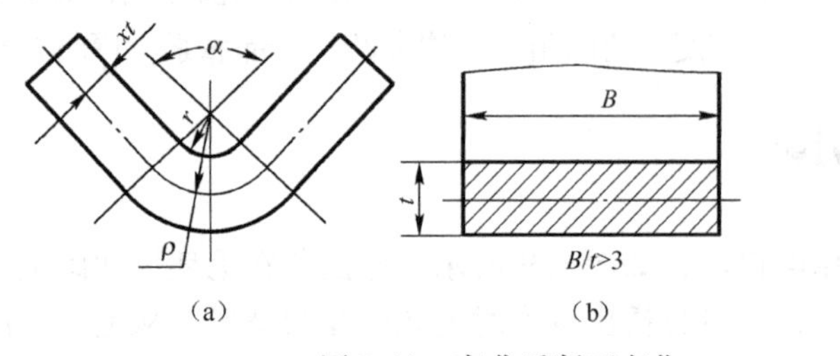

图3.11　弯曲后断面变化

3.2.3　弯曲时变形区的应力应变状态

板料在塑性弯曲时，变形区内的应力状态取决于弯曲毛坯的相对宽度 B/t 以及弯曲变形程度。因此，宽板弯曲和窄板弯曲时变形区的应力和应变状态是不一样的。

1. 应变状态

长度方向（切向）：弯曲内区为压缩应变，外区为拉伸应变。切向应变 ε_θ 为绝对值最大的主应变。

厚度方向（径向）：根据塑性变形的体积不变条件可知，沿着板料厚度和宽度两个方向，必然产生与主应变 ε_θ 符号相反的应变。所以在弯曲的内区 ε_t 为拉应变，在弯曲的外区 ε_t 为压应变。

宽度方向：分两种情况。窄板弯曲时，因材料在宽度方向可以自由变形，故内区宽度方向应变 ε_ϕ 为与主应变 ε_θ 符号相反的拉应变，外区 ε_ϕ 为压应变；宽板弯曲时，由于沿宽度方向受到材料彼此之间的制约作用，材料流动受阻，不能自由变形，故可近似认为，无论内区还是外区，其宽度方向的应变 $\varepsilon_\phi=0$。

由此可见，窄板弯曲时的应变状态是立体的，而宽板弯曲时的应变状态则是平面的。

2. 应力状态

长度方向（切向）：内区受压应力，外区受拉应力，切向应力 σ_θ 是绝对值最大的主应力。

厚度方向（径向）：弯曲时，由于变形区各层金属之间的相互挤压作用，内外区同受径向压变力 σ_t。通常在板料表面 $\sigma_t=0$，由表及里 σ_t 逐渐增加，至中性层达到最大值。

宽度方向：分两种情况。对于窄板，由于宽度方向可以自由变形，因而其内外区的应力 $\sigma_\theta=0$；对于宽板，因为宽度方向受到材料的制约作用而变形困难，则 $\sigma_\theta\neq0$，弯曲内区产生阻止材料沿宽度方向增宽的压应力，外区产生阻止材料沿宽度方向收缩的拉应力。

因此，窄板弯曲时的应力状态是平面的，而宽板弯曲时的应力状态则是立体的。

根据以上分析，可将板料弯曲时的应力状态归纳为如表3.3所示。

表3.3　板料弯曲时应力应变状态

相对宽度	变形区域	应力应变状态分析		
		应力状态	应变状态	特　点
窄板 $\frac{B}{t}\leqslant3$	内区（压区）	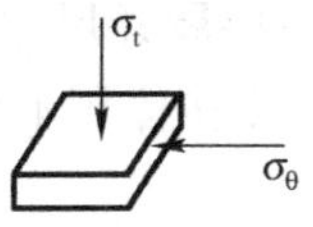 σ_t σ_θ	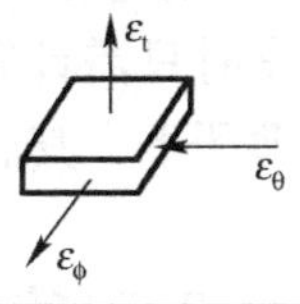 ε_t ε_θ ε_ϕ	平面应力状态，立体应变状态
	外区（拉区）	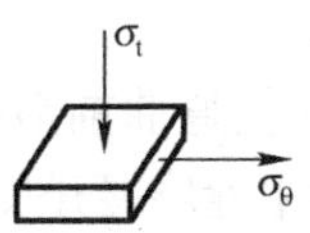 σ_t σ_θ	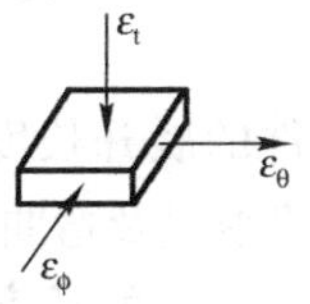 ε_t ε_θ ε_ϕ	

续表

相对宽度	变形区域	应力应变状态分析		
		应力状态	应变状态	特　点
宽板 $\frac{B}{t}>3$	内区（压区）	σ_t σ_θ σ_ϕ	ε_t ε_θ	立体应力状态，平面应变状态
	外区（拉区）	σ_t σ_θ σ_ϕ	ε_t ε_θ	

3.2.4 弯曲件中性层位置

在计算弯曲件的毛坯尺寸时，必须首先确定中性层的位置，中性层位置可以用其弯曲半径ρ确定，如图3.11（a）所示。ρ可以按以下经验公式计算：

$$\rho = r + xt \tag{3.1}$$

式中，ρ为中性层弯曲半径，mm；r为内弯曲半径，mm；t为材料厚度，mm；x为中性层位移系数，见表3.4。

表3.4　中性层位移系数

r/t	0.1	0.2	0.3	0.4	0.5	0.6	0.7	0.8	1.0	1.2
x	0.21	0.22	0.23	0.23	0.25	0.26	0.28	0.30	0.32	0.33
r/t	1.3	1.5	2.0	2.5	3.0	4.0	5.0	6.0	7.0	≥8.0
x	0.34	0.36	0.38	0.39	0.40	0.42	0.44	0.46	0.48	0.50

3.3 弯曲件展开长度

弯曲件展开长度是指弯曲件在弯曲之前的展开尺寸，弯曲件展开长度是零件毛坯下料的依据，是加工出合格零件的基本保证。

弯曲件的形状不同、弯曲半径不同、弯曲方法不同，其展开长度的计算方法也不一样。一般来说，圆角半径$r>0.5t$的弯曲件，在弯曲过程中毛坯中性层的尺寸基本不发生变化，因此，计算弯曲件展开长度时只需计算中性层展开尺寸即可。对于圆角半径$r<0.5t$的弯曲件，由于弯曲区域材料变薄严重，其展开长度按体积不变原理进行计算。

3.3.1 圆角半径$r>0.5t$的弯曲件展开长度

如上所述，此类弯曲件的展开长度是根据弯曲前后毛坯中性层尺寸不变的原则进行计算的，其展开长度等于所有直线段及弯曲部分中性层展开长度之和（图3.12）。计算步骤如下：

（1）计算直线段a、b、c…的长度。

（2）根据表 3.4 查出中性层位移系数 x 的值。

（3）按公式（3.1）分别以 $r=r_1$、r_2、r_3 计算 ρ_1、ρ_2、ρ_3。

（4）按公式 $l=\pi\rho\alpha/180$ 分别以 $\rho=\rho_1$、$\rho_2\cdots$各中性层弯曲半径与对应弯曲中心角 α_1、$\alpha_2\cdots$，计算各圆弧的展开长度 l_1、$l_2\cdots$。

（5）计算总展开长度 L。

$$L=a+b+c+\cdots+l_1+l_2+l_3+\cdots$$

当弯曲简单弯曲角度为 90°时（图 3.13），弯曲件展开长度计算可简化为：

$$L=a+b+1.57\ (r+xt)$$

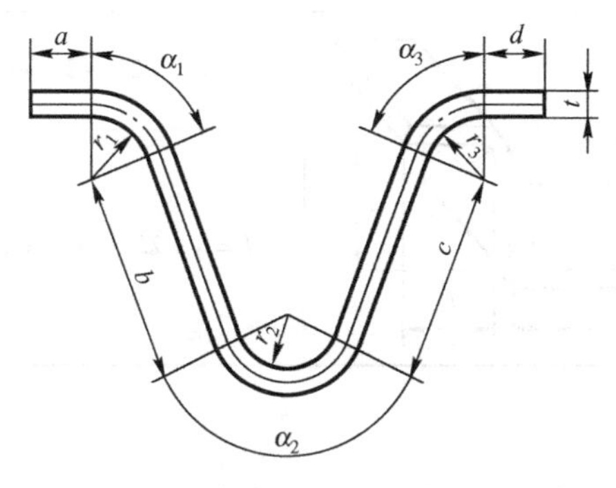

图 3.12　圆角半径 r＞0.5t 的展开长度

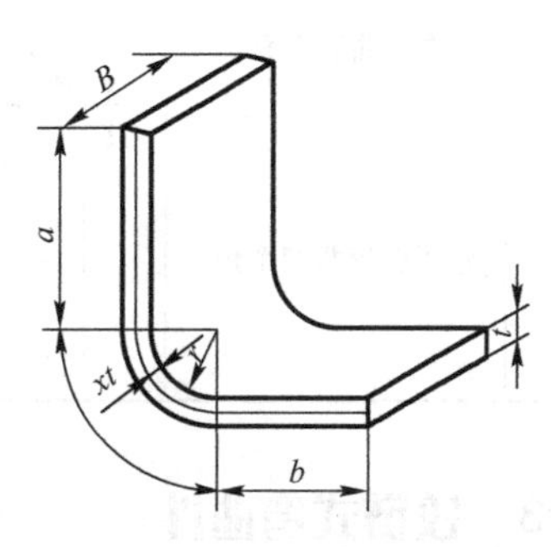

图 3.13　90°弯曲件

3.3.2　圆角半径 $r<0.5t$ 的弯曲件展开长度

此类弯曲件展开长度是根据弯曲前后材料体积不变原则进行计算的。其计算公式见表 3.5。

表 3.5　体积不变原则计算公式

序号	弯 曲 特 征	简　　图	公　　式
1	弯一个角		$L=l_1+l_2+0.4t$
2	弯一个角		$L=l_1+l_2-0.43t$
3	一次同时弯曲两个角		$L=l_1+l_2+l_3+0.6t$

续表

序号	弯曲特征	简　图	公　式
4	一次同时弯三个角		$L=l_1+l_2+l_3+l_4+0.75t$
5	一次同时弯两个角、第二次弯曲另一个角		$L=l_1+l_2+l_3+l_4+t$
6	一次弯曲四个角		$L=l_1+2l_2+2l_3+t$
7	分两次弯曲四个角		$L=l_1+2l_2+2l_3+1.2t$

3.3.3 铰链式弯曲件

对于 $r=$（0.6～3.5）t 的铰链件（图3.14），通常采用推圆的方法成型，在卷圆过程中板料增厚，中性层外移，其坯料长度 L_z 可按下式近似计算：

$$L_z=l+1.5\pi(r+x_1t)+r\approx l+5.7r+4.7x_1t$$

式中，l 为直线段长度；t 为板料厚度；r 为铰链内半径；x_1 为中性层位移系数，查表3.6。

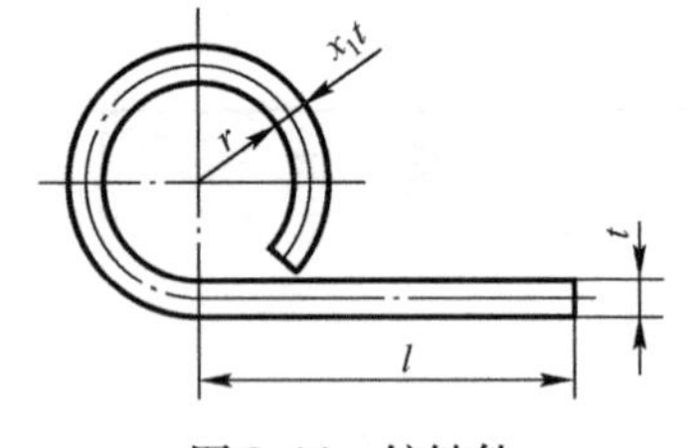

图3.14　铰链件

表3.6　卷边时中性层位移系数 x_1 值

r/t	>0.5～0.6	>0.6～0.8	>0.8～1	>1～1.2	>1.2～1.5
x_1	0.76	0.73	0.7	0.67	0.64
r/t	>1.5～1.8	>1.8～2	>2～2.2	>2.2	
x_1	0.61	0.58	0.54	0.5	

实例3.1　计算图3.15所示弯曲件的坯料展开长度。

解　工件弯曲半径 $r>0.5t$，故坯料展开长度公式为：

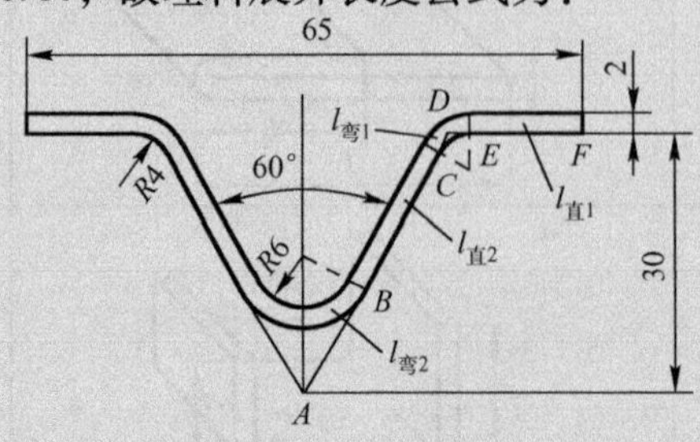

图3.15　V形件支架

$$L_z = 2\ (l_{直1} + l_{直2} + l_{弯1} + l_{弯2})$$

式中，$L_{弯2}$是下弧面的一半（60°）。

查表 3.4，当 $r/t=2$ 时，$x=0.38$；当 $r/t=3$ 时，$x=0.4$。

可推得：

$$l_{直1} = EF = [32.5 - (30\times\tan30° + 4\times\tan30°)]\ \text{mm} = 12.87\ \text{mm}$$

$$l_{直2} = BC = \left[\frac{30}{\cos30°} - (8\times\tan60° + 4\times\tan30°)\right]\text{mm} = 18.47\ \text{mm}$$

$$l_{弯1} = \frac{\pi\alpha}{180}(r+xt) = \frac{\pi\times60}{180}(4+0.38\times2)\ \text{mm} = 4.98\ \text{mm}$$

$$l_{弯2} = \frac{\pi\alpha}{180}(r+xt) = \frac{\pi\times60}{180}(6+0.4\times2)\ \text{mm} = 7.12\ \text{mm}$$

则坯料展开长度为：

$$L_z = 2\ (12.87 + 18.47 + 4.98 + 7.12)\ \text{mm} = 86.88\ \text{mm}$$

3.4 弯曲力计算

弯曲力是指压力机完成预定的弯曲工序所施加的压力。为选择合适的压力机，必须计算弯曲力。

弯曲力的大小不仅与毛坯尺寸、材料力学性能、凹模支点间的间隙、弯曲半径及凸凹模间隙等因素有关，而且与弯曲方法也有很大关系。生产中常用经验公式进行计算。

3.4.1 自由弯曲的弯曲力

自由弯曲按弯曲形状可分为 V 形件自由弯曲和 U 形件自由弯曲两种，如图 3.16 所示。

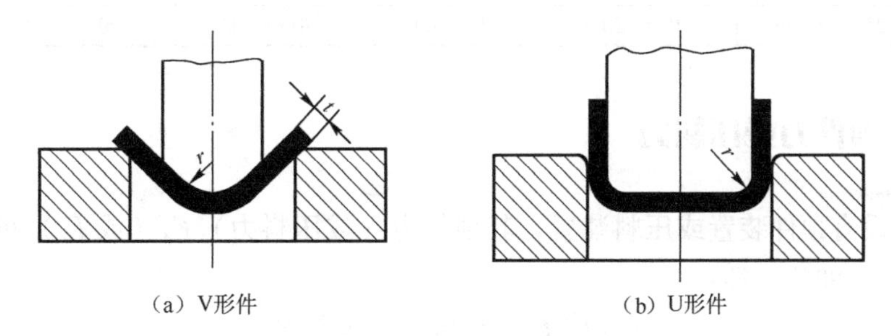

（a）V形件　（b）U形件

图 3.16　自由弯曲示意图

对于 V 形件，见图 3.16（a），弯曲力 F_z按下式计算：

$$F_z = 0.6Kbt^2\sigma_b/(r+t) \tag{3.2}$$

对于 U 形件，见图 3.16（b），弯曲力 F_z按下式计算：

$$F_z = 0.7Kbt^2\sigma_b/(r+t) \tag{3.3}$$

式（3.2）、式（3.2）中，F_z为材料在冲压成型结束时的弯曲力，N；b 为弯曲件宽度，mm；

t 为弯曲件厚度，mm；r 为弯曲件内弯曲半径，mm；σ_b 为材料强度极限，MPa；K 为安全系数，一般可取 $K=1.3$。

3.4.2 校正弯曲的弯曲力

当弯曲件在冲压结束时受到模具的压力校正（图3.17）时，弯曲校正力 F_j 可按下式近似计算：

$$F_j = qA \tag{3.4}$$

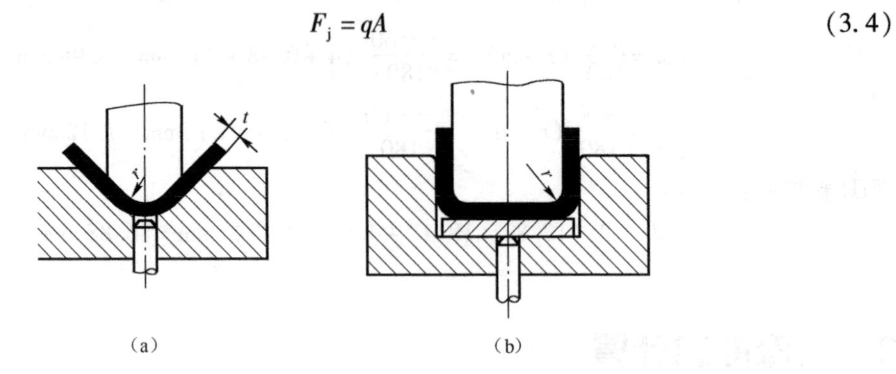

图3.17　校正弯曲示意图

式中　F_j 为弯曲校正力，N；q 为单位校正力，MPa，其数值见表3.7所示；A 为工件被校正部分的投影面积，mm^2。

表3.7　单位校正力/MPa

材　料	材料厚度 t/mm			
	≤1	>1～2	>2～5	>5～10
铝	15～20	20～30	30～40	40～50
黄铜	20～30	30～40	40～60	60～80
10～20钢	30～40	40～50	60～80	80～100
25～30钢	40～50	50～60	70～100	100～120

3.4.3 顶件力或压料力

若弯曲模设有顶件装置或压料装置，其顶件力（或压料力）F_d（或 F_y）可近似取自由弯曲力的30%～80%，即：

$$F_d(\text{或} F_y) = (0.3 \sim 0.8) F_z$$

3.4.4 压力机公称压力的确定

对于有弹性顶件装置的自由弯曲压力机吨位可按下式计算：

$$F_{设} = (1.1 \sim 1.2)(F_z + F_d)$$

对于有弹性压料装置的自由弯曲压力机吨位可按下式计算：

$$F_{设} = (1.1 \sim 1.2)(F_z + F_y)$$

对于校正弯曲压力机吨位可按下式计算：

$$F_{设} \geq (1.1 \sim 1.2) F_j$$

式中，$F_{设}$ 为压力机公称压力，N。

3.5 弯曲件的回弹及预防

3.5.1 弯曲件的回弹及其影响因素

材料在弯曲过程中伴随着塑性变形总存在弹性变形。弯曲力消失后，由于弹性变形的恢复，弯曲零件形状与模具形状并不完全一致，这种现象称为回弹。回弹的大小通常用角度回弹量 $\Delta\theta$ 和曲率回弹量 $\Delta\rho$ 来表示。角度回弹是指模具在闭合状态时工件弯曲角 θ 与弯曲后工件的实际角度 θ_0 之差，即 $\Delta\theta = \theta_0 - \theta$。曲率回弹量是指模具处于闭合状态时，弯曲工件的曲率半径 ρ 与弯曲后工件的实际曲率半径 ρ_0 之差，即 $\Delta\rho = \rho_0 - \rho$。影响回弹的主要因素：

（1）材料的力学性能。回弹角的大小与材料的屈服应力 σ_s 成正比，与弹性模量 E 成反比。

（2）材料相对弯曲半径 r/t。当其他条件相同时，r/t 值越小，则 $\Delta\theta/\theta$ 和 $\Delta\rho/\rho$ 也越小。

（3）弯曲工件的形状。一般 U 形工件比 V 形工件回弹要小。回弹量与工件弯曲半径也有关，当 $r/t < 0.2 \sim 0.3$ 时回弹角可能为零，甚至达到负值。

（4）模具间隙。U 形弯曲模的凸、凹模单边间隙 Z 越大，则回弹越大；间隙 Z 小于厚度 t 时，可能产生负回弹。

（5）弯曲校正力。增加弯曲校正力可减小回弹量。校正力越大，回弹角越小，甚至可能为零或负值。

3.5.2 回弹角的确定

因为回弹直接影响了弯曲件的形状误差和尺寸公差，所以在模具设计和制造时，必须预先考虑材料的回弹值。回弹值的影响因素很多，且各种因素之间又互相影响。故精度计算与确定是很困难的。所以，设计模具时大多按经验数据确定，然后在试模过程中再进行修正。

（1）小圆角半径弯曲的回弹。当弯曲件的相对弯曲半径 $R/t < 5 \sim 8$ 时，弯曲半径的变化一般很小，可以不予考虑，而仅考虑弯曲角度的回弹变化。其值可按有关手册查出经验数值修正回弹角。

当弯曲角不是90°时，其回弹角可以按下面公式计算：

$$\Delta\phi = \frac{\phi}{90}\Delta\phi_{90}$$

式中，ϕ 为弯曲件的弯曲角；$\Delta\phi$ 为弯曲件的弯曲角为 ϕ 时的回弹角；$\Delta\phi_{90}$ 为弯曲件的弯曲角为90°时的回弹角，可查冲压手册。

（2）大圆角半径弯曲时，除回弹角外，还有弯曲率半径的变化。即当弯曲件的相对弯曲半

径 $R/t \geqslant 5 \sim 8$ 时，计算结果才有一定的准确度。当弯曲件圆角半径为 R 时，则根据板料厚度、屈服极限、弹性模量等有关参数用下列公式获取回弹补偿所需的弯曲凸模的圆角半径。

板材：

$$R_{凸}=\frac{R}{1+3\dfrac{\sigma_s R}{Et}}$$

凸模弯曲角：

$$\theta_{凸}=180°\frac{R}{R_{凸}}(180°-\theta)$$

式中，R 为弯曲件圆角半径，mm；$R_{凸}$为弯曲凸模圆角半径，mm；σ_s 为屈服强度，MPa；$\theta_{凸}$为凸模弯曲角；θ 为零件弯曲角。

但当小弯曲半径（$R/t<5 \sim 8$）时，弯曲件的弯曲半径变化不大，因此只考虑角度回弹值即可。

3.5.3 减小回弹量的措施

模具设计时，要尽可能减小和消除回弹。常用的方法有补偿法和校正法两种。

1. 补偿法

补偿法即预先估算或试验出工件弯曲后的回弹量，在设计模具时，使弯曲工件的变形超过原设计的变形，工件回弹后得到所需要的形状。图 3.18（a）所示为单角回弹的补偿，根据已确定出的回弹量，在设计凸模和凹模时减小模具的角度，作出补偿。图 3.18（b）所示的情况可采取两种措施：其一是使凸模向内侧倾斜，形成补偿角 $\Delta\theta$；其二是使凸、凹模单边间隙小于材料厚度，凸模将毛坯压入凹模后，利用毛坯外侧的两侧都向内贴紧凸模，从而实现回弹的补偿。图 3.18（c）所示的补偿法，是在工件底部形成一个圆弧状弯曲，凸、凹模分离后，工件圆弧部分有回弹为直线的趋势，带动其两侧板向内侧倾斜，使回弹得到补偿。

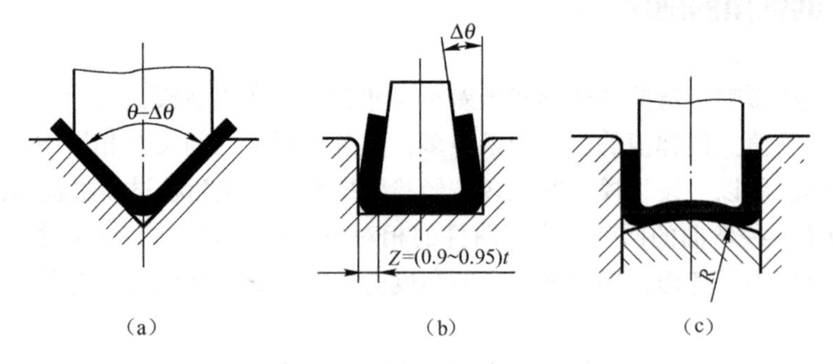

图 3.18 补偿法

2. 校正法

校正法是在模具结构上采取措施，让校正压力集中在弯曲处，使其产生一定塑性变形，克服回弹，图 3.19（a）、(b）所示为弯曲校正力集中作用于弯曲圆角处。

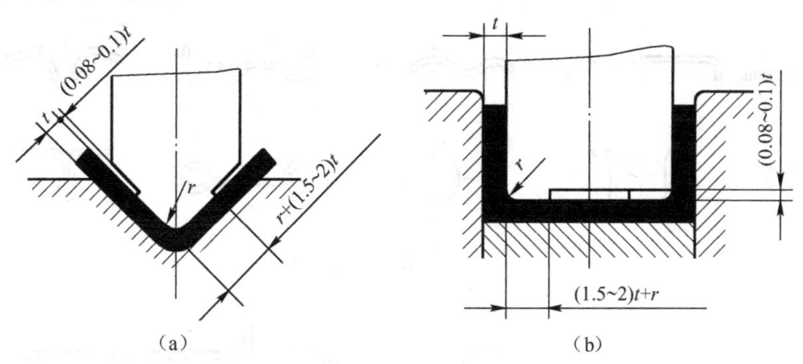

图3.19　校正法

3.6　弯曲件的工序安排

弯曲件的工序安排应根据工件形状、精度等级、生产批量以及材料的力学性能等因素进行考虑。弯曲工序安排合理，则可以简化模具结构，提高工件质量和劳动生产率。

3.6.1　弯曲件的工序安排原则

(1) 对于形状简单的弯曲件，如V形、U形、Z形工件等，可以采用一次弯曲成型。对于形状复杂的弯曲件，一般需要采用二次或多次弯曲成型。

(2) 对于批量大而尺寸较小的弯曲件，为使操作方便、定位准确和提高生产率，应尽可能采用级进模或复合模。

(3) 需多次弯曲时，弯曲次序一般是先弯两端，后弯中间部分，前次弯曲应考虑后次弯曲有可靠的定位，后次弯曲不能影响前次已成型的形状。

(4) 当弯曲件几何形状不对称时，为避免压弯时坯料偏移，应尽量采用成对弯曲，然后再切成两件的工艺，如图3.20 (a) 所示。

3.6.2　典型弯曲件的工序安排

图3.20 (b)、(c)、(d)、(e) 分别为一次弯曲、二次弯曲、三次弯曲以及多次弯曲成型工序的例子，可供制定弯曲件工艺程序时参考。

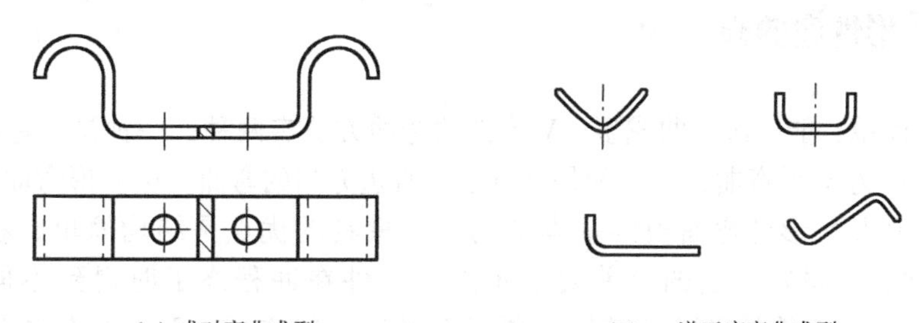
(a) 成对弯曲成型　　(b) 一道工序弯曲成型

图3.20　弯曲成型工序

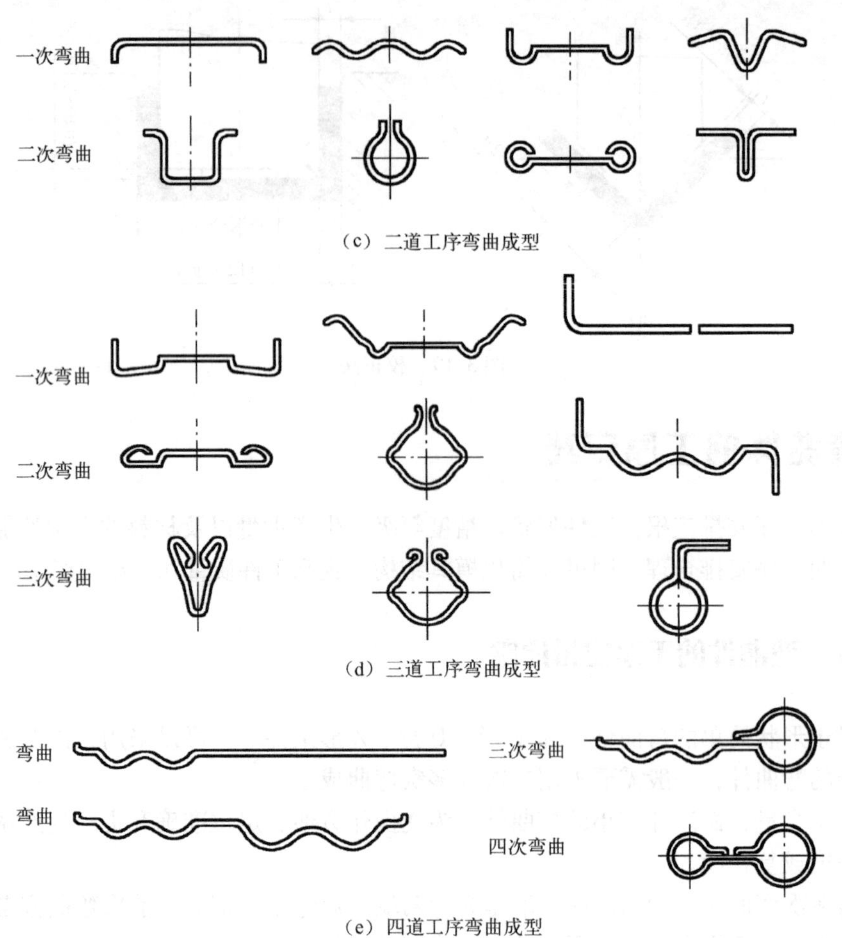

图 3.20　弯曲成型工序（续）

3.7　弯曲模结构

弯曲模的结构主要取决于弯曲件的形状及弯曲工序的安排。下面介绍弯曲模的典型结构及其特点。

3.7.1　V 形件弯曲模

V 形件形状简单，能一次弯曲成型。V 形件的弯曲方法有两种：一种是沿弯曲件的角平分线方向弯曲，称为 V 形弯曲；另一种是垂直于一直边方向的弯曲，称 L 形弯曲。

图 3.21 所示为 V 形件弯曲模的基本结构。该模具的优点是结构简单，在压力机上安装及调整方便，对材料厚度的公差要求不严，工件在冲程终了时得到不同程度的校正，因而回弹较小，工件的平面度较好。顶杆 1 既起顶料作用，又起压料作用，可防止材料偏移。

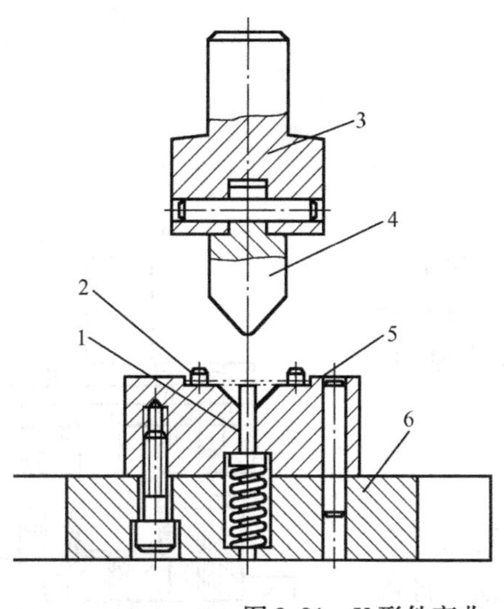

1—顶杆；
2—定位钉；
3—模柄；
4—凸模；
5—凹模；
6—下模板

图 3.21　V 形件弯曲

3.7.2　L 形件弯曲模

L 形件弯曲模常用于两直边不相等的单角弯曲件，如果采用一般的 V 形件弯曲模弯曲，两直边的长度不容易保证。如图 3.22 所示为 L 形弯曲模，其中图 3.22（a）适用于两直边长度相差不大的 L 形件，图 3.22（b）适用于两直边长度相差较大的 L 形件。弯曲时坯料长边先被夹紧在顶板 5 和凸模 1 之间，然后对另一直边进行竖直向上弯曲。对于图 3.22（b），弯曲件也须用压料板 6 和凹模 3 将坯料长边压住，以防止弯曲时坯料上翘。由于采用了定位销定位和压紧装置，故压弯过程中工件不易偏移。另外，由于单角弯曲时凸模 1 将承受较大水平侧压力，因此需设置靠块 2，以平衡侧压力。靠块的高度要保证在凸模接触坯料以前靠住凸模，为此，靠块应高出凹模上平面一定高度，其高度差 h 为：$h \geqslant 2t + r_1 + r_2$。其中，$t$ 为料厚，r_1 为靠块导向面入角圆角半径，r_2 为凸模导向面端部圆角半径，可取 $r_1 = r_2 = (2 \sim 5)t$。

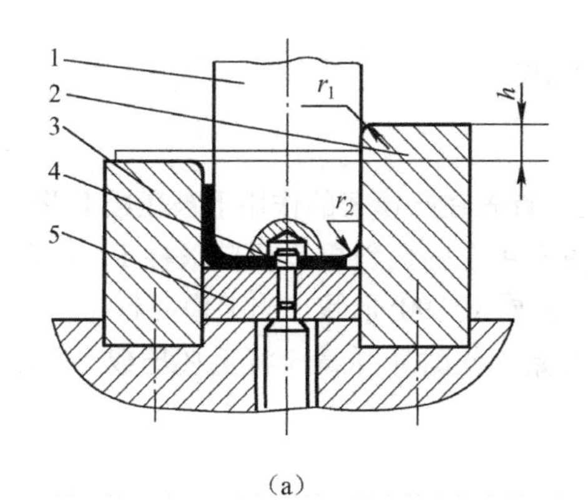

（a）

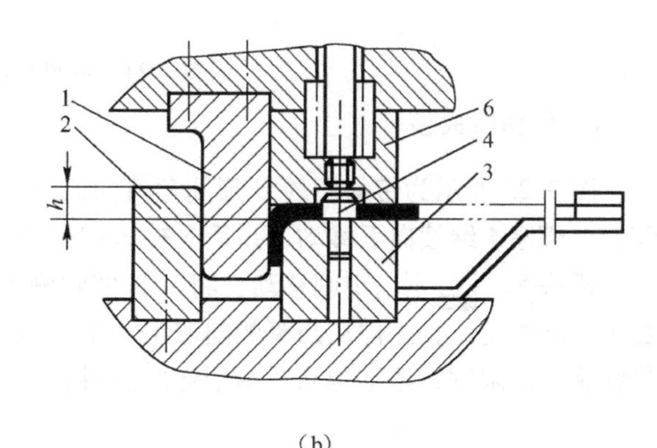

（b）

1 – 凸模；2 – 靠块；3 – 凹模；4 – 定位销；5 – 顶板；6 – 压料板

图 3.22　L 形件弯曲

3.7.3 U形件弯曲模

1. 一般U形件弯曲模

如图3.23所示，材料沿着凹模圆角滑动进入凸、凹模的间隙并弯曲成型，凸模回升时，压料板将工件顶出。由于材料的弹性，工件一般不会包在凸模上。

2. U形件可调弯曲模

当U形件的外侧尺寸或内侧尺寸要求较高时，可采用图3.24所示形式的弯曲模。将弯曲凸模或凹模做成活动结构，凸模或凹模的宽度尺寸能根据毛坯的厚度自动调整，在冲程终了时对侧壁和底部进行校正。图3.24（a）所示结构用于外侧尺寸要求较高的工件，图3.24（b）所示结构用于内侧尺寸要求较高的工件。

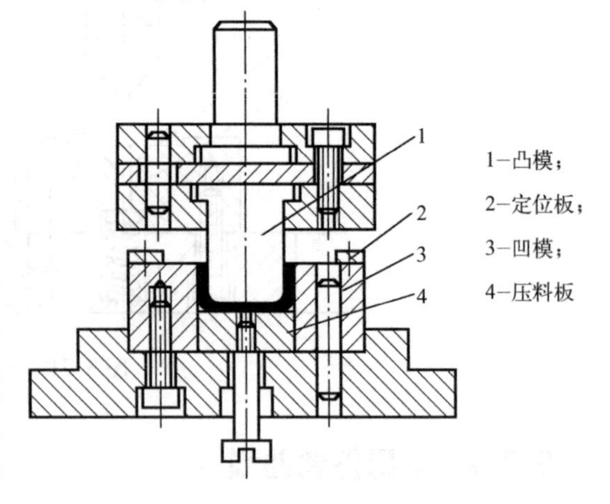

图3.23　一般U形件弯曲模

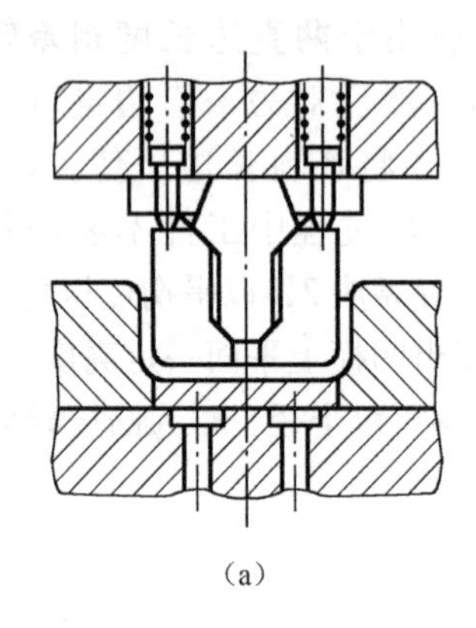

（a）

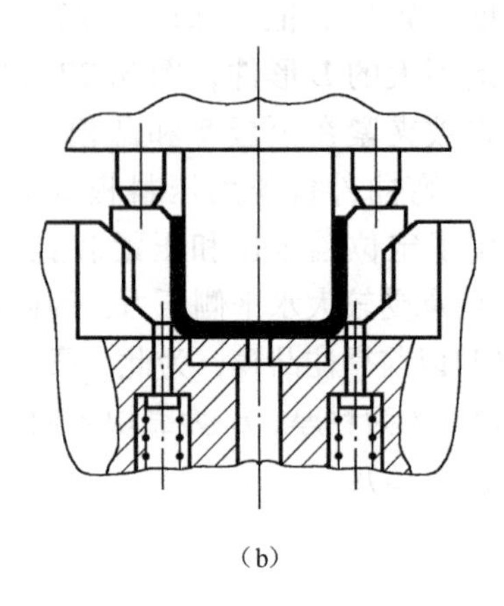

（b）

图3.24　可调U形件弯曲模

3. 闭角弯曲模

图3.25所示为带斜楔的U形闭角弯曲模结构。毛坯首先在凸模8的作用下被压成U形。随着上模座4继续向下移动，弹簧3被压缩，装于上模座4上的两斜楔2压向滚柱1，使活动凹模块5、6分别向中间移动，将U形件两侧边向内弯成小于90°形状。当上模回程时，弹簧7使凹模复位，工件从凸模侧向取出。由于该结构开始工作时靠弹簧3将毛坯压成U形，受弹簧力的限制，该结构只适用于弯曲薄料。

3.7.4 帽罩形件弯曲模（四角弯曲模）

帽罩形件可以一次弯曲成型，也可以分两次弯曲成型。如果两次弯曲成型，则第一次先

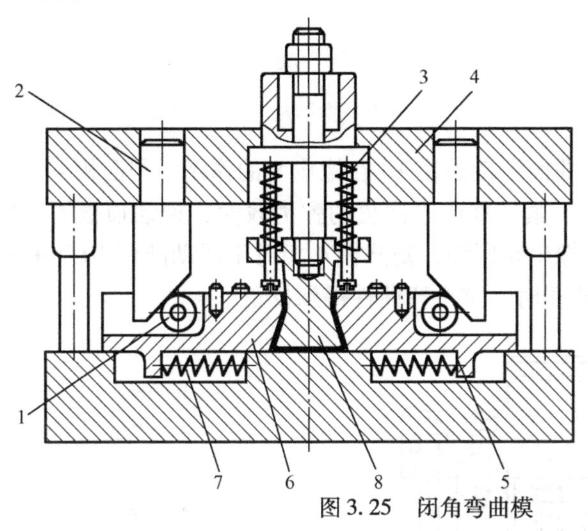

1–滚柱；
2–斜楔；
3、7–弹簧；
4–上模座；
5、6–活动凸模；
8–凸模

图 3.25　闭角弯曲模

将毛坯弯成 U 形，然后再将 U 形毛坯倒置在图 3.26 所示的弯曲模中弯成。

帽罩形件一次弯曲成型模如图 3.27 所示。在弯曲过程中（图 3.27a），由于外角 c 处的弯曲线的位置在弯曲过程中是变化的，因此材料在弯曲时有拉长现象，零件脱模后，其外角形状不准确，竖直边也有变薄现象（图 3.27c）。

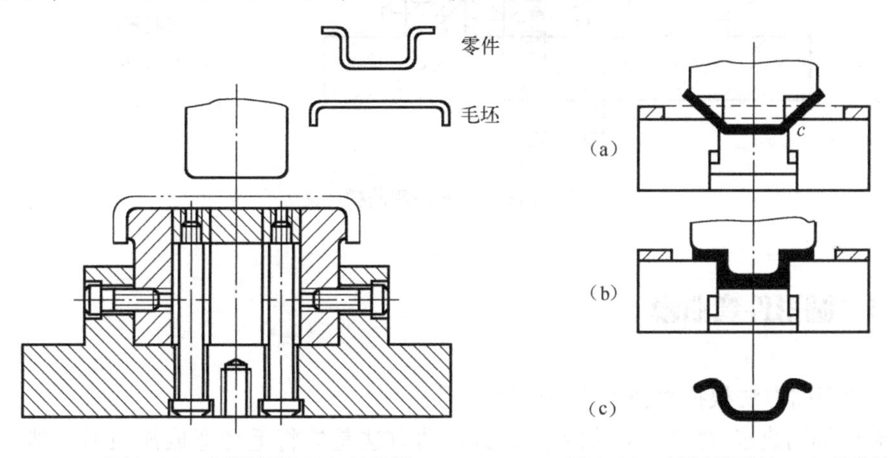

图 3.26　帽罩形件两次弯曲模　　　　图 3.27　低帽罩形件一次弯曲模

该模具只适用于工件弯曲高度不太高的场合。当高度较高时，可采用图 3.28 所示的弯曲模，毛坯放在凹模上，由定位板定位。开始弯曲时，凸凹模 1 首先将毛坯弯曲成 U 形（图 3.28a），随着活动凸模 3 继续下降，到行程终了时，将 U 形工件弯曲成型（图 3.28b）。

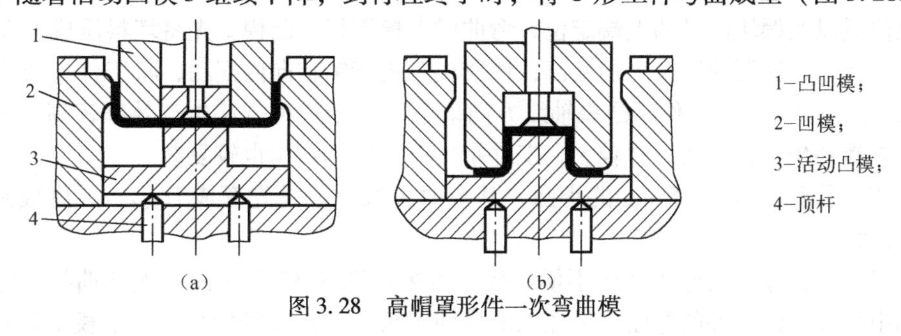

1–凸凹模；
2–凹模；
3–活动凸模；
4–顶杆

图 3.28　高帽罩形件一次弯曲模

3.7.5　Z形件弯曲模

图3.29为Z形件弯曲模。弯曲前活动凸模10在橡皮8的作用下与凸模4端面平齐。弯曲时活动凸模10与顶板1将坯料压紧，并由于橡皮的弹力较大，推动顶板下移使坯料左端弯曲。当顶板接触下模板11后，橡皮8压缩，则凸模4相对于活动凸模10下移将坯料右端弯曲成型。当压块7与上模板6相碰时，整个弯曲件得到校正。

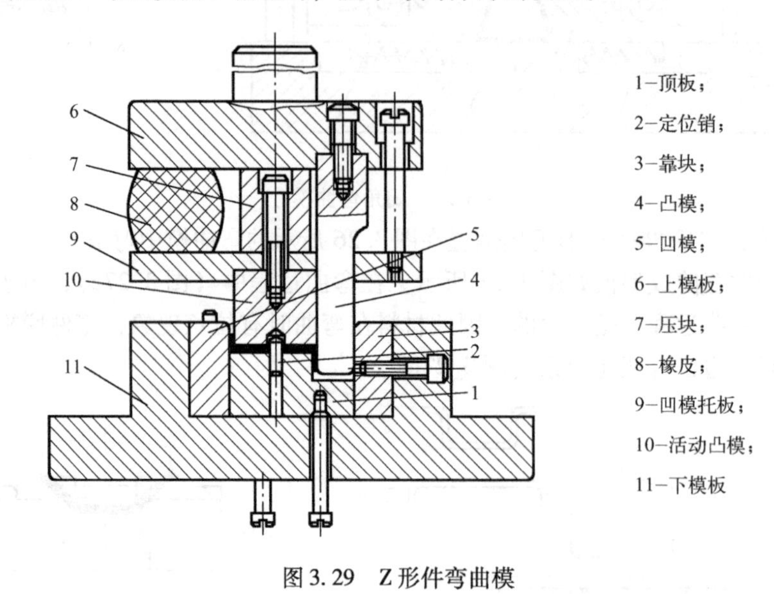

图3.29　Z形件弯曲模

3.7.6　圆形件弯曲模

圆形件的弯曲方法根据直径大小不同而不同。

（1）对于圆筒直径$d \geq 20$ mm的大圆，其弯曲方法是先将毛坯弯成波浪形，然后再弯成圆筒形。如图3.30所示为两道工序弯曲成型大圆的方法，先将坯料弯成三个120°圆弧组成的波浪形，波浪形状的尺寸必须经过试模修正，然后再弯成圆筒形，工件顺凸模轴线方向取下。图3.30（a）为首次弯曲，图3.30（b）二次弯曲。

为了提高生产率，也可以采用如图3.31所示的带摆动凹模的一次弯曲成型模。坯料先由两侧定位板以及摆块凹模的上端定位，弯曲时上模下行，凸模2先将坯料压成U形，然后凸模继续下行，下压摆块凹模3的底部，使摆块凹模绕销轴向内摆动，将工件弯成圆形，弯曲结束又推开支撑1，将工件顺凸模轴线方向取下。利用这种方法生产效率较高，但由于筒形件上部未受到校正，因而回弹较大，工件精度差，模具结构也较复杂。

（2）对于圆筒直径$d \leq 5$ mm的小圆，其弯曲方法一般是先弯成U形，后弯成圆形，如图3.32所示。

由于工件小，分两次弯曲操作不便，故也可采用图3.33所示的一次弯曲模，它适用于软材料和中小直径圆形件的弯曲。毛坯以凹模固定板1的定位槽定位。当上模下降时，芯轴

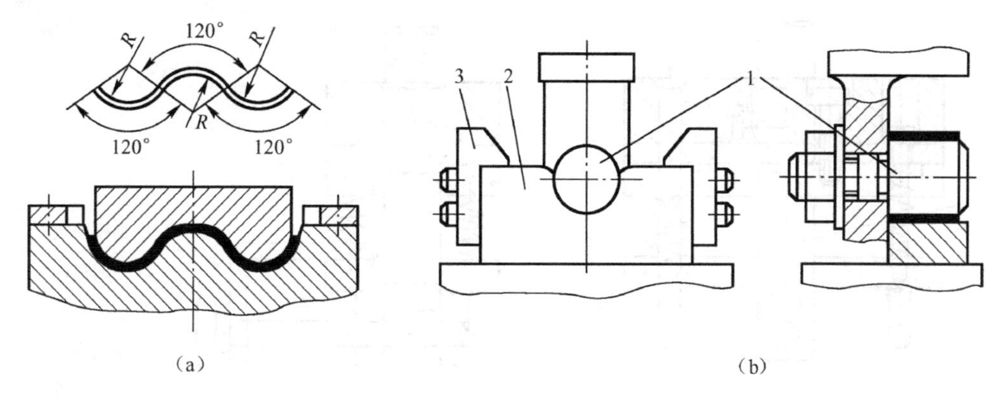

1－凸模；2－凹模；3－定位板

图 3. 30　大圆两次弯曲成型

凸模 5 与下凹模 2 首先将毛坯弯成 U 形，上凹模继续下降，芯轴凸模 5 带动压料板 3 压缩弹簧，由上凹模 4 将工件最后弯曲成型。上凹模回程后，工件留在芯轴凸模上，拔出芯轴凸模，工件自动落下。该结构中，上凹模弹簧的压力必须大于开始时毛坯弯成 U 形的弯曲力，才能完全成圆形。

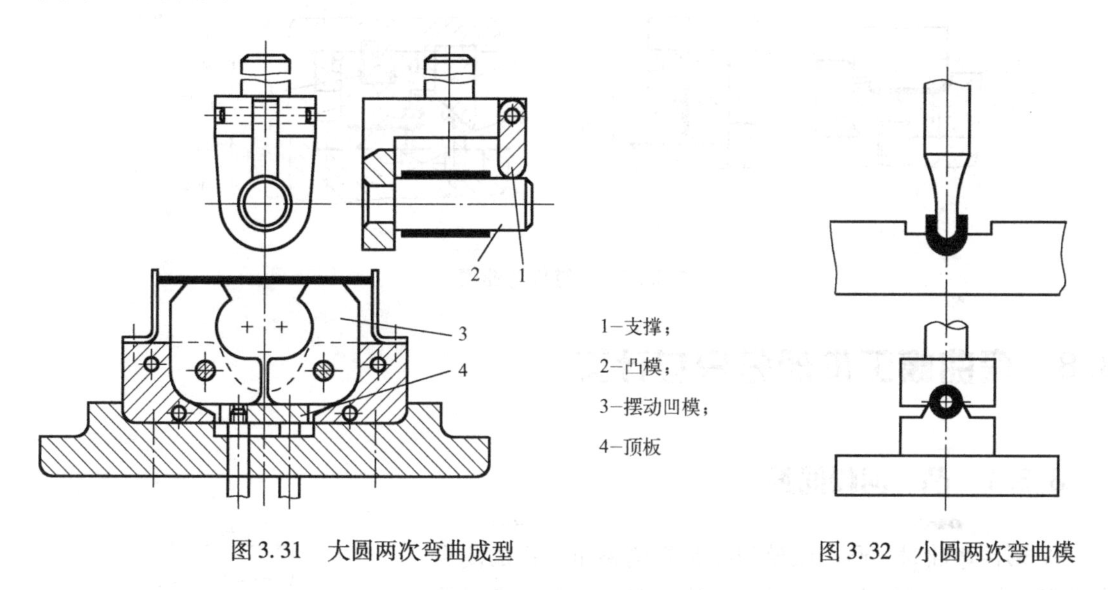

1—支撑；
2—凸模；
3—摆动凹模；
4—顶板

图 3. 31　大圆两次弯曲成型

图 3. 32　小圆两次弯曲模

3. 7. 7　铰链件弯曲模

图 3. 34 所示为常见的铰链件形式和弯曲工序的安排。预弯模如图 3. 34（a）所示。卷圆的原理通常是采用推圆法；图 3. 34（b）为立式卷圆模，结构简单；图 3. 34（c）为卧式卷圆模，有压料装置，工件质量较好，操作方便。

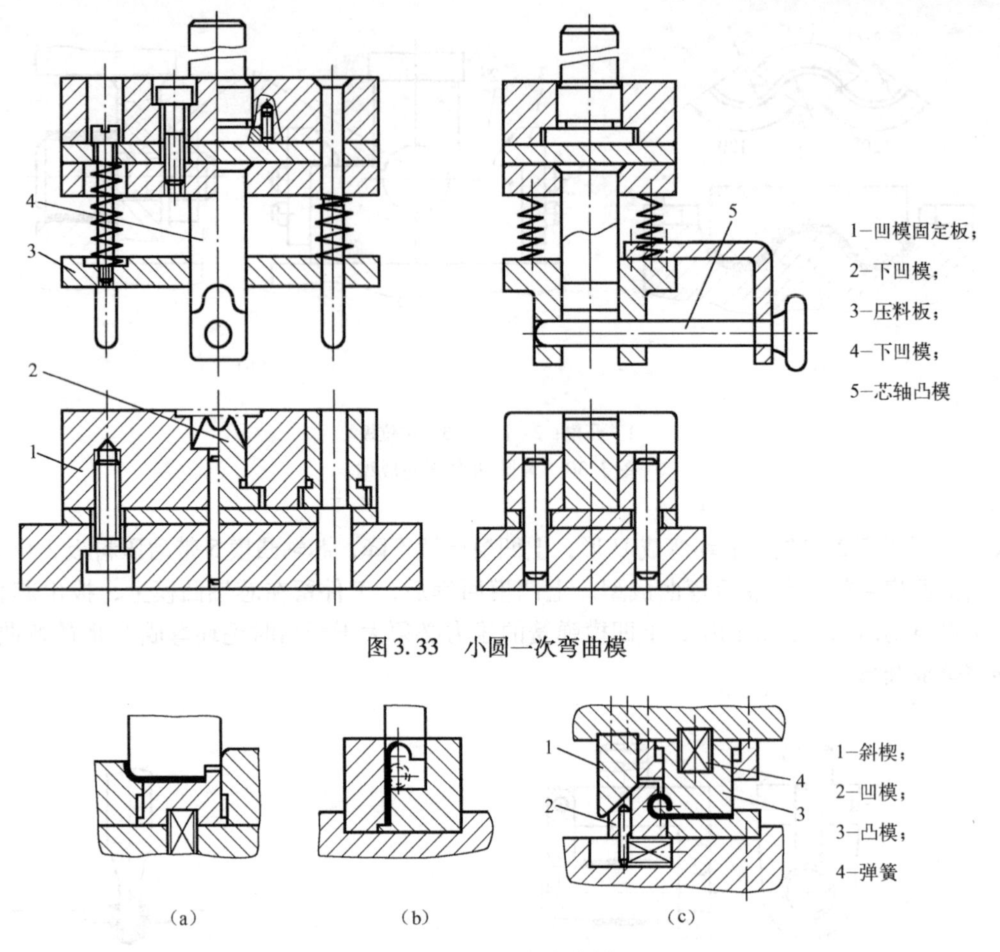

图 3.33　小圆一次弯曲模

图 3.34　铰链件弯曲模

3.8　弯曲模工作部分尺寸计算

3.8.1　凸、凹模间隙

V形件弯曲时，凸、凹模间隙是靠调整压力机的闭合高度来控制的，模具设计可不考虑其间隙，但必须考虑要使模具闭合时，模具的工作部分与工件能紧密贴合以保证弯曲质量。

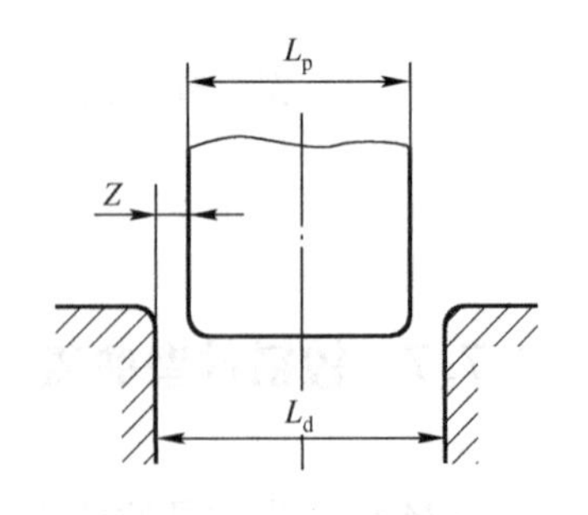

图 3.35　弯曲模间隙

对于U形弯曲件，凸、凹模之间的间隙值对弯曲件回弹、表面质量和弯曲力均有很大的影响，间隙越大，回弹越大，工件的精度也越低；间隙过小，会使零件壁部厚度减薄，降低模具寿命。凸、凹模单边间隙 Z 一般可根据工件料厚 t 按下式计算（见图 3.35）。

钢板：　　$Z = (1.05 \sim 1.15)t$

有色金属：　　　　　　　　$Z=(1\sim1.1)t$

当工件精度要求较高时，其间隙应适当缩小，可取 $Z=t$。

3.8.2　凸、凹模宽度尺寸

弯曲工序中，凸、凹模的宽度尺寸根据弯曲工件的标注方式不同，可根据下列情况分别计算。

1. 工件标注外形尺寸

工件标注外形尺寸时，根据工件宽度偏差的分布又可分为对称偏差和单向偏差两种情况。

（1）工件标注外形尺寸 $L\pm\Delta$，即对称偏差（图 3.36a）时，凹模宽度：

$$L_d=(L-0.5\Delta)_{0}^{+\delta_d} \tag{3.5}$$

（2）工件标注外形尺寸 $L_{-\Delta}^{0}$，即单向偏差（图 3.36b）时，凹模宽度：

$$L_d=(L-0.75\Delta)_{0}^{+\delta_d} \tag{3.6}$$

在工件标注外形尺寸的情况下，凸模应按凹模宽度尺寸配置，并保证单面间隙为 Z。即：

$$L_p=(L_d-2Z)_{-\delta_p}^{0} \tag{3.7}$$

2. 工件标注内形尺寸

工件标注内形尺寸时，根据工件宽度偏差的分布也可分为对称偏差和单向偏差两种情况。

（1）工件标注内形尺寸 $L\pm\Delta$，即对称偏差（图 3.36c）时，凸模宽度：

$$L_p=(L+0.5\Delta)_{-\delta_p}^{0} \tag{3.8}$$

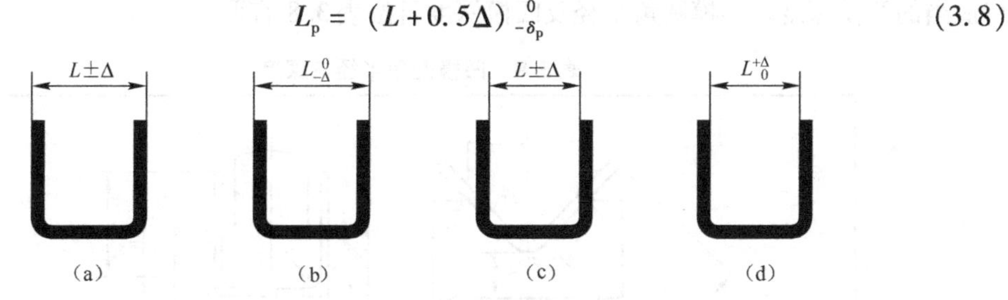

图 3.36　标注成不同尺寸的弯曲件

（2）工件标注内形尺寸 $L_{0}^{+\Delta}$，即单向偏差（图 3.36d）时，凸模宽度：

$$L_p=(L+0.75\Delta)_{-\delta_p}^{0} \tag{3.9}$$

在工件标注内形尺寸的情况下，凹模应按凸模宽度尺寸配置，并保证单面间隙为 Z，即：

$$L_d=(L_p+2Z)_{0}^{+\delta_d} \tag{3.10}$$

式（3.5）～(3.10）中，L_p、L_d 为弯曲凸模、凹模弯度尺寸，mm；L 为弯曲件外形或内形基本尺寸，mm；Z 为弯曲模单边间隙，mm；Δ 为弯曲件尺寸偏差，mm；δ_p、δ_d 为弯曲凸模、凹模制造公差，采用 IT7 ～ IT9。

3.8.3　凸、凹模圆角半径和凹模深度

1. 凸模圆角半径

若弯曲件的相对弯曲半径 r/t 较大（$r/t\geqslant10$）、精度要求较高时，必须考虑回弹的影响，

根据回弹值的大小对凸模圆角半径r_p进行相应的修正。

当弯曲件的相对弯曲半径r/t较小（$r/t<5\sim8$）时，凸模圆角半径取等于弯曲件内侧的圆角半径r，但不能小于材料所允许的最小弯曲半径r_{min}。若弯曲件r/t小于最小相对弯曲半径，则应取凸模圆角半径$r_p>r_{min}$，然后增加整形工序，最终满足弯曲件圆角半径的要求。

2. 弯曲凹模的圆角半径

弯曲凹模的圆角半径一般不应小于3 mm，以免弯曲时毛坯表面出现裂痕。凹模两侧圆角半径应保持一致，否则弯曲过程中毛坯会发生偏移。

过小的凹模圆角半径会使弯矩的弯曲力臂减小，坯料沿凹模圆角滑入时阻力增大，易使工件表面擦伤甚至出现压痕，并会增大弯曲力和影响模具寿命；过大的凹模圆角半径又会影响坯料定位的准确性。故凹模圆角半径的大小选取应合适。

在生产中，通常根据材料的厚度选取凹模圆角半径：当$t\leqslant2$ mm时，$r_d=(3\sim6)t$；当$t=2\sim4$ mm时，$r_d=(2\sim3)t$；当$t>4$ mm时，$r_d=2t$。对于V形弯曲件凹模的底部圆角半径可开设退刀槽或可以根据弯曲变形区坯料变薄的特点取$r_d'=(0.6\sim0.8)(r_p+t)$。

3. 弯曲凹模深度

过小的凹模深度会使毛坯两边自由部分过大，造成弯曲件回弹量大，工具不平直；过大的凹模深度增大了凹模尺寸，浪费模具材料，并需要大行程的压力机，因此模具设计中要保持适当的凹模深度。凹模圆角半径及凹模深度可按表3.8查取。

表3.8　凹模圆角半径与深度

材料厚度	<0.5		0.5~2.0		2.0~4.0		4.0~7.0	
边长L	l	r_d	l	r_d	l	r_d	l	r_d
10	6	3	10	3	10	4		
20	8	3	12	4	15	5	20	8
35	12	4	15	5	20	6	25	8
50	15	5	20	6	8	30	10	
75	20	6	25	8	30	10	35	12
100			30	10	35	12	40	15
150			35	12	40	15	50	20
200			45	15	55	20	65	25

案例3　U形零件弯曲模设计

如图3.37所示的弯曲模，其材料为10钢，材料厚5 mm，小批量生产，试完成该产品的弯曲工艺及模具设计。

1. 工艺性分析

该工件结构比较简单，形状对称，适合弯曲。

工件弯曲半径为3 mm，由表查得 $r_{min}=0.1t=0.5$ mm，即能一次弯曲成功。

工件的弯曲直边高度为63 mm − 5 mm − 3 mm = 55 mm，远大于2t，因此可以弯曲成功。

该工件是一个弯曲角度为90°的弯曲件。所有尺寸精度均为未注公差，而当 $r/t<5$ 时，可以不考虑圆角半径的回弹，所以该工件符合普通弯曲的经济精度要求。

工件所用材料10钢是常用的冲压材料，塑性较好，适合进行冲压加工。

综上所述，该工件的弯曲工艺性良好，适合进行弯曲加工。

2. 工艺方案的拟订

1）毛坯展开

如图3.38所示，毛坯总长度等于各直边长度加上各圆角展开长度，即：

$$L=2L_1+2L_2+L_3$$

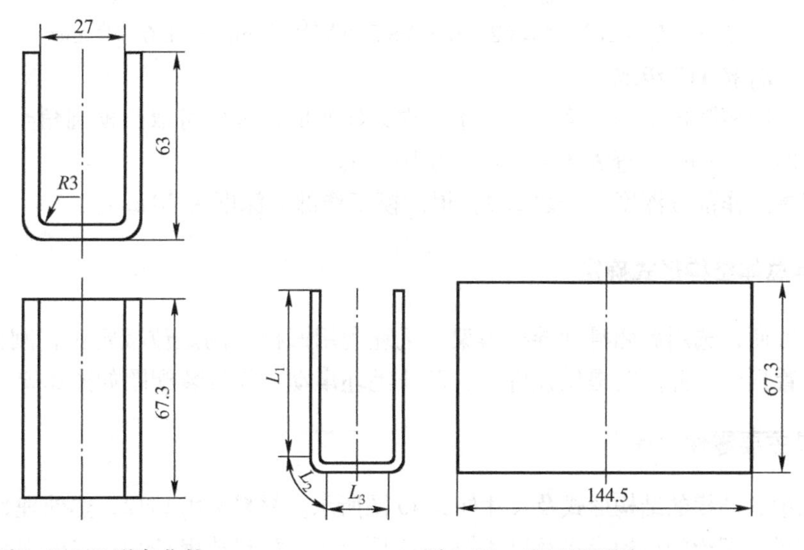

图3.37　U形弯曲件　　　　图3.38　毛坯展开图

其中：$L_1=(63-5-3)\ \text{mm}=55\ \text{mm}$

$L_2=1.57(r+xt)=1.57(3+0.26\times5)\text{mm}=6.751\ \text{mm}$

$L_3=(27-2\times3)\text{mm}=21\ \text{mm}$

于是得：

$$L=(2\times55+2\times6.751+21)\text{mm}=144.502\ \text{mm}\approx144.5\ \text{mm}$$

2）方案确定

从上述分析看出，该产品需要的基本冲压工序为落料、弯曲。根据上述结果，生产该产品的工艺方案为先落料，再弯曲。

3. 工艺计算

1）冲压力的计算

弯曲力 $F_z = \dfrac{0.7Kbt^2\sigma_b}{r+t} = \dfrac{0.7\times1.3\times67.5\times5\times5\times400}{3+5}\text{N} = 76\,781.25\ \text{N}$

顶件力 $F_d = 0.6F_z = 0.6\times76781.25\text{N} = 46\,068.75\ \text{N}$

则压力机公称压力：

$$\begin{aligned}F_{设} &= (1.1\sim1.2)\times(F_z+F_d) = (1.1\sim1.2)(76\,781.25+46\,068.75)\text{N}\\&= (1.1\sim1.2)122\,850\ \text{N}\end{aligned}$$

2）模具工作部分尺寸计算

（1）凸、凹模间隙。有 $c=(1.05\sim1.15)t$，可以取 $c=1.1t=5.5$ mm。

（2）凸、凹模宽度尺寸。由于工件尺寸标注在内形上，因此以凸模作基准，先计算凸模宽度尺寸。由 GB/T15055—2007 查得：

基本尺寸为 27 mm、板厚为 5 mm 的弯曲件未注公差为 ±0.6 mm，则

$$L_p = (L+0.5\Delta)_{-\delta_p}^{\ 0} = (27+0.5\times0.2)_{-0.021}^{\ 0}\ \text{mm} = 27.6_{-0.021}^{\ 0}\ \text{mm}$$

$$L_d = (L_p+2c)_{\ 0}^{+\delta_d} = (27.6+2\times5.5)_{\ 0}^{+0.025}\ \text{mm} = 38.6_{\ 0}^{+0.025}\ \text{mm}$$

这里 δ_p、δ_d 按 IT7 级取。

（3）凸、凹模圆角半径的确定。由于一次即能弯成，因此可取凸模圆角半径等于工件的弯曲半径，即 $r_p=3$ mm。查表 3.8，得 r_d 为 10 mm。

（4）凹模工作部分深度。查表 3.8，得凹模工作部分深度为 30 mm。

4. 模具总体结构形式确定

为操作方便，选用后侧滑动导柱模架，毛坯利用凹模上的定位板定位，刚性推件装置推件，顶件装置顶件，并同时提供顶件力，防止毛坯窜动。模具装配图如图 3.39 所示。

5. 模具主要零件设计

（1）凸模：凸模的结构形式及尺寸如 3.40 图所示。材料选用 Cr12，热处理 56 ～ 60 HRC。

（2）凹模：凹模的结构形式及尺寸如 3.41 图所示。材料选用 Cr12，热处理 56 ～ 60 HRC。

（3）定位板：定位板的结构形式及尺寸如图 3.42 所示。材料选用 45 钢，热处理 43 ～ 48 HRC。

（4）凸模固定板：凸模固定板的结构形式及尺寸如图 3.43 所示。材料选用 Q235 钢。

（5）垫板：垫板的结构形式及尺寸如图 3.44 所示，材料选用 45 钢，热处理 43 ～ 48 HRC。

（6）顶件板：顶件板的结构形式及尺寸如图 3.45 所示，材料选用 45 钢，热处理 43 ～ 48 HRC。

（7）其他零件：模架选用，模柄选用压入式。

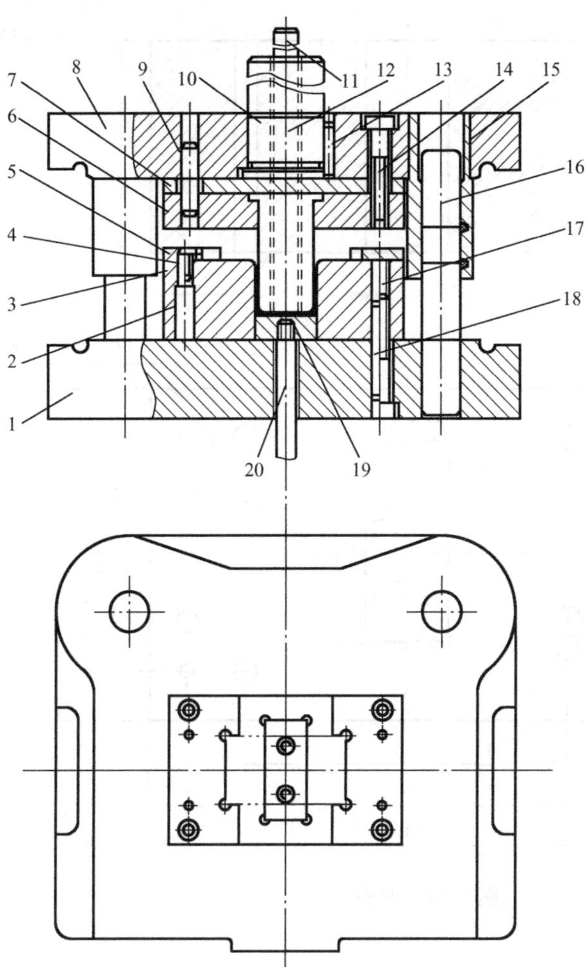

1–下模座；
2–弯曲凹模；
3、9、18–销钉；
4、14、17–螺钉；
5–定位销；
6–凸模定位板；
7–垫板；
8–上模座；
10–模柄；
11–横销；
12–推件杆；
13–止动销；
15–导套；
16–导柱；
19–顶料板；
20–顶杆；

图 3.39　U 形件弯曲模装配图

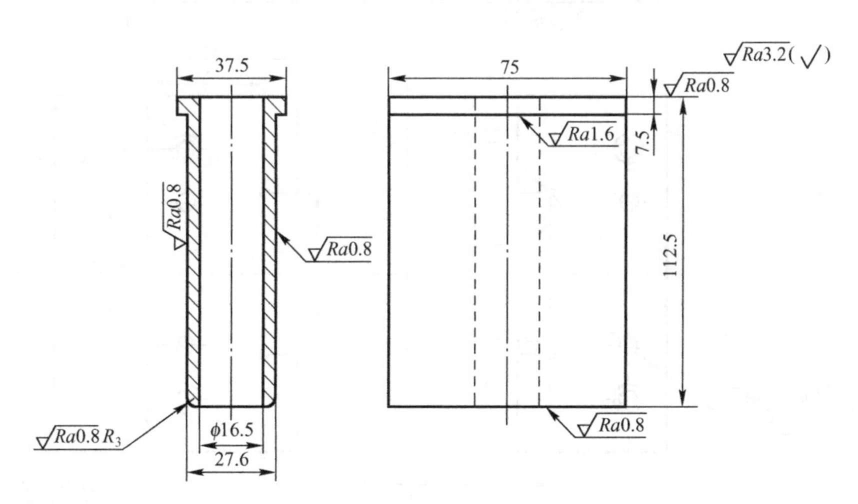

图 3.40　凸模

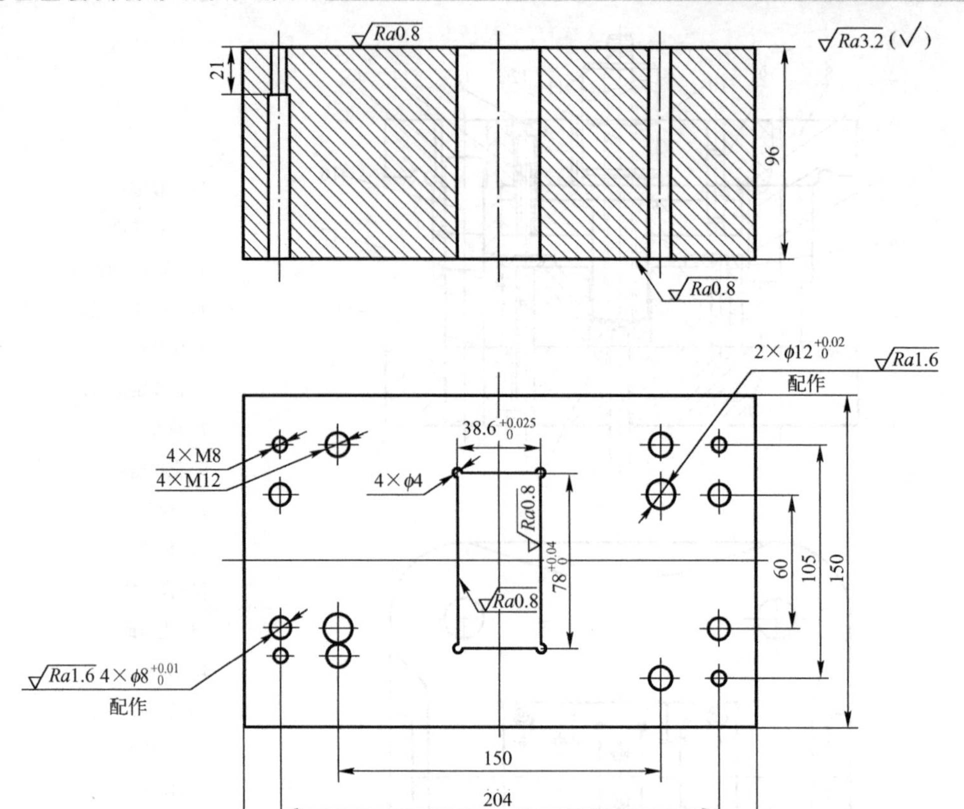

图 3.41　凹模

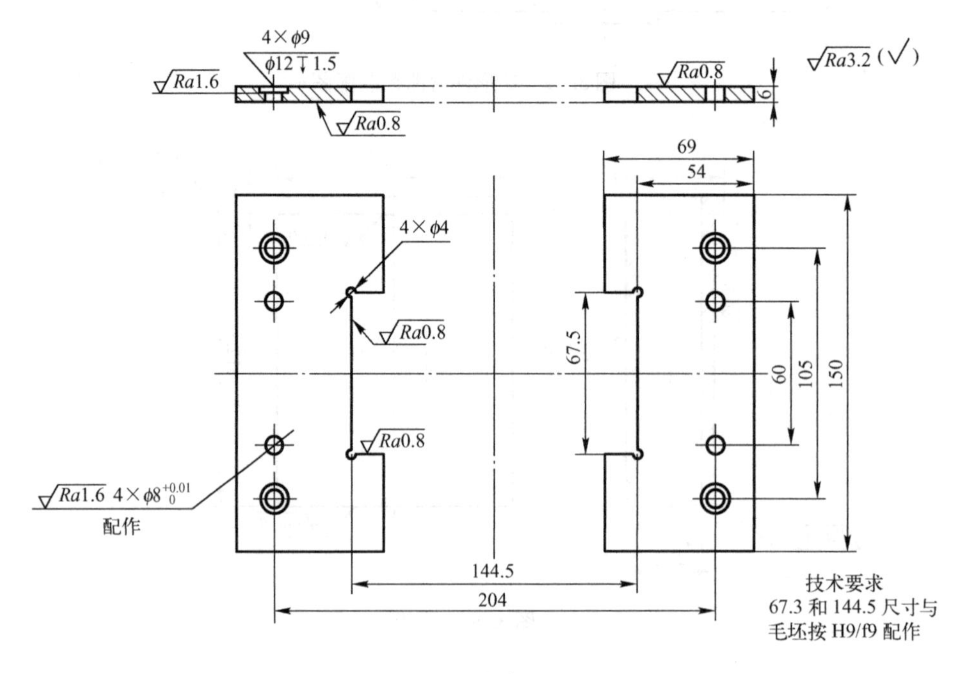

图 3.42　定位板

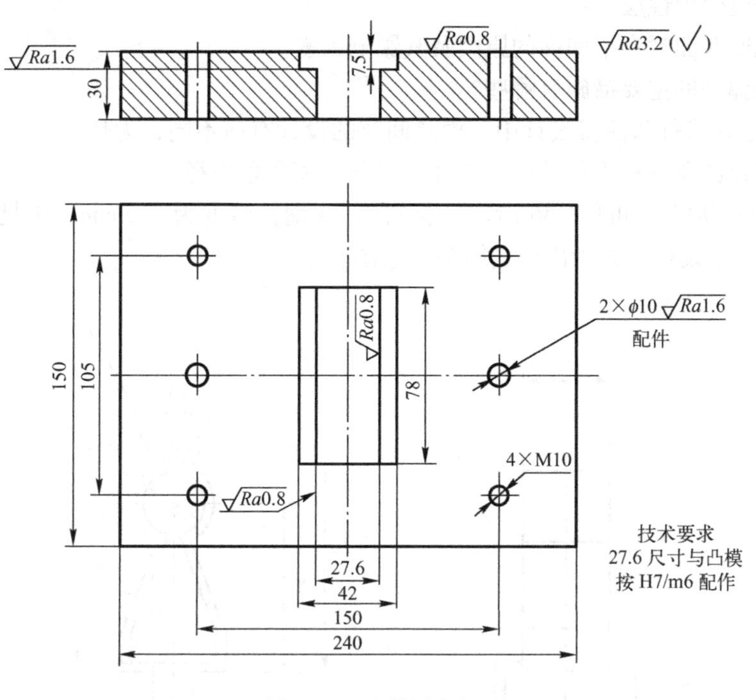

图 3. 43　凸模固定板

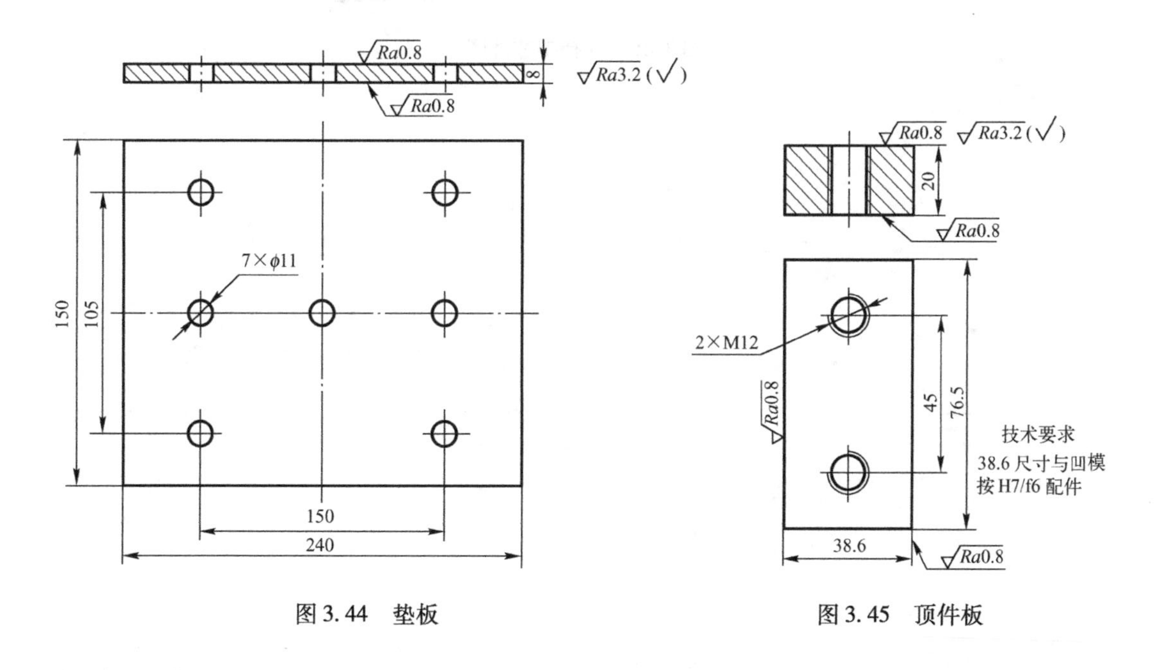

图 3. 44　垫板　　　　图 3. 45　顶件板

思考题 3

1. 弯曲件设计时，其工艺性要求有哪些？什么情况下弯曲件应开设止裂孔与止裂槽？
2. 简述弯曲变形的特点。

3. 什么是应变中性层？

4. 简要说明弯曲时产生回弹的原因及其影响因素。

5. 减小回弹量的主要措施有哪些？

6. V形件、U形件弯曲模设计中，模具间隙的设计有何不同，为什么？

7. 弯曲凹模圆角的作用是什么？怎样确定凸凹模圆角半径？

8. 已知弯曲件尺寸如图3.46所示，材料为20钢，厚度为0.5 mm，中批量生产。试完成该零件弯曲工序设计，并画出模具结构示意图。

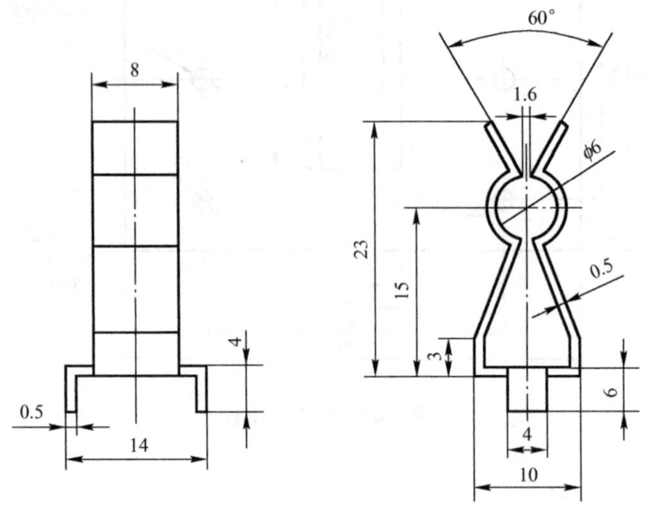

图3.46　保持架零件图

单元4 塑料成型基础

塑料成型是模具设计中的很重要一部分，本学习单元将介绍塑料成型方法中工艺特性、塑件结构的工艺特性和塑件成型设备的工作原理等。

教学导航

教	知识重点	1. 塑料成型的工艺特性；　2. 塑料成型方法； 3. 塑件结构的工艺特性；　4. 注射机的分类； 5. 螺杆式注射机工作原理
	知识难点	1. 塑料成型的工艺特性；　2. 塑件结构的工艺特性； 3. 螺杆式注射机工作原理
	推荐教学方式	采用“教、学、做”三结合的教学方式，以生产实例来强化学生对塑性成型工艺特性和结构工艺性的理解
	建议学时	6学时
学	推荐学习方法	以实例为基础，学习塑性成型的工艺特性和结构工艺性，通过“学中做、做中学”来加深理解。
	必须掌握的理论知识	1. 塑料成型的工艺特性；　2. 塑件结构的工艺特性
	必须掌握的技能	掌握塑件设计中孔的设计技巧和嵌件的设计

4.1 塑料的基本概念

塑料是一种以合成树脂为主要成分，并加入其他添加剂的高分子有机化合物。在一定温度和压力条件下，具有流动性可以被成型成一定的几何形状和尺寸，并且成型固化后，在常温下仍能使形状保持不变。

4.1.1 塑料的组成及其分类

1. 塑料的组成

塑料是以高分子合成树脂为主要成分，大多数有添加剂且在加工过程中能流动成型的材料。塑料的组成成分及其作用如下：

1）合成树脂

合成树脂决定塑料的类型和基本性能，如机械、物理、电、化学性能等，并且成型时，将塑料的其他成分黏合在一起。

2）填充剂

填充剂的作用一是增量，降低成本；二是改性，改善塑料的某些性能。如酚醛树脂中加入木粉后，既克服了它的脆性，又降低了成本。

3）增塑剂

增塑剂的作用是增加塑料的塑性、流动性和柔韧性，改善成型后的性能。

4）着色剂

着色剂的作用是起美观和修饰。着色剂包括无机颜料（如钛白粉、镉红）、有机颜料和染料（如分散红）。

5）润滑剂

润滑剂的作用是防止在成型时粘模。常用的润滑剂有石蜡、硬酯酸等。

6）稳定剂

稳定剂的作用是防止在热、光、氧的作用下降解变质，它分为热稳定剂、光稳定剂和抗氧化剂等，常用的稳定剂有水杨酸苯酯、硬酯酸钡等。

2. 塑料的分类

（1）按塑料中合成树脂的分子结构性能及热性能可分为热固性塑料和热塑性塑料两大类。

① 热固性塑料：这类塑料在受热之初时变软，可以制成一定形状，但继续加热加入固化剂后，就硬化定型，再加热不熔融也不溶解，形状固定下来不再变化，形成体型（网状）结构物质的塑料，称为固化。如果再加热，不再软化，不再具有可塑性。常见的热固性塑料有酚醛塑料、氨基塑料、环氧塑料、脲醛塑料、三聚氰胺甲醛和不饱和聚酯等。

② 热塑性塑料：能在特定温度范围内反复加热和冷却硬化的塑料。因此，在塑料加工过

程中产生的边角料及废品可以回收掺入原料中使用。常见的热塑性塑料有聚乙烯、聚丙烯、聚苯乙烯、聚氯乙烯、聚甲基丙烯酸甲（有机玻璃）、聚酰胺、聚甲醛、丙烯腈-丁二烯-苯乙烯共聚物（ABS 塑料）、聚碳酸酯、聚苯醚、聚砜和聚四氟乙烯等。

(2) 按塑料的性能和用途可分为通用塑料、工程塑料和增强塑料。

① 通用塑料：通用塑料是指产量大、用途广、价格低的塑料。酚醛塑料、氨基塑料、聚氯乙烯、聚苯乙烯、聚乙烯、聚丙烯六大品种塑料属于通用塑料。

② 工程塑料：工程塑料是指在工程技术中作为结构材料的塑料，这类塑料的力学性能、耐磨性、耐腐蚀性、尺寸稳定性等均高。它既有一定的金属特性，又有塑料的优良性能。目前在工程上使用较多的塑料有聚酰胺、聚碳酸酯、聚甲醛、ABS 塑料、聚酰亚胺等。

③ 增强塑料：在塑料中加入玻璃纤维、碳纤维等填料作为增强材料，以进一步改善塑料的力学、电气性能，这种新型的树脂基复合材料统称为增强材料。增强塑料可分为热固性增强塑料和热塑性增强塑料。

4.1.2 塑料成型的工艺特性

塑料成型的工艺特性是指塑料在成型过程中表现出来的特有品质。这些特性与塑料的品种、成型方法和成型工艺条件、模具结构等密切相关，模具设计时必须加以充分考虑，以达到控制产品质量的目的。下面讨论其主要的工艺特性。

1）流动性

塑料在一定温度与压力作用下充填模腔的能力称为塑料的流动性。塑料流动性的好坏，在很大程度上影响成型工艺。塑料的流动性差，就不易充满型腔，因此需要较大的成型压力才能成型；相反，塑料的流动性好，可以用较小的成型压力充满型腔，但流动性太好，会使塑料在成型时产生严重的溢边。因此，成型过程中应适当选择与控制材料的流动性，以获得满意的塑料制件。

影响塑料流动性的因素有：

(1) 塑料的分子结构与成分。具有线性分子结构而没有或很少有网状结构的塑料流动性好。塑料中加入填料，会降低其流动性。加入增塑剂和润滑剂，则可增加塑料的流动性。

(2) 温度。塑料的温度高则流动性好，温度对流动性的影响大小视不同塑料而异，有的影响大，有的影响小，所以在成型时可通过调节温度来控制流动性。

(3) 压力。注射压力增大则熔融塑料受剪切作用大，其流动性也随之增大，特别是聚乙烯、聚甲醛等塑料对压力的反应十分敏感，所以成型时可通过注射压力来控制流动性。

(4) 模具结构。模具浇注系统的形式、尺寸和布置，冷却系统设计的合理性，熔料流动阻力（如型腔表面粗糙度、流道截面厚度、型腔形状和排气系统设计）等因素都直接影响熔料在型腔内的实际流动。凡促使熔料温度降低、流动阻力增加的因素，都会使流动性降低。在模具设计时应根据所用塑料的流动性，选用合理的模具结构。

下面是一些常用热塑性塑料的流动性情况：

流动性好，如尼龙、聚乙烯、聚苯乙烯、聚丙烯、醋酸纤维素。

流动性中等，如改性聚苯乙烯（如 ABS、AS）、有机玻璃、聚甲醛、氯化聚醚。

流动性差，如聚碳酸酯、硬聚氯乙烯、聚苯醚、聚砜、聚芳砜、氟塑料。

2）收缩性

一定量的塑料在熔融状态下的体积总比其固态下的体积大，说明塑料经成型冷却后体积发生了收缩，这种特性称为收缩性。收缩性的大小以收缩率表示，即单位长度塑件收缩量的百分数：

$$S=\frac{a-b}{b}\times 100\%$$

式中，S 为计算收缩率；a 为型腔在常温下的实际尺寸；b 为塑件在常温下的实际尺寸。

在实际成型时，不同品种的塑料收缩率各不相同，不同批的同种塑料或同一塑料的不同部位其收缩率也各不相同。影响塑件收缩率的因素主要有：

(1) 塑料品种。热塑性塑料成型过程中由于结晶而引起体积变化，塑件内的残余应力大，因此与热固性塑料相比收缩率较大，另外，脱模后收缩和后处理也比热固性塑料大。

(2) 塑件特性。一般来说，塑件的形状复杂、尺寸小、壁薄、带嵌件，收缩率就小。

(3) 浇口形状和尺寸。这些因素直接影响料流方向、密度分布、保压补缩作用及成型时间。采用直接浇口，浇口截面大，收缩小，但方向性明显。

(4) 成型条件。模具温度、注射压力、保压时间等成型条件对塑件收缩均有直接影响。模具温度高、塑件冷却慢、密度高，则收缩大；注射压力高、脱模后弹性恢复大，则收缩小。保压时间对收缩也有影响，保压时间长则收缩小。

常用塑料的成型收缩率见表4.1。

表4.1　常用塑料的成型收缩率

塑料名称			填料（或增强材料）	收缩率（%）
热固性塑料		酚醛树脂	木粉、棉纤维	0.4～1.0
		酚醛树脂	玻璃纤维	0.01～0.4
		脲醛树脂	α-纤维素	0.4～0.8
		三聚氰胺树脂	α-纤维素	0.3～0.6
热塑性塑料	结晶型	聚乙烯	—	1.5～3.6
		聚丙烯	—	1.0～2.5
		聚甲醛	—	1.2～3.0
		尼龙1000	—	0.5～4.0
		尼龙6	—	0.8～2.5
		尼龙66	—	1.5～2.2
		尼龙610	—	1.2～2.0
		尼龙9	—	1.5～2.5
		尼龙11	—	1.2～1.5
	非结晶型	聚氯乙烯（硬质）	—	0.6～1.5
		聚碳酸酯	—	0.5～0.8
		聚苯乙烯	—	0.6～0.8
		ABS	—	0.3～0.8
		改性聚甲基苯烯酸甲酯（372）	—	0.5～0.7

由于影响收缩率变化的因素很多，而且很复杂，所以收缩率是在一定的范围内变化的。在模具设计时，一般根据塑料的平均收缩率，计算模具型腔尺寸，对高精度塑件，在模具设计时应留有修模余量，在试模后逐步修正模具，已达到塑件尺寸精度要求及改善成型条件。

3）结晶性

塑料由熔融状态到冷却固化的过程中，分子发生有规则性排列的程度称为结晶性。

热塑性塑料按其冷凝时是否出现结晶现象可分为结晶型塑料和非结晶型塑料（无定型塑料）两种。一般来说，不透明的或半透明的是结晶型塑料，透明的为非结晶型塑料。但也有例外，如离子聚合物属于结晶型塑料，但高度透明；ABS为非结晶型塑料，但却不透明。

塑件的结晶度大，则其密度大，硬度和刚度高，力学性能好，耐磨性、耐化学腐蚀性及电性能提高；反之，则塑件柔软性、透明性、耐折性好，冲击强度增大。

结晶性塑料成型加工时应注意以下几个方面：

（1）熔化时需要的热量多，设备的塑化能力要强。

（2）冷却时放出的热量大，模具要加强冷却。

（3）成型收缩大，容易出现方向性收缩，应注意选择浇口位置、数量和工艺条件。

4）相容性

相容性又称共混性，是指两种或两种以上不同品种的塑料，在熔融状态不产生分离现象的能力。如果两种塑料不相容，则混熔时制件会出现分层、脱皮等表面缺陷。不同塑料的相容性与分子结构有一定关系，分子结构相似者较易相容，例如高压聚乙烯、低压聚乙烯、聚丙烯彼此之间的混熔等。分子结构不同时较难相容，例如聚乙烯和聚苯乙烯的混熔。

通过塑料的这一性质，可以得到类似共聚物的综合性能，这是改进塑件性能的重要途径之一，例如聚碳酸酯和ABS塑料相容，就能改善聚碳酸酯的工艺性。

5）硬化特性

硬化是指热固性塑料成型时完成交联反应的过程。硬化速度的快慢对成型工艺过程有非常重要的影响。例如压注或注射成型时，应要求在塑化、填充时化学反应慢，硬化慢，以保持长时间的流动状态，但当充满型腔后，在高温、高压下应快速硬化。硬化速度慢的塑料，会使成型周期长、生产率降低；硬化速度快的塑料，则不能成型复杂的塑件。

6）吸湿性和热敏性

塑料中因有各种添加剂，使其对水的敏感程度各不相同，这种特性称为吸湿性。吸湿性大的塑料在成型过程中，由于高温高压使水分变成气体或发生水解作用，使塑料产生气泡等缺陷，并影响其电气性能，所以吸湿性大的塑料在成型前一定要进行干燥处理。

有些塑料对热比较敏感，在料温高和受热时间长的情况下产生变色、甚至分解，这种特性称为热敏性。热敏性塑料在成型时应严格控制料温和成型周期，也可以在塑料中加入热稳定剂。

4.1.3 塑料成型方法及塑料模的种类

塑料成型方法有很多，最常用的方法有注射成型、压缩成型、压注成型、挤出成型。

1. 注射成型及注射模

注射成型是指通过注射机的螺杆或柱塞的作用，将熔融塑料射入闭合的模具型腔，经过保压、冷却、硬化定型后，即可得到由模具成型出的塑件。注射成型所使用的模具即为注射模（也称注塑模）。注射成型几乎适用于所有的热塑性塑料。近年来，注射成型也成功地用于成型某些热固性塑料。注射成型的成型周期短（几秒到几分钟），成型制品质量可由几克到几十千克，能一次成型外形复杂、尺寸精确、带有金属或非金属嵌件的模塑品。

因此，该方法生产周期短，生产效率高，可采用计算机控制，容易实现生产自动化，塑料制品精度容易保证，适用范围广；但是设备比较昂贵，模具较复杂。

2. 压缩成型及压缩模

压缩成型是将预热过的塑料原料放在经过加热的模具型腔（加料室）内，凸模向下运动，在热和压力的作用下，塑料呈熔融状态并充满型腔，然后固化成型。压缩成型所使用的模具即为压缩模（也称压塑模）。通常，压缩模适用于热固性塑料，如酚醛塑料、氨基塑料、不饱和聚酯塑料等，所使用的设备为液压机。压缩成型是塑料成型中较早采用的一种方法。

压缩成型的特点是：没有浇注系统，料耗少，使用的设备为一般的压力机，模具比较简单，可以压制较大平面的塑料制品或利用多型腔模一次压制多个制品。但该成型方法生产周期长、效率低，不易压制形状复杂、壁厚相差较大的塑料制品；不易获得尺寸精确尤其是高度尺寸精确的塑料制品；而且不能压制带有精细和易断嵌件的塑料件。

3. 压注成型及压注模

压注成型又称传递成型、挤塑。压注成型是指通过压柱或柱塞将加料室内受热熔融的塑料经浇注系统压入加热的模具型腔，然后固化定型。压注成型所使用的模具即为压注模（也称传递模），与压缩成型一样，压注成型也主要用于热固性塑料制件的成型。

压注成型的优点是：既可以成型带有深孔及其他复杂形状的塑料制品，也可以成型带有精细或易碎嵌件的制品。塑料制品飞边较小，尺寸准确，性能均匀，质量较高。模具的磨损较小。其缺点是，模具制造成本比压缩模高，成型压力比压缩成型大，操作也较复杂，料耗比压缩成型多。如果成型带有一纤维为填料的塑料，会在制品中引起纤维定向分布，从而导致制品性能各向异性等。

4. 挤出成型及挤出模

挤出成型是利用挤出机的螺杆旋转加压、连续地将熔融状态的塑料从料筒中挤出，通过特定截面形状的机头口模成型并借助于牵引装置将挤出的塑件均匀拉出，同时冷却定型，获得截面形状一致的连续型材。它主要用于生产管材、板材、棒材、片材、线材和薄膜等连续型材的生产。挤出成型所使用的模具即为挤出模（也称挤出机头）。

挤出成型方法有以下特点：

（1）连续成型产量大，生产率高，成本低，经济效益显著。

（2）塑件的几何形状简单，横截面形状不变，所以模具结构也较简单，制造维修方便。

（3）塑件内部组织均衡紧密，尺寸比较稳定准确。

（4）适应性强，除氟塑料外，所有的热塑料都可采用挤出成型，部分热固性塑料也可采用挤出成型。变更机头口模，产品的横截面形状和尺寸可相应改变，这样就能生产出不同规格的各种塑料制件。挤出工艺所用设备简单，操作方便，应用广泛。

除了上述介绍的几类常用的塑料成型方法外，还有气动成型、泡沫塑料成型、浇注成型、滚塑（包括搪塑）成型、压延成型以及聚四氟乙烯冷压成型等。

4.1.4 塑料的特性

塑料的品种越来越多，应用也日益广泛，归纳起来，塑料的主要特性有：

(1) 质量轻。塑料的密度一般在0.8 ～ 2.2 g/cm^{3}左右，只有铝的1/2，钢的1/5。塑料的这一特性，对要求减轻自重的机械设备，具有重大的意义。例如，在飞机上采用碳纤维或硼纤维增强塑料代替铝合金或钛合金，质量可减轻15% ～ 30%。

(2) 比强度高。强度与质量之比称为比强度。由于工程塑料比金属轻得多，因此，有些工程塑料的比强度比一般金属高得多。如玻璃纤维增强的环氧树脂，它的单位质量的抗拉强度比一般钢材高2倍左右。

(3) 化学稳定性好。工程塑料一般对酸、碱、盐等化学药品，均有良好的抗腐蚀能力。塑料的抗腐蚀性能是一般金属无法比拟的，特别是被称为“塑料王”的聚四氟乙烯，“王水”对它也无可奈何。因此，在化学设备制造中塑料有着极其广泛的用途。

(4) 电性能优良。工程塑料具有良好的绝缘性能、极小的介电损耗和优良的耐电弧性能。因此，在电机、电器和电子工业等方面有着广泛的应用。

(5) 减摩、耐磨性能优良、自润滑性好。有些塑料的摩擦系数很小，很耐磨，可以制造各种自润滑轴承、齿轮和密封圈等。

(6) 吸震和消声性能好。由于工程塑料有吸震和消声作用，所以广泛用于制造齿轮、轴承等。

(7) 成型加工方便。一般塑料都可以一次成型出复杂的塑件，如照相机、电视机、收录机壳体、电动工具的壳体等。塑料的机械加工也比金属容易。

但是，塑料也有不足的地方，例如刚性差、收缩率大、尺寸精度低、耐热性差、易老化等。

4.2 塑料件的结构工艺性

塑件的结构工艺性是指塑件在满足使用要求的前提下，其结构应尽可能符合成型工艺要求，从而简化模具结构，降低生产成本。在进行塑件结构设计时，应该考虑以下几方面的因素：

(1) 塑件的物理与力学性能、电性能、耐化学腐蚀性能和耐热性能等。

(2) 塑件的成型工艺性，如流动性、收缩率等。

(3) 模具的总体结构，特别是抽芯与脱模的复杂程度。

(4) 模具零件的形状及其制造工艺。

(5) 塑件的外观质量。

在进行塑件结构设计时，塑件结构工艺性的内容很多，其主要内容如下：

1. 塑件尺寸、精度及表面粗糙度

(1) 尺寸。塑件尺寸的大小主要取决于塑件的流动性。在一定的设备和工艺条件下，流动性好的塑料可以成型较大尺寸的塑件；反之，成型出的塑件尺寸较小。流动性差，塑件尺寸不可过大，以免不能充满型腔或形成熔接痕，影响塑件外观和强度。此外，塑件外形尺寸还受成型设备、模具尺寸及脱模距离等的影响。从能源、模具制造成本和成型工艺条件出发，在满足塑件使用要求的前提下，应将塑件设计得尽量紧凑、尺寸小巧。

(2) 精度。塑件的尺寸精度是指所获得的塑件尺寸与产品图中设计尺寸的符合程度，即所获得塑件尺寸的准确度。影响塑件精度的因素很多，除与模具制造精度和模具磨损有关外，还与塑料收缩率的波动、成型时工艺条件的变化等有关。为降低模具制造成本和便于模具生产制造，在满足塑件使用要求的前提下应尽量把塑件尺寸精度设计得低一些。

目前我国已颁布了工程塑料模塑件尺寸公差的国家标准（GB/T 14486—2008），见表4.2。

表 4.2　塑件公差数值表（GB/T 14486—2008）

公关等级	公差种类	基本尺寸																								
		>0~3	3~6	6~10	10~14	14~18	18~24	24~30	30~40	40~50	50~65	65~80	80~100	100~120	120~140	140~160	160~180	180~200	200~225	225~250	250~280	280~315	315~355	355~400	400~450	450~500
标注公差的尺寸公差值																										
MT1	A	0.07	0.08	0.09	0.10	0.11	0.12	0.14	0.16	0.18	0.20	0.23	0.26	0.29	0.32	0.36	0.40	0.44	0.48	0.52	0.56	0.60	0.64	0.70	0.78	0.86
	B	0.14	0.16	0.18	0.20	0.21	0.22	0.24	0.26	0.28	0.30	0.33	0.36	0.39	0.42	0.46	0.50	0.54	0.58	0.62	0.66	0.70	0.74	0.80	0.88	0.96
MT2	A	0.10	0.12	0.14	0.16	0.18	0.20	0.22	0.24	0.26	0.30	0.34	0.38	0.42	0.46	0.50	0.54	0.60	0.66	0.72	0.76	0.84	0.92	1.00	1.10	1.20
	B	0.20	0.22	0.24	0.26	0.28	0.30	0.32	0.34	0.36	0.40	0.44	0.48	0.52	0.56	0.60	0.64	0.70	0.76	0.82	0.86	0.94	1.02	1.10	1.20	1.30
MT3	A	0.12	0.14	0.16	0.18	0.20	0.24	0.28	0.32	0.36	0.40	0.46	0.52	0.58	0.64	0.70	0.78	0.86	0.92	1.00	1.10	1.20	1.30	1.44	1.60	1.74
	B	0.32	0.34	0.36	0.38	0.40	0.44	0.48	0.52	0.56	0.60	0.66	0.72	0.78	0.84	0.90	0.98	1.06	1.12	1.20	1.30	1.40	1.50	1.64	1.80	1.94
MT4	A	0.16	0.18	0.20	0.24	0.28	0.32	0.36	0.42	0.48	0.56	0.64	0.72	0.82	0.92	1.02	1.12	1.24	1.36	1.48	1.62	1.80	2.00	2.20	2.40	2.60
	B	0.36	0.38	0.40	0.44	0.48	0.52	0.56	0.62	0.68	0.76	0.84	0.92	1.02	1.12	1.22	1.32	1.44	1.56	1.68	1.82	2.00	2.20	2.40	2.40	2.80
MT5	A	0.20	0.24	0.28	0.32	0.38	0.44	0.50	0.56	0.64	0.74	0.86	1.00	1.14	1.28	1.44	1.60	1.76	1.92	2.10	2.30	2.50	2.80	3.10	3.50	3.90
	B	0.40	0.44	0.48	0.52	0.58	0.64	0.70	0.76	0.84	0.94	1.06	1.20	1.34	1.48	1.64	1.80	1.96	2.12	2.30	2.50	2.70	3.00	3.30	3.70	4.10
MT6	A	0.26	0.32	0.38	0.46	0.54	0.62	0.70	0.80	0.94	1.10	1.28	1.48	1.72	2.00	2.20	2.40	2.60	2.90	3.20	3.50	3.80	4.30	4.70	5.30	6.00
	B	0.46	0.52	0.58	0.66	0.74	0.82	0.90	1.00	1.14	1.30	1.48	1.68	1.92	2.20	2.40	2.60	2.80	3.10	3.40	3.70	4.00	4.40	4.90	5.50	6.20
MT7	A	0.38	0.48	0.58	0.68	0.78	0.88	1.00	1.14	1.32	1.54	1.80	2.10	2.40	2.70	3.00	3.30	3.70	4.10	4.50	4.90	5.40	6.00	6.70	7.40	8.20
	B	0.58	0.68	0.78	0.88	0.98	1.08	1.20	1.34	1.52	1.74	2.00	2.30	2.60	3.10	3.20	3.50	3.90	4.30	4.70	5.10	5.60	6.20	6.90	7.60	8.40
未注公差的尺寸允许偏差																										
MT5	A	±0.10	±0.12	±0.14	±0.16	±0.19	±0.22	±0.25	±0.28	±0.32	±0.37	±0.43	±0.50	±0.57	±0.64	±0.72	±0.80	±0.88	±0.96	±1.05	±1.15	±1.25	±1.40	±1.55	±1.75	±1.95
	B	±0.20	±0.22	±0.24	±0.26	±0.29	±0.32	±0.35	±0.38	±0.42	±0.47	±0.53	±0.60	±0.67	±0.74	±0.82	±0.90	±0.98	±1.06	±1.15	±1.25	±1.35	±1.50	±1.65	±1.85	±2.05
MT6	A	±0.13	±0.16	±0.19	±0.23	±0.27	±0.31	±0.35	±0.40	±0.47	±0.55	±0.64	±0.74	±0.86	±1.00	±1.10	±1.20	±1.30	±1.45	±1.60	±1.75	±1.90	±2.15	±2.35	±2.65	±3.00
	B	±0.23	±0.26	±0.29	±0.33	±0.37	±0.41	±0.45	±0.50	±0.57	±0.65	±0.74	±0.84	±0.96	±1.10	±1.20	±1.30	±1.40	±1.55	±1.70	±1.85	±2.00	±2.25	±2.45	±2.75	±3.10
MT7	A	±0.19	±0.24	±0.29	±0.34	±0.39	±0.44	±0.50	±0.57	±0.66	±0.77	±0.90	±1.05	±1.20	±1.35	±1.50	±1.65	±1.85	±2.05	±2.25	±2.45	±2.70	±3.00	±3.35	±3.70	±4.10
	B	±0.29	±0.34	±0.39	±0.44	±0.49	±0.54	±0.60	±0.67	±0.76	±0.87	±1.00	±1.15	±1.30	±1.45	±1.60	±1.75	±1.95	±2.15	±2.35	±2.55	±2.80	±3.10	±3.45	±3.80	±4.20

模塑件尺寸公差代号为 MT，公差等级分为 7 级，每一级又可分为 A、B 两部分，其中 A 为不受模具活动部分影响尺寸的公差，B 为受模具活动部分影响尺寸的公差（例如由于受水平分型面溢边厚薄的影响，压缩件高度方向的尺寸）；该标准只规定公差值，上下偏差可根据塑件的配合性质来分配。

塑件公差等级的选用与塑件品种有关，如表 4. 3 所示。

表 4. 3 公差等级的选用

类别	塑件品种	公差等级		
		标准公差尺寸		未注公差尺寸
		高精度	一般精度	
1	聚苯乙烯（PS） 聚丙烯（PP、无机填料填充） ABS 丙烯腈－苯乙烯共聚物（AS） 聚甲基丙烯酸甲酯（PMMA） 聚碳酸酯（PC） 聚醚砜（PESU） 聚砜（PSU） 聚苯醚（PPO） 聚苯硫醚（PPS） 聚氯乙烯（硬）（RPVC） 尼龙（PA、玻璃纤维填充） 聚对苯二甲酸丁二醇酯（PBTP、玻璃纤维填充） 聚邻苯二甲酸二丙烯酯（PDAP） 聚对苯二甲酸乙二醇酯（PETP、玻璃纤维填充） 环氧树脂（EP） 酚醛塑料（PF、无机填料填充） 氨基塑料和氨基酚醛塑料（VF/MF 无机填料填充）	MT2	MT3	MT5
2	醋酸纤维素塑料（CA） 尼龙（PA、无填料填充） 聚甲醛（≤150 mm POM） 聚对苯二甲酸丁二醇酯（PBTP、玻璃纤维填充） 聚对苯二甲酸乙二醇酯（PETP、玻璃纤维填充） 聚丙烯（PP、无机填料填充） 氨基塑料和氨基酚醛塑料（VF/MF 无机填料填充）	MT3	MT4	MT5
3	聚甲醛（＞150 mm POM）	MT4	MT5	MT6
4	聚氯乙烯（软）（SPVC） 聚乙烯（PE）	MT5	MT6	MT7

（3）表面粗糙度。塑件的表面粗糙度 Ra 一般为 0. 8 ～ 0. 2 μm，而模具的表面粗糙度数值要比塑件低 1 ～ 2 级。

2. 壁厚

在脱模时，壁厚承受着脱模推力，并且要满足使用时的强度和刚度要求，因此，塑件应有一定的壁厚。

塑件的壁厚主要取决于塑件的使用要求，但壁厚的大小对塑件的成型影响很大。壁厚过小，成型时流动阻力大，不易充型；壁厚过大则浪费材料，还易产生气泡、锁孔等缺陷，因

此必须合理选择塑件壁厚。表4.4列出了热塑性塑件的最小壁厚及推荐壁厚，表4.5列出了热固性塑料壁厚，设计时可参考。同一塑件壁厚尽可能一致，否则会因冷却或固化速度不均而产生内应力，影响塑件的使用。当塑件壁厚不一致时，应适当改善塑件的结构，图4.1列出了一些塑件壁厚改善的措施。

表4.4　热塑性塑件最小壁厚及推荐壁厚/mm

塑 件 种 类	塑件流程50 mm的最小壁厚	一般塑件壁厚	大型塑件壁厚
聚酰胺（PA）	0.45	1.75～2.60	>2.4～3.2
聚苯乙烯（PS）	0.75	2.25～2.60	>3.2～5.4
改性聚苯乙烯	0.75	2.29～2.60	>3.2～5.4
有机玻璃（PMMA）	0.80	2.50～2.80	>4.0～6.5
聚甲醛（POM）	0.80	2.40～2.60	>3.2～5.4
软聚氯乙烯（LPVC）	0.85	2.25～2.50	>2.4～3.2
聚丙烯（PP）	0.85	2.45～2.75	>2.4～3.2
氯化聚醚（CPT）	0.85	2.35～2.80	>2.5～3.4
聚碳酸酯（PC）	0.95	2.60～2.80	>3.0～4.5
硬聚氯乙烯（HPVC）	1.15	2.60～2.80	>3.2～5.8
聚苯醚（PPO）	1.20	2.75～3.10	>3.5～6.4
聚乙烯（PE）	0.60	2.25～2.60	>2.4～3.2

表4.5　热固性塑件壁厚/mm

塑 料 名 称	塑件外形高度		
	<50	50～100	>100
粉状填料的酚醛塑料	0.7～2.0	2. 0～3.0	5.0～6.5
纤维状填料的酚醛塑料	1.5～2.0	2.5～3.5	5.0～6.5
氨基塑料	1.0	2.5～3.5	5.0～6.5
聚酯玻璃纤维填料的塑件	1.0～2.0	2.4～3.2	>4.8
聚酯无机物填料的塑件	1.0～2.0	3.2～4.8	>4.8

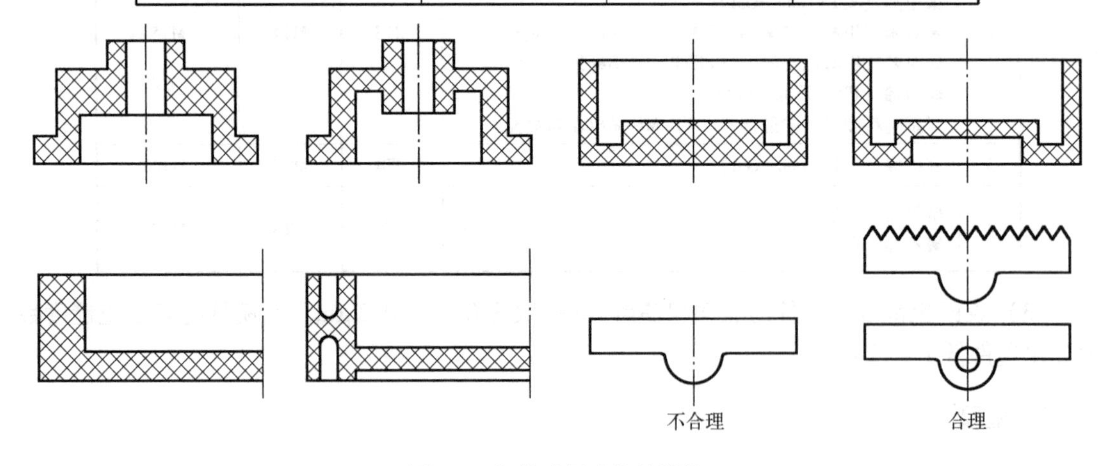

图4.1　塑件壁厚改善的措施

3. 形状设计

塑件的形状在满足使用要求的前提下，应使其有利于成型。侧抽芯或瓣合凹模或凸模使模具结构复杂，制造成本提高，并且还会在分型侧面上留下飞边，增加塑件的修正量，因此塑件设计时尽可能避免侧向凹凸或侧孔。某些塑件只要适当地改变其形状，即能避免使用侧向抽芯机构，使模具结构简化。表 4.6 所示为塑件形状有利于塑件成型时的典型实例。

表 4.6　塑件形状有利于塑件成型时的典型实例

序号	不 合 理	合 理	说 明
1			改变形状后，不需采用侧抽芯，使模具结构简单
2	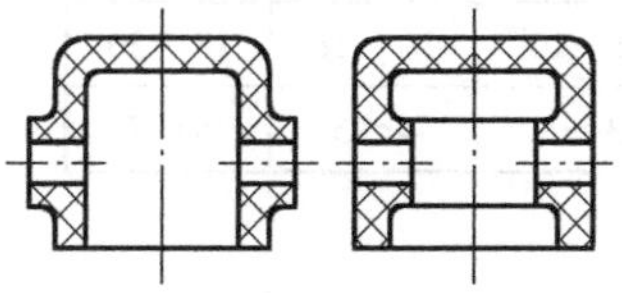	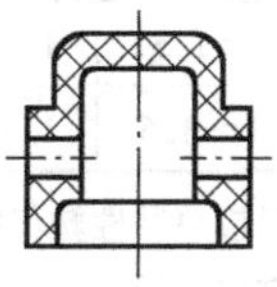	应避免塑件表面横向凸台，便于脱模
3	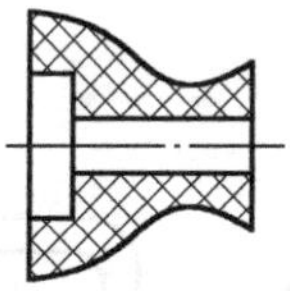	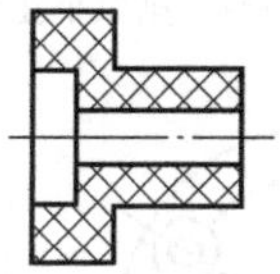	塑件有外侧凹时必须采用瓣合凹模，故模具结构复杂，塑件外表面有接痕
4	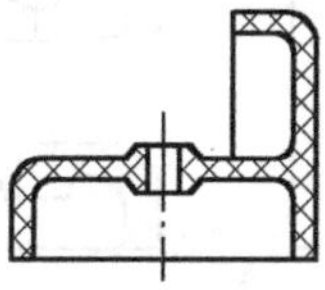	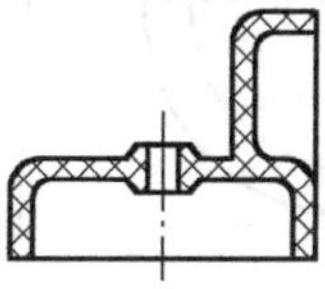	内凹侧孔改为外凹侧孔，有利于抽芯
5	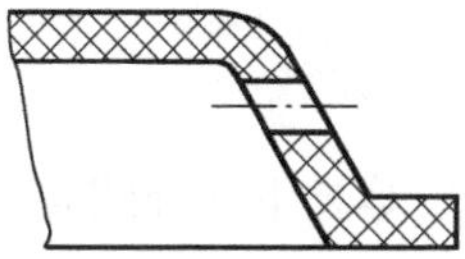	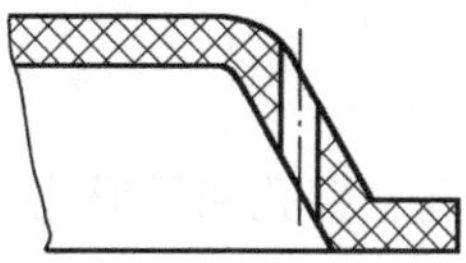	横向孔改为纵向孔可避免侧抽芯

有些塑件内侧凹陷或凸起较浅并有圆角时，可采用整体式凸模并强制脱模的方法，例如聚甲醛、聚乙烯、聚丙烯等塑料当凹陷或凸起小于 5% 时，即可强制脱模，图 4.2 所示为可强制脱模的侧向凹凸。大多数情况下塑件侧凹不能强制脱模，此时应采用侧向分型抽芯机构的模具。

4. 孔的设计

孔设计时不能削弱塑件的强度，在孔与孔之间及孔与边壁之间应留有足够的距离。热固性塑件两孔之间及孔与边壁之间的关系见表 4.7（当两孔直径不一样时，按小孔径取值）。热塑性塑件两孔之间及孔与边壁之间的关系可按表 4.7 中所列数值 75% 确定。塑件上固定用孔和其他受力孔的周围可设计一凸边或凸台来加强，如图 4.3 所示。

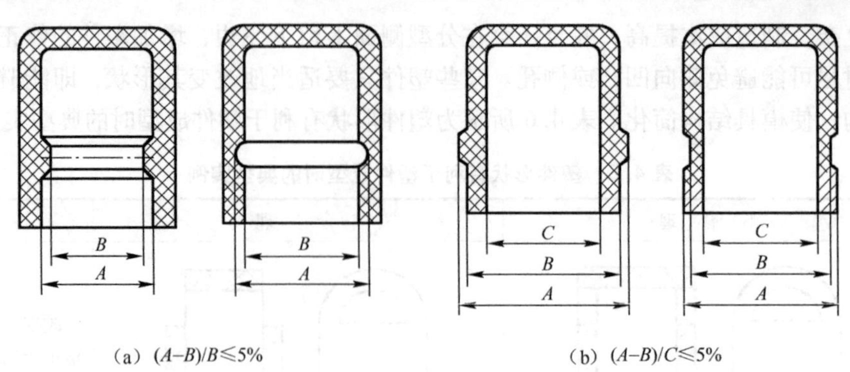

(a) $(A-B)/B \leqslant 5\%$　　(b) $(A-B)/C \leqslant 5\%$

图 4.2　可强制脱模的侧向凹凸

表 4.7　热固性塑件孔间距、孔边距/mm

孔径	<1.5	1.5～3	3～6	6～10	10～18	18～30
孔间距、孔边距	1～1.5	1.5～2	2～3	3～4	4～5	5～7

注：1. 热塑性塑料按热固性塑料的 75% 取值。
2. 增强塑料宜取上限。
3. 两孔径不一致，则以小孔径查表。

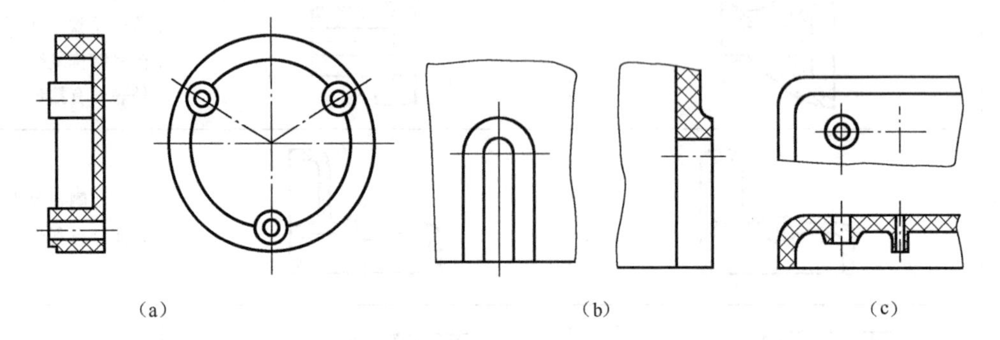

(a)　(b)　(c)

图 4.3　孔的加强

塑件上常见的孔有通孔、盲孔和异形孔（形状复杂的孔）等。下面介绍各类孔的设计要求及成型方法：

（1）通孔。通孔设计时深度不能太大，压缩成型时更要注意，通孔深度应不超过孔径的 3.75 倍。通孔一般有以下几种成型方法，如图 4.4 所示。图 4.4（a）结构简单，但会出现不易修整的横向飞边，且当孔较深或孔径较小时型芯易弯曲；图 4.4（b）用两个型芯来成型，型芯长度缩短一半，稳定性增加，并且一个型芯径向尺寸比另一个大 0.5 ～ 1 mm，这样即使稍有不同心，也不会引起安装和使用上的困难，这种成型方式适用于孔较深且直径要求不高的场合；图 4.4（c）型芯一端固定，一端支撑，这种方法既使型芯有较好的强度和刚度，又能保证同心度，出现飞边也容易修整，较为常用。

（2）盲孔。盲孔只能用一端固定的型芯来成型，因此其深度应浅于通孔。注射成型或压注成型时，孔深不超过孔径的 4 倍。压缩成型时，平行于压制方向的孔深一般不超过直径的 2.5 倍，垂直于压制方向的孔深不超过直径的 2 倍。直径小于 1.5 mm 的孔或深度太大（大于以上值）的孔最好在成型后用机械加工的方法获得。

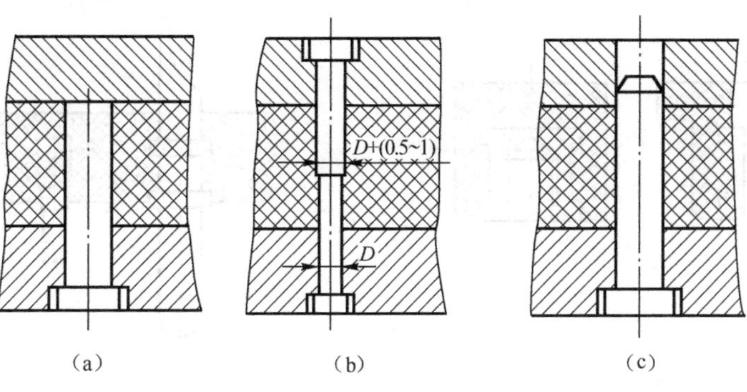

图 4.4　通孔的成型方法

（3）异形孔。当塑件孔为异形孔（斜孔或复杂形状孔）时，常常采用拼合的方法来成型，这样可以避免侧向抽芯，图 4.5 所示为几种异形孔及成型的方法。

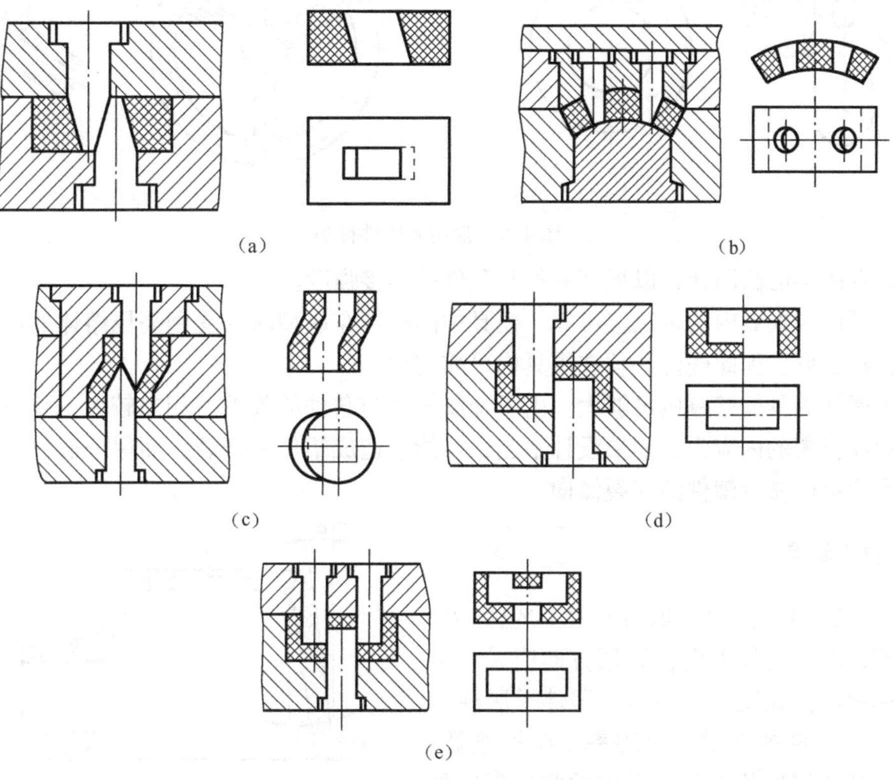

图 4.5　用拼合型芯成型异形孔

5. 嵌件设计

在塑件嵌入其他零件形成不可卸的连接，所嵌入的零件即称嵌件。嵌件的材料一般为金属材料，也有用非金属材料的，例如玻璃、木材或已成型的塑件等。

塑件中镶入嵌件是为了提高塑件的强度、硬度、耐磨性、导电性、导磁性等，或者是增加塑件的尺寸、形状的稳定性，或者是降低塑件的消耗。常用嵌件的种类如图 4.6 所示。

金属嵌件的设计原则：

（1）嵌件应可靠地固定在塑件中。为了防止嵌件受力时在塑件内转动或脱出，嵌件表面

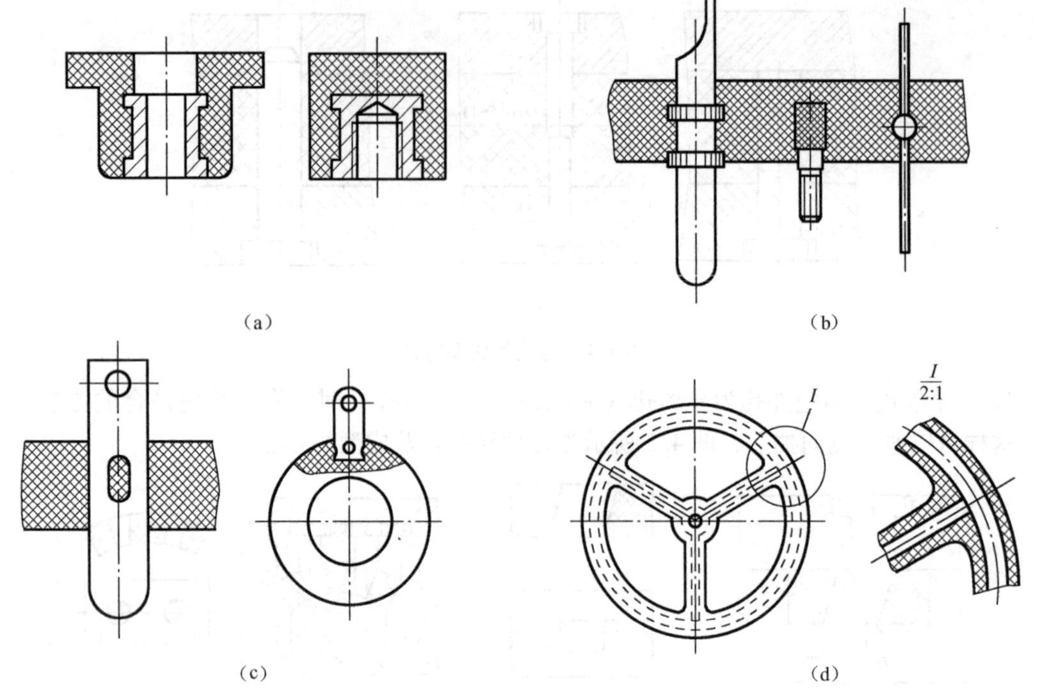

图 4.6　常用的嵌件种类

必须设计有适当的凸凹状，以提高嵌件与塑件的连接强度。

(2) 嵌件在模具内的定位应可靠。模具中的嵌件在成型时要受到高压熔体的冲击，可能发生位移和变形，因此嵌件必须在模具内可靠定位。

(3) 嵌件周围的壁厚应足够大。由于金属嵌件与塑件的收缩率相差较大，致使嵌件周围的塑件存在很大的内应力，如果设计不当，可能会造成塑件的开裂，而保证嵌件周围一定的塑件层厚度可以减少塑件的开裂倾向。

6. 脱模斜度

为了克服塑件因冷却收缩产生的包紧力，方便脱模，塑件内外表面在脱模方向应设计一定的脱模斜度，如图 4.7 所示。塑件上脱模斜度的大小与塑件的性质、收缩率、摩擦系数、塑件壁厚及几何形状有关。常用的脱模斜度如表 4.8 所示。

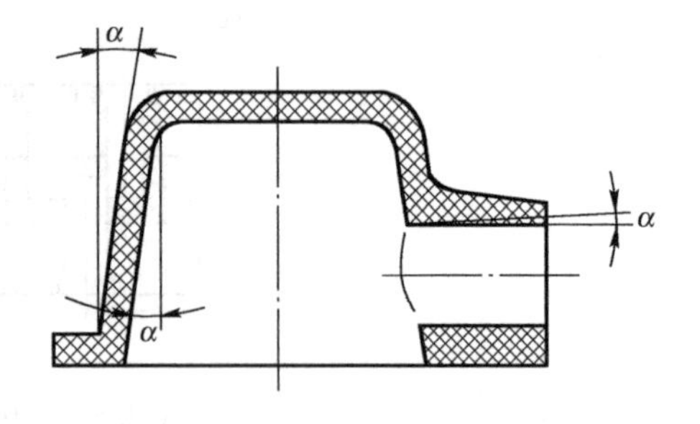

图 4.7　塑件的脱模斜度

表 4.8　塑件的脱模斜度

塑料名称	脱模斜度	
	型腔	型芯
聚乙烯（PE）、聚丙烯（PP）、软聚氯乙烯（LPVC）、聚酰胺（PA）、氯化聚醚（CPT）	25′～45′	20′～45′
硬聚氯乙烯（HPVC）、聚碳酸酯（PC）、聚砜（PSU）	35′～40′	30′～50′
聚苯乙烯（PS）、有机玻璃（PMMA）、ABS、聚甲醛（POM）	35′～1°30′	30′～40′
热固性塑料	25′～40′	20′～50′

7. 圆角

对于塑件来说，除使用要求采用尖角之外，其余所有内外表面转弯处都应尽可能采用圆角过渡，以减少应力集中，并增加塑件强度，提高塑件在型腔中的流动性，便于塑件脱模，同时比较美观，模具型腔也不易产生内应力和变形。

圆角半径的大小主要取决于塑件的壁厚，在无特殊要求时，塑件各连接处均有半径不小于 0.5 ～ 1 mm 的圆角，如图 4.8 所示。一般外圆角半径 $R_1 = 1.5H$，内圆角半径 $R = 0.5H$。

8. 加强肋

加强肋的作用是在不增加壁厚的情况下增加塑件的强度和刚度，防止塑件翘曲变形，加强肋的结构尺寸如图 4.9 所示。若塑件厚度为 δ，则加强肋的高度 $L = (1 \sim 3)\delta$，肋宽 $A = (1/4 \sim 1)\delta$，$R = (1/8 \sim 1/4)\delta$，肋端部圆角 $r = \delta/8$，$\alpha = 2° \sim 5°$。当 $\delta \leqslant 2$ mm 时，可取 $A = \delta$。

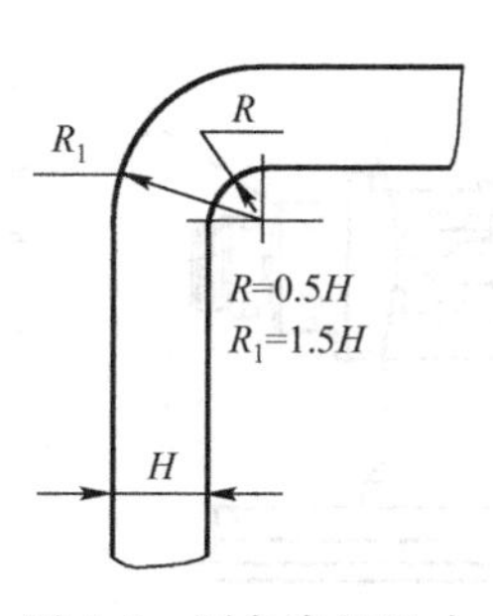

图 4.8　圆角半径尺寸

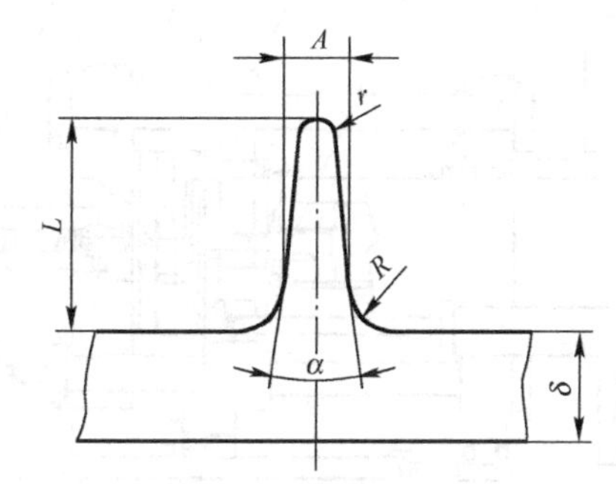

图 4.9　加强肋的尺寸

9. 支撑面

塑件设计通常采用凸起的边框或底脚（三点或四点）来作支撑面，如图 4.10 所示。图 4.10（a）所示以整个地面作支撑面不合理，因为塑件稍有翘曲或变形就会使底面不平；图 4.10（b）和图 4.10（c）分别以边框凸起和底脚作为支撑面，设计较为合理。

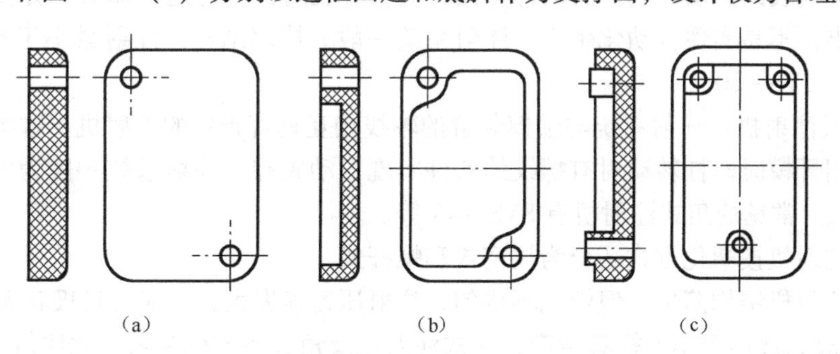

图 4.10　塑件的支撑面

4.3　塑料成型设备

塑件成型设备随塑料成型工艺不同而不同，常用的设备有注射机、液压机、挤出机等，本节介绍塑件成型中最常用的设备——注射机。

4.3.1 注射机的分类

注射机是注射成型热塑性塑料的主要设备。注射成型时，注射机塑化塑料并将塑化好的塑料注入模具，并在成型结束后将塑件推出。

注射机的种类很多，按外形特征可分为以下几种形式。

（1）卧式注射机：注射系统与合模锁模系统轴线呈水平布置的注射机（图4.11）。工作时，模具装于移动模板3与固定模板4之间，顶杆2则用于开模时推出塑件。这类注射机重心低、结构稳定、操作维修方便，塑件推出后可自行下落，便于实现自动化生产。

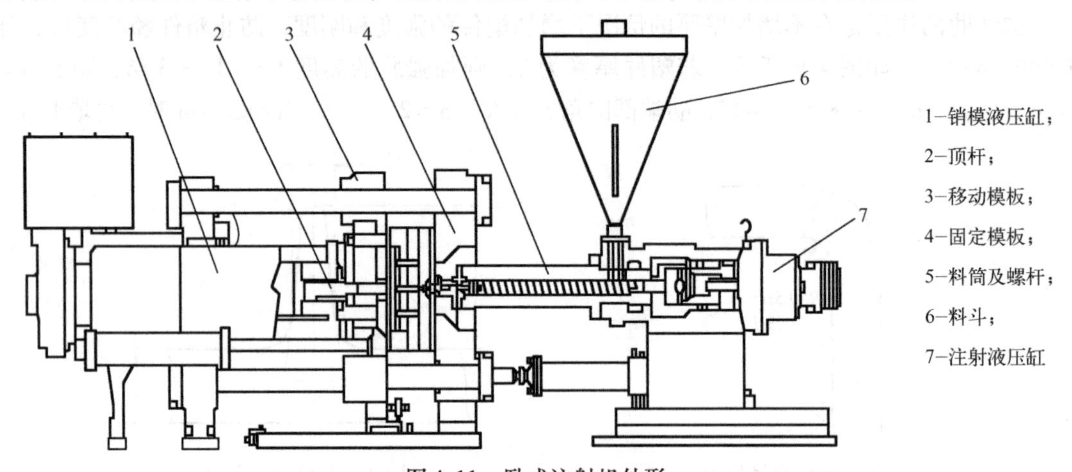

图4.11　卧式注射机外形

常用的卧式注射机型号有：XS－ZY－30、XS－ZY－60、XS－ZY－125、XS－ZY－500、XS－ZY－1000等。其中：XS——塑性成型机，Z——注射机，Y——螺杆式，30、125——注射机的最大注射量。

（2）立式注射机：注射系统与合模锁模系统轴线垂直于地面的注射机。这类注射机占地面积较小，模具装卸、动模侧安放嵌件方便，但重心较高，不稳定，加料不方便，推出的塑件要人工取出，不易实现自动化生产。注射系统一般为柱塞结构，注射量小于60 g，常见的立式注射机为SYS－30。

（3）角式注射机：注射系统与锁模装置的轴线相互垂直布置的注射机。这类注射机结构简单，可利用开模时丝杠转动对有螺纹的塑件实现自动脱卸。注射系统一般为柱塞结构，注射量小于60 g。常见的角式注射机有SYS－45等。

此外，注射机按塑化方式还分为柱塞式和螺杆式。

柱塞式注射机结构简单，但塑化不均匀，注射压力损失大，注射容量极其有限（多在60 cm^3 以下），故只适用于小型模具生产，立式注射机及角式注射机多采用此注射系统。

螺杆式注射机塑化充分，注射量大，适用的塑件品种范围广，因此在注射机中被广泛采用。本节主要介绍此类注射机。

4.3.2 螺杆式注射机工作原理

螺杆式注射机工作原理如图4.12所示。首先，动定模在合模装置驱动下闭合，接着液

压缸活塞带动螺杆按一定的压力和速度，将积聚于料筒头部的塑件熔体经喷嘴和模具浇注系统射入模具型腔，如图4.12（a）所示，此时螺杆不转动。当塑料熔体充满模具型腔后，螺杆对熔体仍保持一定压力（保压压力），以防熔料倒流，并向模具型腔补充因冷却收缩所需要的熔料，如图4.12（b）所示。经过一段时间保压后，活塞压力解除。成型的塑件在模内冷却硬化，接着，合模时螺杆开始转动，由料斗加入的塑料原料沿螺杆的螺旋槽向前方输送，在外加热器的加热和螺杆剪切摩擦热的作用下，塑料逐渐升温至熔融状态，并建立起一定的压力。当螺杆头部积存的熔体压力达到一定值时，螺杆在转动的同时后退，料筒前端的熔体逐渐增多，当达到规定注射量时，螺杆停止转动和后退，准备下一阶段的注射，此过程被称为预塑。

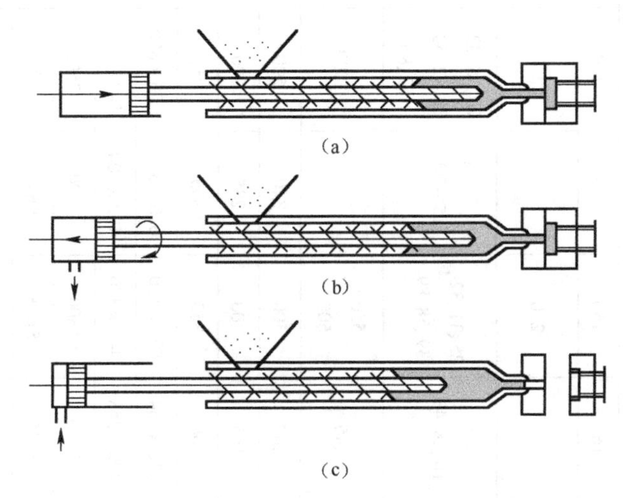

图4.12 螺杆式注射机注射成型原理图

4.3.3 注射机技术参数

表4.9是我国常用的注射机的规格和性能。注射机的主要参数包括注射量、注射压力、锁模力、与模具的配合连接尺寸等。

1. 注射量

注射量也称为公称注射量，它是指对空注射的条件下，注射螺杆或柱塞作一次最大注射行程时，注射装置所能达到的最大注射量。因聚苯乙烯塑料的密度是1.05 g/cm^3，近似于1 g/cm^3，因此规定柱塞式注射机的允许最大注射量是以一次注射聚苯乙烯的最大克数为标准的，而螺杆式注射机是以体积表示最大注射量的，与塑料的品种无关。

选择设备时，实际注射量应以注射机公称注射量的25%～70%为宜。

2. 注射压力

注射时为了克服塑料流经喷嘴、流道和型腔时的流动阻力，注射机螺杆（或柱塞）对塑料熔体必须施加足够的压力，此压力称为注射压力。注射压力的大小与流动阻力、塑件的形状、塑料的性能、塑化方式、塑化温度、模具温度及塑件的精度要求等要素有关。

表 4.9　常用注射机规格和性能

项目＼注射机型号	XS-ZS-22	XS-Z-30	XS-Z-60	XS-ZY-125	G54-S-200/400	XS-ZY-250	SZY-300	XS-ZY-500	XS-ZY-1000	SZY-2000	XS-ZY-3000
额定注射量/cm^3	30、20	30	60	125	200~400	250	320	500	1000	2000	3000
注射压力/MPa	75、117	119	122	120	109	130	77.5	145	121	90	90、115
注射行程/mm	130	130	170	115	160	160	150	200	260	280	340
注射时间/s	0.45 0.5	0.7	2.9	1.6		2.0		2.7	3.0	4.0	3.8
螺杆转速/(r/min)				29、43、56、69、83、101	16、28、48	25、31、32、39、58、89	15~90	20、25、32、38、42、50、63、80	21、27、35、40、45、50、65、83	0~47	20~100
最大成型面积/cm^2	90	90	130	320	645	550 500		1000	1800	2600	2520
最大开合模行程/mm	160	160	180	300	260	500	340	500	700	750	1120
模具最小厚度/mm	60	60	70	200	165	200	285	300	300	500	
模具最大厚度/mm	180	180	200	300	406	350	355	450	700	800	960、680、400
动、定模固定板尺寸/mm	250×280	250×280	330×440	428×458	532×634	598×520	620×520	700×850	900×1000	1180×1180	1350×1250
拉杆空间/mm	235×235	235×235	190×300	260×290	290×368	448×370	400×300	540×440	650×550	760×700	900×800
锁模力/kN	250	250	500	900	2540	1800	1500	3500	4500	6000	6300
喷嘴球头半径/mm				SR12	SR18	SR18	SR18	SR18	SR18		
定位圈尺寸/mm	ϕ63.5	ϕ63.5	ϕ55	ϕ100	ϕ125	ϕ125	ϕ180	ϕ150	ϕ150	ϕ198	
顶杆中心距/mm	70	170		230		280	280	530	350	720	
合模方式	液压机械	液压机械	液压机械	液压机械	液压机械	增压式	液压机械	液压机械	两次运作液压式	液压机械	充液式
顶出形式	两侧顶出	两侧顶出	中心顶出	两侧顶出	中心顶出	两侧顶出	两侧顶出	两侧顶出	两侧顶出	两侧顶出	

注射压力的选取很重要，注射压力过低，则塑料不易充满型腔；注射压力过高，塑件容易产生飞边，难以脱模，同时塑件易产生较大的应力。根据塑件的性能，选取注射压力时，大致可分为以下几类：

（1）注射压力小于 70 MPa，用于加工流动性好的塑料，且塑件形状简单，壁厚较大。

（2）注射压力为 70 ～ 100 MPa，用于加工塑件黏度较低，形状、精度要求一般的塑件。

（3）注射压力为 100 ～ 140 MPa，用于加工中、高黏度的塑件，且塑件的形状、精度要求一般。

（4）注射压力为 140 ～ 180 MPa，用于加工较高黏度的塑料，且塑件壁薄或不均匀、流程长、精度要求较高，对于一些精密塑件的注射成型，注射压力可用到 230 ～ 250 MPa。

3. 锁模力

当高压的塑料熔体充满模具型腔时，会产生使模具分型面胀开的力。为了夹紧模具，保证注射过程顺利进行，注射机合模机构必须有足够的锁模力，锁模力必须大于胀开力。用公式表示为：

$$F_z = p(nA + A_1) < F_p$$

式中，F_z 为塑件熔体在分型面的胀开力，N；p 为型腔压力，一般为注射压力的 80% 左右，通常取 20 ～ 40MPa；n 为型腔数量；A 为单个塑件在模具分型面上的投影面积，mm^2；A_1 为浇注系统在模具分型面上的投影面积，mm^2；F_p 为额定锁模力，N；

4. 与模具的配合、连接尺寸

选定设备时，必须考虑设备与模具之间有关配合及连接尺寸。这些尺寸包括：模板尺寸、模具的最大和最小厚度及模具最大合模行程等。

1）模板尺寸

图 4.13 为模具与模板及拉杆间距的尺寸关系。模板尺寸为 $L \times H$，拉杆间距 $L_0 \times H_0$。这两个尺寸参数表示了模具安装面积的大小，模具模板尺寸必须在注射机模板尺寸及拉杆间距尺寸规定范围之内，模板面积大约为注射机最大成型面积的 4 ～ 10 倍。

2）模具的最大、最小厚度

模具最大厚度 H_{max} 和最小厚度 H_{min} 是指注射机移动模板闭合后达到规定锁模力时，移动模板与固定模板之间所达到的最大和最小距离，这两者就是调模机构的调模行程，这两个基本尺寸对模具安装尺寸的设计十分重要。若模具实际厚度小于注射机模具的最小厚度，则必须设置模厚调整块，使模具厚度尺寸大于 H_{min}，否则就不能实现正常的合模；若模具实际厚度大于注射机模具最大厚度，则模具也不能正常合模，达不到规定的锁模力，一般模具厚度设定在 H_{max} 和 H_{min} 之间。

3）模具最大开合模行程

模具最大合模行程是指模具开启时，注射机移动模板与固定模板之间的最大距离，如图 4.14 所示。

$$L = S + H_{max}$$

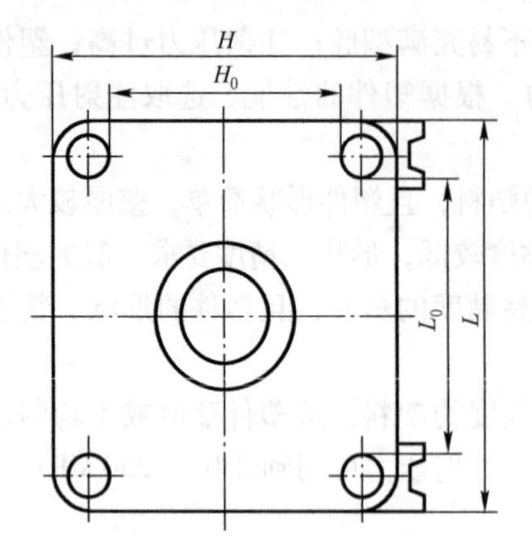

图 4.13　模具与模板及拉杆间距的尺寸关系

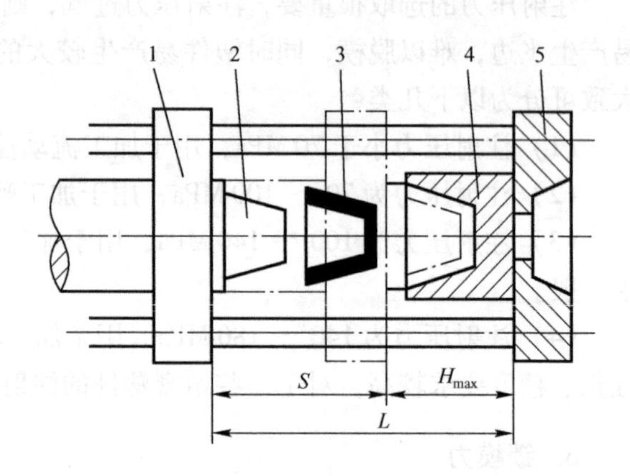

1－移动模板；2－动模；3－塑件；4－定模；5－固定模板

图 4.14　模板间的尺寸

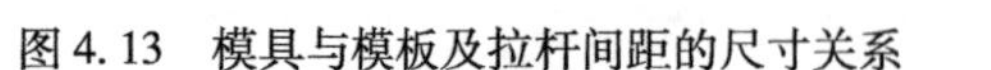

式中，L为模具最大开模行程，mm；S为移动模板行程，mm；H_{max}为模具最大厚度，mm。

为使塑件容易取出，一般最大开合模行程为塑件最大高度的3～4倍，移动模板的行程要大于塑件高度的2倍。

思考题4

1. 塑料包括哪两类？常用的热塑性塑料有哪些？
2. 什么是塑料的成型工艺特性？常用的塑料成型工艺特性包括哪些？对塑件成型的影响是怎样的？
3. 塑料的成型方法及塑料模的种类有哪些？
4. 如何确定塑件尺寸公差及偏差？塑件结构设计时应注意哪些问题？
5. 塑件上孔的种类有哪些？其成型的方法有哪些？
6. 简述螺杆式注射机的工作原理。注射机的技术参数包括哪些？

单元5 注射成型工艺及注射模

注射成型是塑料成型中很重要的一种方法，本单元将重点介绍注射成型原理及工艺特点、注射模的结构组成、分型面的选择、浇注系统的设计原则、成型零件的设计、注射模中机构的设计、注射模典型结构等内容。

教学导航

教	知识重点	1. 注射成型原理及工艺特点； 2. 注射模的结构组成； 3. 分型面的选择； 4. 浇注系统的设计原则； 5. 成型零件的设计； 6. 注射模中机构的设计； 7. 注射模典型结构
教	知识难点	1. 分型面的选择； 2. 浇注系统的设计原则； 3. 成型零件的设计； 4. 注射模中机构的设计
教	推荐教学方式	以任务为驱动，以项目为导向，在不同教学阶段根据所学内容安排学生实践，如专题大作业，采用“教、学、做”三结合的教学方式，教师在“做中教”，学生在“做中学”；以生产实例来加强学生对注射成型工艺的理解和应用
教	建议学时	14 学时
学	推荐学习方法	以实例为基础，学习塑性成型的工艺特性和结构工艺性，通过“学中做、做中学”来加深理解
学	必须掌握的理论知识	1. 注射成型原理及工艺特点； 2. 分型面的选择； 3. 浇注系统的设计原则； 4. 成型零件的设计； 5. 注射模中机构的设计
学	必须掌握的技能	掌握注射成型脱模技术、浇注系统的设计、成型零件的设计

5.1 注射成型原理及工艺特点

5.1.1 注射成型原理

注射成型又称注塑成型，是热塑性塑料成型的主要方法。注射成型原理如图5.1所示，将粒状或粉状的塑件加入到注射机的料斗中，在注射机内塑料受热熔融并使之保持流动状态，然后在一定压力下注入闭合的模具，经冷却定型后，熔融的塑料就固化成为所需要的塑件。

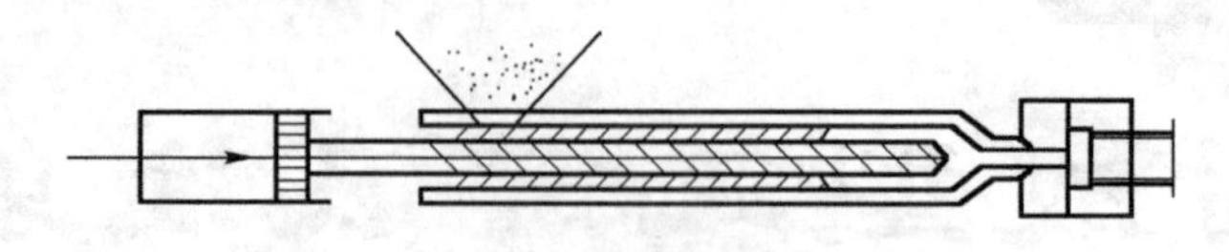

图5.1　注射成型原理

5.1.2 注射成型工艺流程

完整的注射成型工艺过程包括成型前的准备工作（预处理）、注射成型过程及塑件后处理。

1. 成型前的准备工作

为使注射过程能顺利进行并保证塑件的质量，在成型前需做一些必要的准备工作。成型前的准备工作包括：

（1）原料的预处理。它包括检验塑料原料的色泽、颗粒大小及均匀性等；测定塑料的熔体流动速率、流动性、热性能及收缩率等工艺性能；有些塑料容易吸湿，像聚碳酸酯、聚酰胺、聚砜等，还需要进行充分的干燥和预热。

（2）对注射机（主要是料筒）进行清洗和拆换。

（3）塑件带有金属嵌件时，由于金属嵌件与塑料的热性能和收缩率差别较大，在嵌件周围容易出现裂纹，成型前对金属嵌件进行预热，可以有效地防止嵌件周围过大的内应力，从而减少裂纹的产生。

（4）对脱模有一定困难的塑件，要选择合适的脱模剂。

2. 注射成型过程

以螺杆式注射机为例，注射成型的一般过程如下：将颗粒状或者粉状的塑料经注射机料斗加入到料筒内，料筒外部安装有电加热圈，加热使塑料原料塑化。转动螺杆通过其螺旋槽输送塑料原料向前移动，直至到达料筒前端的喷嘴附近；螺杆的转动使料温在剪切摩擦力的作用下进一步提高，原料进一步塑化。当料筒前端的塑料熔料集聚到一定的温度，对于螺杆产生一定的压力时，螺杆就在转动中后退，直到与调整好的行程开关相接触，此时料筒前部

熔融塑料的储量正好可以完成一次注射。接着，注射液压缸开始工作，与液压缸活塞相连接的螺杆以一定的速度和压力将熔融塑料通过料筒前端的喷嘴注入温度较低的闭合模具型腔中，保压一段时间，塑料经冷却固化后即可保持模具所赋予的形状，然后开模分型，在脱模机构的作用下，将塑件推出型腔，完成一个成型周期。

注射成型过程具体包括：加料、塑化、充模、保压、倒流、冷却和脱模等步骤。

(1) 加料：就是将粒状或粉状塑料加入到注射机的料斗中。注射是一个间歇过程，需要定量加料，以保证操作的稳定和塑料塑化的均匀。加料的主要问题是确定一次的加料量，也就是料筒中一次的注射量。一次加料量过多，塑料的受热时间过长，容易引起物料的热降解，同时注射机的功率损耗增多；加料过少，型腔中塑料熔体压力降低，难以补压，易引起塑件出现收缩、凹陷等缺陷。

(2) 塑化：加入的塑料在料筒中进行加热，使其由固体颗粒转变成熔融状态并具有良好的可塑性，这一过程称为塑化。生产工艺对塑化的要求是：塑料熔体在进入型腔之前，应达到规定的成型温度，并能在规定时间内提供足够数量的熔体，熔体各处温度应均匀一致，不发生或者极少发生分解，以保证生产的连续进行。

(3) 充模：塑化好的熔体被柱塞或螺杆推挤到料筒前端，经过喷嘴及模具浇注系统进入并充满型腔，这一阶段称为充模。

(4) 保压：熔体充满型腔后，开始冷却收缩，但螺杆（柱塞）继续保持施压状态，料筒内的熔料会向模具型腔内继续流入，以补充因收缩而留出的空隙，这一阶段称为保压。保压对于提高塑件的密度、降低收缩和克服表面缺陷都有影响。

(5) 倒流：保压结束后，柱塞和螺杆后退，型腔中压力解除，这时型腔中的熔料压力比浇口前方高，如果浇口尚未冻结，型腔中的熔料就会通过浇口流向浇注系统，这一过程称为倒流。倒流使塑件产生收缩、变形及质地疏松等缺陷。如果保压结束时浇口已经冻结或者在喷嘴中装有止逆阀，倒流现象就不会出现。

(6) 冷却：塑件在模内的冷却过程是指从浇口处的塑料熔体完全冻结时起到塑件将从模腔内推出为止的全部过程。这一阶段，型腔内塑料继续冷却，以便塑件在脱模时具有足够的刚度而不致发生扭曲变形。实际上冷却过程从塑料注入型腔起就开始，它包括从充模完成、保压开始到脱模前的这一段时间。

(7) 脱模：塑件冷却到一定的温度即可开模，在推出机构的作用下将塑件推出模外。

3. 塑件后处理

为了减小塑件的内应力，改善和提高塑件的性能和尺寸稳定性，塑件经脱模或机械加工后，常需要适当的后处理。塑件后处理包括退火和调湿处理。

(1) 退火处理：退火处理是指将塑件在定温的加热液体介质（如热水、热的矿物油、甘油、乙二醇和液体石蜡等）或热空气循环烘箱中静置一段时间，然后缓慢冷却。其目的是减少塑件内部产生的内应力，这在生产厚壁或带有金属嵌件的塑件时更为重要。

(2) 调湿处理：调湿处理是指将刚脱模的塑件放在热水中，隔绝空气，防止塑件的氧化，加快吸湿平衡速度。其目的是使塑件的颜色、性能以及尺寸稳定。通常聚酰胺类塑件需进行调湿处理。

5.1.3 注射成型工艺条件

注射成型工艺条件的选择和控制是保证成型顺利进行、保证塑件质量的关键因素之一，其工艺条件主要是指成型时的温度、压力以及作用时间。

1. 温度

注射成型过程需控制的温度有料筒温度、喷嘴温度和模具温度等。前两种温度主要影响塑件的塑化和流动，模具温度主要影响塑件的流动和冷却。

（1）料筒温度：料筒温度是决定塑料塑化的主要依据。料筒温度低，塑化不充分，料筒温度过高，塑料可能会发生分解。

料筒温度的选择主要与塑料的品种、特性有关，还与注射机的类型和塑件及模具结构相关。每种塑料都有黏流温度（T_f）或熔点温度（T_m）。对于非结晶型塑料来说，料筒温度要高于黏流温度 T_f，结晶型塑料要高于熔点温度 T_m，但都必须低于热分解温度 T_d，因此料筒合适的温度范围在 $T_f(T_m) \sim T_d$ 之间。

（2）喷嘴温度：喷嘴温度通常稍低于料筒的最高温度，否则，熔料容易在喷嘴处产生“流涎”现象，塑件容易热分解。但喷嘴温度也不能太低，否则熔料可能发生早凝而堵死喷嘴，或由于早凝凝料进入型腔影响塑件的性能。

料筒和喷嘴温度的选择与其他工艺条件有一定关系。由于影响因素多，一般在成型前通过“对空注射法”或“塑件的直观分析法”来进行调整，以便确定最佳的料筒和喷嘴的温度。

（3）模具温度：模具温度对塑件熔体的充型能力及塑件的内在性能和外观质量影响很大。模具温度高，塑件熔体的流动性就好，塑件的密度和结晶度就高，但塑件的收缩率和塑件脱模后的翘曲变形会增加，塑件的冷却时间会变长，生产率下降。

模具温度的选择与塑件结晶度的有无、塑件的尺寸和结构、性能要求以及其他工艺条件（熔料温度、注射温度、注射压力、成型周期）等有关。

在满足注射要求的前提下，应采用尽可能低的模具温度，以加快冷却速度，缩短冷却时间，提高生产效率。

2. 压力

注射成型过程中的压力包括塑化压力和注射压力两种，它们直接影响塑料的塑化和塑件质量。

（1）塑化压力。塑化压力又称背压，是指采用螺杆式注射机时，螺杆头部熔料在螺杆转动后退时所受到的压力。一般操作中，塑化压力应在保证塑件质量的前提下越低越好，其具体数值随所用塑料的品种而异，但一般不超过 20 MPa。塑化压力可以通过液压系统的液压阀来调节。

（2）注射压力。注射压力是指注射时，注射机柱塞或螺杆头部对塑件熔体所施加的压力。其大小取决于注射机的类型、模具结构、塑料品种、塑件壁厚等。可以通过注射机的控制系统来调节。在实际生产中，通常是通过实验确定注射压力的大小。注射压力的作用是：

克服塑料熔体从料筒流向型腔的流动阻力，给予熔体一定的冲模速率，以便充满型腔以及对模具内熔料进行压实。

3. 时间（成型周期）

完成一次注射成型过程所需的时间称为成型周期。成型周期按其在成型过程中的作用分为成型时间和辅助时间两大部分。它包括以下各部分：

成型周期
- 注射时间
  - 冲模时间（柱塞或螺杆前进时间）
  - 保压时间（柱塞或螺杆停留在前进位置的时间）
- 模内冷却时间（柱塞后撤或螺杆转动后退的时间均在其中）
- 其他时间（指开模、脱模、喷涂脱模剂、安放嵌件和合模时间）

成型周期直接影响劳动生产率和设备利用率。生产中在保证质量的前提下，尽量缩短成型周期中各个相关时间。

5.1.4　注射成型的特点及应用

注射成型是热塑性塑料成型的一种主要方法。它能一次成型形状复杂、尺寸精确、带有金属或非金属嵌件的塑件。注射成型的成型周期短、生产效率高、易实现自动化生产。到目前为止，除氟塑料以外，几乎所有的热塑性塑料都可以用注射成型的方法成型，一些流动性好的热固性塑料也可以用注射方法成型。

注射成型的缺点是所用的注射设备价格较高，注射模具的结构复杂，生产成本高，不适合于单件小批量塑件的生产。

5.2　注射模的分类及结构组成

5.2.1　注射模具的分类

注射模具的种类很多，生产中常按其结构特征来分，可以分为：单分型面注射模具（两版式）、双分型面注射模具（三版式）、侧向分型与抽芯注射模具、带活动镶件的注射模具、定模带推出装置的注射模具和自动卸螺纹注射模具等。

此外，根据模具型腔的数量可分为：单型腔注射模具和多型腔注射模具；根据生产的塑料材料可分为：热塑性塑料注射模具和热固性塑料注射模具；根据注射机类型可分为：立式注射机用注射模具、卧式注射机用注射模具、角式注射机用注射模具；根据浇注系统可分为：普通流道注射模具和热流道注射模具；根据模具的安装形式分为：移动式注射模具和固定式注射模具。

5.2.2　注射模具的结构组成

尽管注射模具的种类很多，其结构和复杂程度各不相同，但其基本结构都是由定模和动

模两部分组成。其中定模安装在注射机的固定模上，动模安装在注射机的移动模板上，由注射机的移动机构带动完成开合模及塑件的推出。

按模具上各个部分的功能和作用来分，注射模具一般由以下几个部分组成，如图5.2所示。

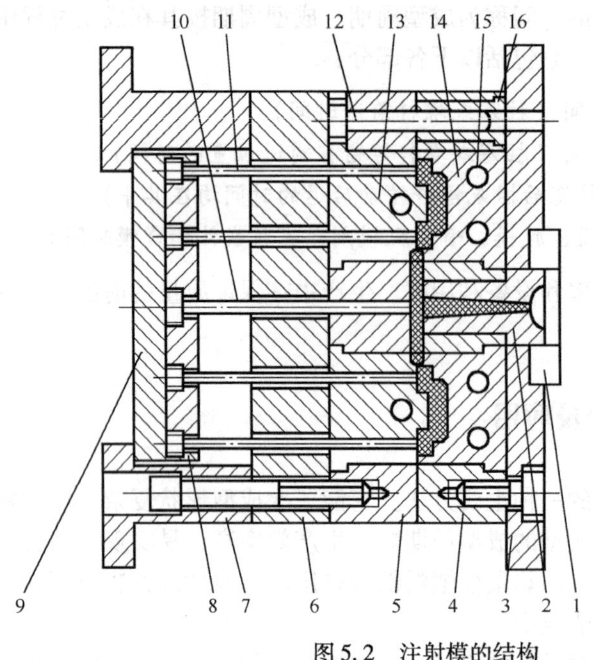

1—定位圈；
2—浇口套；
3—定模座板；
4—定模固定板；
5—动模固定板；
6—动模垫板；
7—支撑板；
8—推件固定板；
9—推板；
10—拉料杆；
11—推杆；
12—导柱；
13—凸模；
14—定模板；
15—冷却水道；
16—导套

图5.2　注射模的结构

（1）成型零部件。成型零部件是指组成模具型腔直接形成塑件的零件，如成型塑件内表面的凸模型芯和成型塑件外表面的凹模以及各种成型杆、镶件等。图5.2所示的模具中凸模13、定模板14等都是成型零部件。

（2）合模导向机构。合模导向机构是指保证动、定模合模时正确对合，保证塑件形状和尺寸的设计要求，并避免模具其他零部件发生碰撞和干涉的部分。常用的合模导向机构是导柱导套机构，如图5.2中导柱12和导套16。

（3）浇注系统。浇注系统是指模具中由注射机喷嘴到型腔之间的进料通道。一般说来，它由主流道、分流道、浇口和冷料穴等组成，它直接影响到塑件能否成型及塑件质量的好坏。

（4）侧向分型与抽芯机构。当塑件的侧向有凸凹形状或孔时，在塑件推出之前，必须先把成型侧向凸凹形状的型芯或瓣合模块从塑件上脱开或抽出，塑件方能顺利脱模，合模时，又需将其复位。侧向分型与抽芯机构就是为实现这一功能而设置的（详见5.6.3）。

（5）推出机构。推出机构是将塑件从模具中推出的机构，又称脱模机构。一般情况下，推出机构由推杆、推杆固定板、推板、主流道拉料杆等组成。图5.2中的推出机构包括推件固定板8、推板9、拉料杆10、推杆11等。

（6）温度调节系统。注射模具中，为了满足注射成型工艺要求，有时还需设置加热和冷却系统，其作用是保证塑料熔体的顺利充型和塑件的固化定型，其常用的加热方法是在模具的内部或四周安装加热元件；冷却系统则是在模具上开设冷却水道，如图5.2所示中15。

（7）支撑部件。它包括各种支撑块（垫块）、支撑板（垫板）以及动模座板、定模座板

等，如图5.2中3、6、7等。它们与导向机构构成注射模具的基本骨架。

此外，为了将型腔中的空气及注射成型过程中塑料本身挥发出来的气体排出模外，常常需要开设排气系统。其常用的方法是在分型面上有目的地开设排气槽，小型模具由于排气量小，通常可直接利用推杆或活动型芯与模具之间的配合间隙和分型面直接排气。

5.3 分型面

模具上用于取出塑件和浇注系统凝料的可分离的接触表面称为分型面。分型面是决定模具结构形式的重要因素，并且直接影响着塑料熔体的流动、填充性能及塑件的脱模。注射模有单个分型面和多个分型面之分。

5.3.1 分型面的形状

分型面的形状有：平直分型面、倾斜分型面、阶梯分型面、曲面分型面及瓣合分型面等，如图5.3所示。其中平直分型面结构简单，加工方便，经常采用。

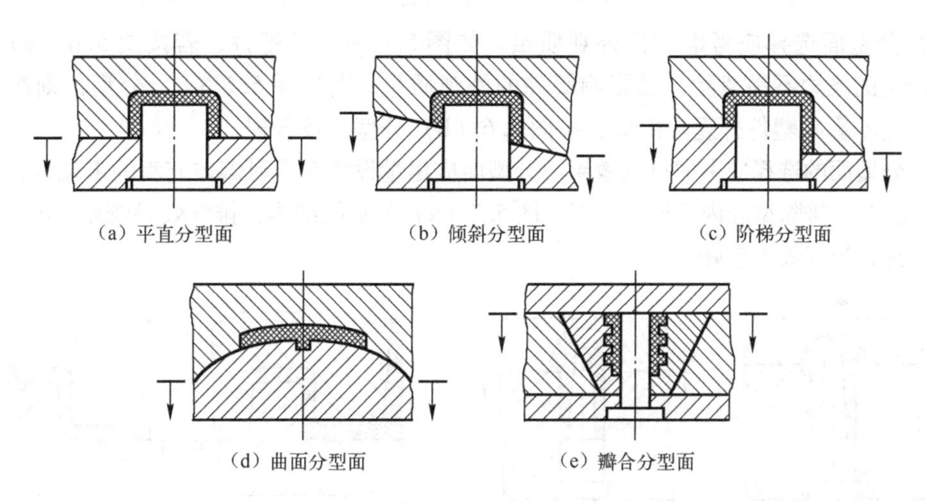

图5.3 分型面的形式

分型面在模具中的表示方法如下：模具分开时，若分型面两边的模板均移动，用“◂|▸”表示；若其中一方不动，另一方移动，用“|▸”表示，箭头指向移动的方向；当有多个分型面时，应按先后次序标出“A”、“B”、“C”或“Ⅰ”、“Ⅱ”、“Ⅲ”等。

5.3.2 分型面的选择

分型面的选择是个比较复杂的问题，影响分型面的因素比较多。选择分型面一般应遵循以下原则：

(1) 分型面选择应保证塑件能顺利取出。分型面应设置在塑件外形最大轮廓处，即选在塑件的截面积最大处，否则，塑件将无法取出。

(2) 分型面选择应方便塑件顺利脱模。一般推出机构均设置在动模一侧，所有分型面的

选择应尽可能使塑件停留在动模。如图5.4所示的塑件，若按图5.4（a）分型，塑件收缩后包在定模型芯上，分型后塑件留在定模内，这样应该在定模侧设置推出机构，从而增加了模具的复杂程度；若按图5.4（b）分型，塑件则留在动模一侧。一般来说，当塑件有小孔或有嵌件时，为了保证塑件停留在动模，型腔应设置在动模一侧。

（3）分型面选择应保证塑件的精度要求。图5.5（a）所示为一双联齿轮，若按图5.5（a）所示设置分型面，两部分齿轮分别在动定模内成型，则受合模精度影响会导致齿轮的同轴度误差增大；若按图5.5（b）所示分型则能有效提高其同轴度。

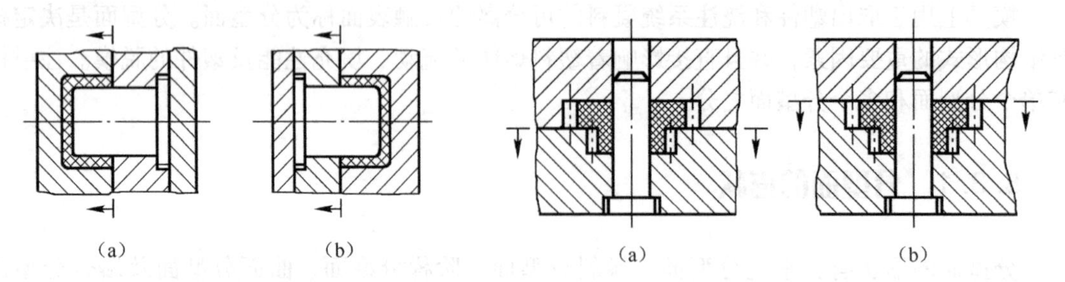

图5.4　分型面对脱模的影响

图5.5　分型面对塑件精度的影响

（4）分型面选择应考虑塑件外观质量。如图5.6所示的塑件，若按图5.6（a）分型，分型面产生的飞边不易清除，且影响塑件的外观质量；若按图5.6（b）分型，则产生的飞边易清除且不影响塑件外观。因此，按图5.6（b）分型比较合理。

（5）分型面的选择应考虑排气效果。分型面应尽量设置在塑料熔体充满的末端处，这样分型面就可以有效排除型腔内积聚的空气。图5.7（a）所示的结构，排气效果较差；图5.7（b）所示的结构，排气效果较好。

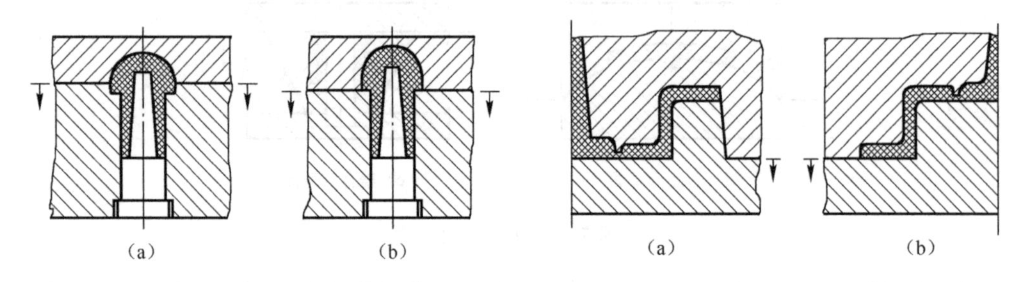

图5.6　分型面对外观质量的影响

图5.7　分型面对排气效果的影响

（6）分型面的选择要考虑模具加工制造的方便。图5.8（a）虽为平直分型面，较好，但是其模具加工制造困难，如按图（b）分型，则有利于模具的制造。

（7）分型面的选择应考虑成型面积的影响。如图5.9所示，塑件在分型面上投影面积越大，所需的锁模力越大，设备也越大。所以，应尽量使塑件在分型面上的投影面积小。因此，图5.9（b）比较好。

（8）分型面的选择应有利于抽芯。当塑件有侧向抽芯机构时，应将较深的凹孔或较高的凸台放置在开模方向。如图5.10所示，图5.10（a）开模距大于图5.10（b），所以图5.10（b）较好。

除此之外，分型面选择时还要考虑锁模力的方向和锁模的可靠性等。总之，影响分型面的因素很多，设计时在保证塑件质量的前提下，应使模具的结构越简单越好。

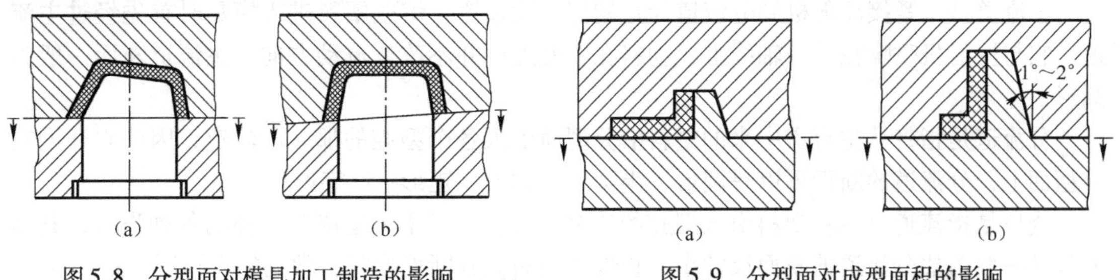

图5.8　分型面对模具加工制造的影响　　图5.9　分型面对成型面积的影响

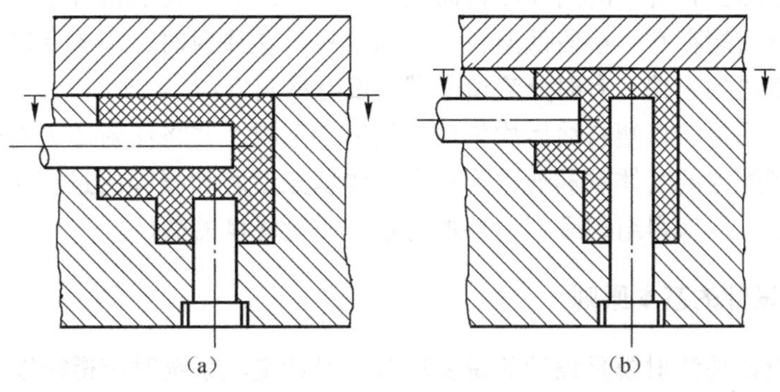

图5.10　分型面对侧向抽芯的影响

5.4　浇注系统

5.4.1　浇注系统的组成和设计原则

1. 浇注系统的组成

浇注系统是指模具中由注射机喷嘴到型腔之间的进料通道。其设计的好坏直接影响到塑件的质量及成型效率。

普通的浇注系统一般由主流道、分流道、浇口和冷料穴四部分组成。如图5.11所示为一常见的注射模具浇注系统。

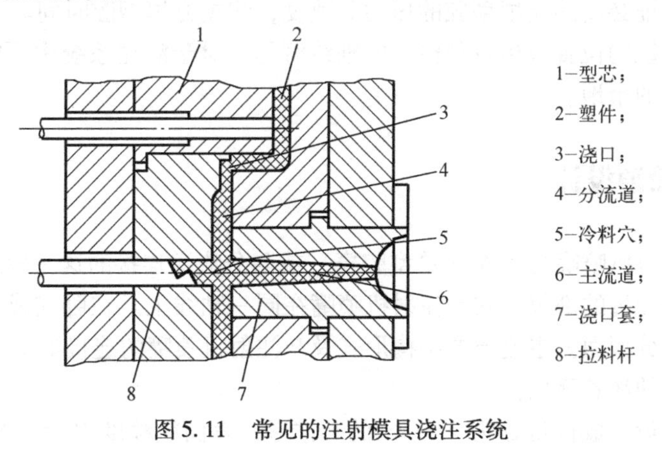

图5.11　常见的注射模具浇注系统

主流道是指紧接注射机到分流道为止的那一段通道，熔融塑料进入模具时首先经过主流道，它与注射机喷嘴在同一轴线上，物料在主流道中并不改变流动方向，主流道断面一般为圆形。

分流道是指将从主流道中来的塑料沿分型面引入各个型腔的那一段流道，因此它开设在分型面上，分流道的断面可以呈圆形、半圆形、梯形、矩形、U字形等。

浇口是指流道末端将塑料引入型腔的狭窄部分，除了主流道浇口以外的各种浇口，其断面尺寸一般都比分流道的断面尺寸小，长度也很短。其断面形状，常见的有圆形、矩形等。

冷料穴是为了除去料流中的前锋冷料而设置的。在注射过程的循环中，由于喷嘴与低温模具接触，使喷嘴前端存有一小段低温料，常称冷料。在注射时，冷料在料流最前端。冷料穴一般设置在主流道的末端，有时分流道末端也设有冷料穴。

浇注系统的作用是：将塑料熔体均匀地送到每个型腔，并将注射压力有效地传送到型腔的各个部位；使型腔内的气体顺利地排除；在熔体填充型腔和凝固的过程中，能充分地把压力传到型腔各部位，以获得组织致密、外形清晰、质量优良的塑件。

2. 浇注系统设计的基本原则

浇注系统的设计是注射模具设计的重要环节。设计浇注系统时应遵循以下原则：

（1）充分了解塑件的工艺特性，分析浇注系统对塑件熔体流动的影响，以及在充填、保压、补缩和倒流各阶段中，型腔内塑料的温度、压力变化情况，以便设计出适合塑件工艺特性的理想浇注系统。

（2）应根据塑件制品的结构形状、尺寸、壁厚和技术要求，确定浇注系统的结构形式、浇口的数量和位置。对此，必须注意如下问题：

① 熔体流动方向应避免冲击细小型芯和嵌件，以防止型芯和嵌件变形和位移。

② 当大型塑料制品需要采用多浇口进料时，应考虑由于浇口收缩等原因引起的制品变形问题，采取必要措施防止或消除。

③ 当对塑料制品外部有美观要求时，浇口不应开设在对外部有严重影响的表面上，而应设在次要隐蔽处，并做到浇口的去除和修整方便。

④ 浇注系统应能引导熔体顺利而平稳地充满型腔的各个角落，使型腔内的气体顺利排除。

⑤ 在保证型腔良好排气和塑件质量的前提下，尽量减小熔体流程和弯曲，以减少熔体压力和热量损失，保证必要的充填型腔的压力和速度，缩短充填型腔时间。

另外，浇注系统的位置应尽量与模具的轴线对称，对于浇注系统中可能产生质量问题的部位，应备有修正的余地。

5.4.2 主流道设计

主流道是指注射机喷嘴与型腔（单型腔模）或与分流道连接的这一段进料通道，是塑料熔体进入模具最先经过的部位，它与注射机喷嘴在同一轴线上。在卧式或立式注射机用模具中，主流道垂直于分型面。主流道的结构形式及与注射机喷嘴的连接如图5.12所示。

设计主流道时的注意事项：

（1）主流道需设计成锥角 α 为 $2°\sim6°$ 的圆锥形，表面粗糙度 $Ra\leqslant0.8\ \mu m$，以便于浇注

系统凝料从其中顺利拔出。主流道衬套内壁抛光应沿轴向，若沿圆周进行抛光，产生侧向凹凸面，主流道凝料便难以顺利拔出。

(2) 由于主流道要与高温塑料和喷嘴反复接触和碰撞，所以主流道部分常设计在可拆卸的主流道衬套（俗称浇口套）内，衬套一般选用碳素工具钢如T8A、T10A等，热处理要求53～57 HRC，衬套与定模板的配合可采用H7/m6。

(3) 主流道的尺寸直接影响塑料熔体的流动速度和冲模时间，甚至塑件的内在质量。因此，主流道与注射机喷嘴的对接处应设计成半球形凹坑，其半径 $SR = SR_1 + (1 \sim 2)\text{mm}$，其小端直径 $d = d_1 + (0.5 \sim 1)\text{mm}$，如图5.12所示。

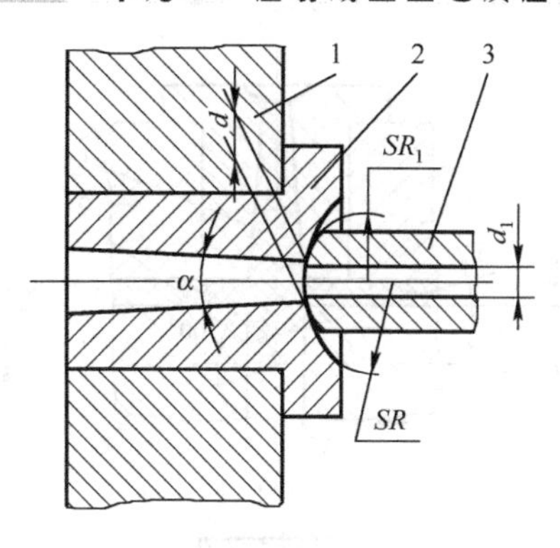

1－定模板；2－主流道衬套；3－注射机喷嘴

图5.12　主流道形状及与注射机喷嘴的关系

(4) 为便于模具安装时与注射机的对中，模具上应设有定位圈。小型模具可将主流道衬套与定位圈设计成整体式，如图5.13（a）所示；在大多数情况下，主流道衬套和定位圈分开设计，然后配合固定在模板上，如图5.13（b）、（c）所示。

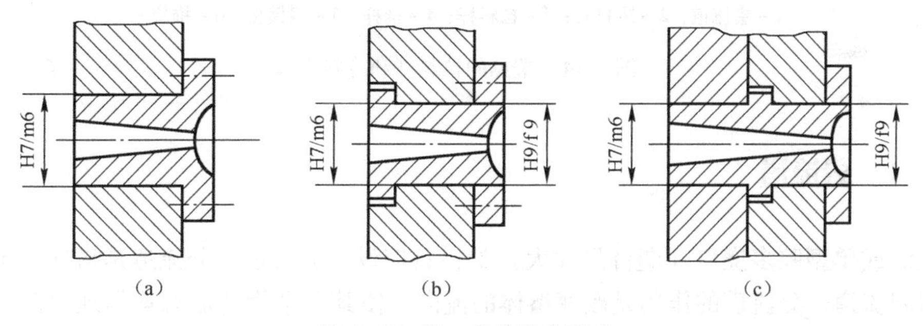

图5.13　浇口套的固定形式

5.4.3　冷料穴

在主流道末端一般应设置冷料穴。冷料穴的作用是为了防止冷料进入浇注系统和型腔，影响塑件性能。冷料穴底部应设置拉料杆，以便开模时将主流道凝料从主流道衬套中拉出。

常见的冷料穴结构如图5.14所示。图5.14（a）是Z形拉料杆的冷料穴，开模时主流道凝料被拉料杆拉出，推出后常常需要人工取出而不能自动脱落，其应用较普遍，但当塑件被推出后无法作侧向移动时不能采用；图5.14（b）、（c）是图5.14（a）的两种变异形式。图5.14（b)是靠带倒锥形的冷料井拉出主流道凝料的形式；图5.14（c）是环型槽代替了倒锥形用来拉出主流道凝料的形式。图5.14（a)、(b)、(c）三种形式的冷料穴，其拉料杆或推杆是固定在推杆固定板上的；图5.14（d）是带球形头拉料杆的冷料穴，它一般用于脱模版唾沫的注射模中；图5.14（e)、(f）是图5.11（d）的两种变异形式。其中，图5.14（e）是带菌形拉料杆的冷料穴，图5.14（f）是带有分流锥形式拉料杆的冷料穴。图5.14（d)、(e)、(f）三种形式的冷料穴，其拉料杆固定在动模板上。

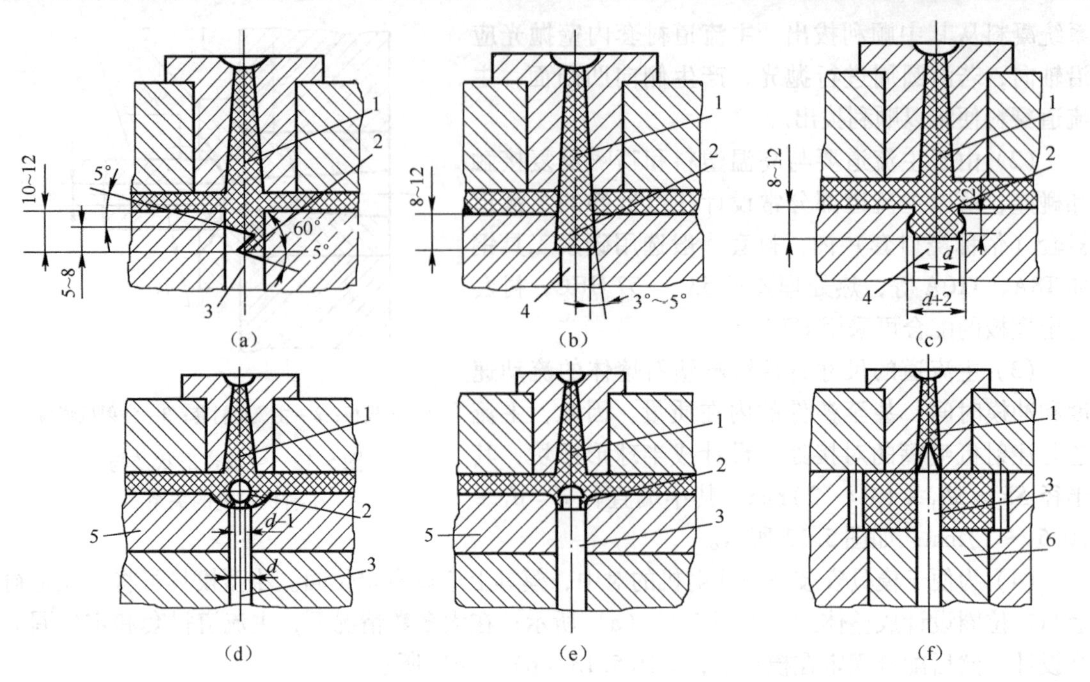

1－主流道；2－冷料穴；3－拉料杆；4－推杆；5－脱模板；6－推块

图5.14　常见的拉料杆和冷料穴

5.4.4　分流道

多型腔或单型腔多浇口（塑件尺寸大）的模具应设置分流道。分流道是指连接主流道和浇口的进料流道。分流道的作用是改变熔体的流向，使其以平稳的流态均衡地分配到各个型腔。分流道设计时要求塑料熔体在流动时，热量和压力损失小，同时使流道中的塑料量最小。为便于分流道的加工和凝料脱模，分流道大都设置在分型面上。

1. 分流道的截面形状与尺寸

分流道开设在动定模分型面的两侧或任意一侧，其截面形状应尽量使其比表面积（流道表面积与其体积之比）小，在温度较高的塑料熔体和温度相对较低的模具之间提供较小的接触面积，以减少热量损失。常用的分流道的截面形状为圆形、梯形、U形、半圆形及矩形等，如图5.15所示。圆形和正方形流道截面的比表面积（流道表面积与体积之比）最小，流道的效率最高，但加工困难且正方形截面流道不易脱模，所以在实际生产中常用梯形、U形及半圆形截面。

梯形截面的分流道的截面尺寸：$H=(2/3)D$；$\alpha=5°\sim10°$；$D=4\sim12\text{mm}$。

U形截面的分流道的截面尺寸：$H=1.25R$；$R=0.5D$；$\alpha=5°\sim10°$。

2. 分流道在分型面上的布置形式

分流道在分型面上的布置形式与型腔在分型面上的布置形式密切相关。如果型腔呈圆形

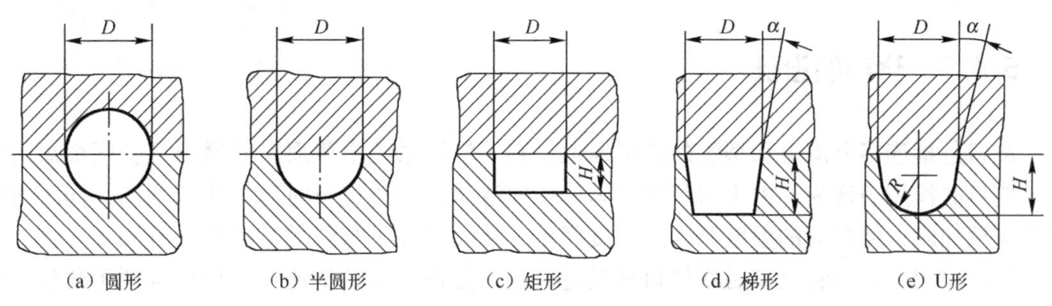

图5.15　分流道的截面形状

分布，则分流道呈辐射状布置；如果型腔呈矩形形状分布，则分流道一般采用“非”字状布置。虽然分流道有多种不同的布置形式，但应遵循两个原则：首先，排列应尽量紧凑，缩小模板尺寸；其次，流程尽量短，对称布置，使胀模力的中心与注射机锁模力的中心一致。

分流道的布置有平衡式和非平衡式两种。

平衡式布置指分流道到各型腔浇口的长度、截面形状、尺寸相同，如图5.16所示。这种布置形式的优点是可实现均衡送料和同时充满各型腔，使各型腔的塑件力学性能基本一致，但是这种形式分流道比较长。

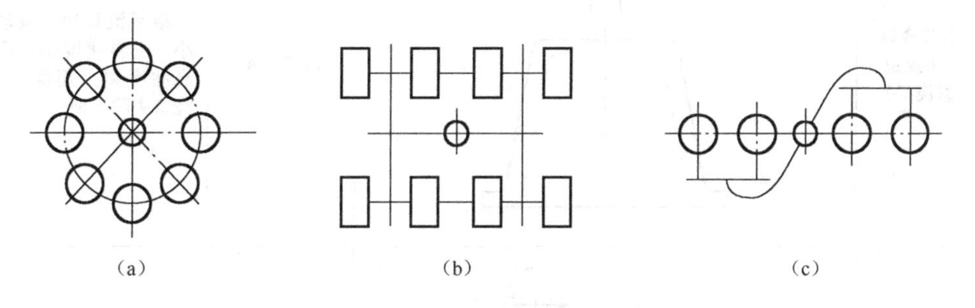

图5.16　分流道的平衡布置示意图

非平衡式布置是指分流道到各型腔浇口的长度不相等的布置形式，如图5.17所示。这种布置形式在型腔较多时，可缩短流道的总长度，但为了实现各个型腔同时充满的要求，必须将浇口开成不同的尺寸。有时往往需要多次修改，才能达到目的。所以，要求特别高的塑件不宜采用非平衡式布置。

分流道的表面不必要求很光，表面粗糙度 Ra 一般在1.25 μm即可。当分流道较长时，在分流道的末端也应开设冷料穴，以容纳注射开始时产生的冷料，保证塑件的质量。

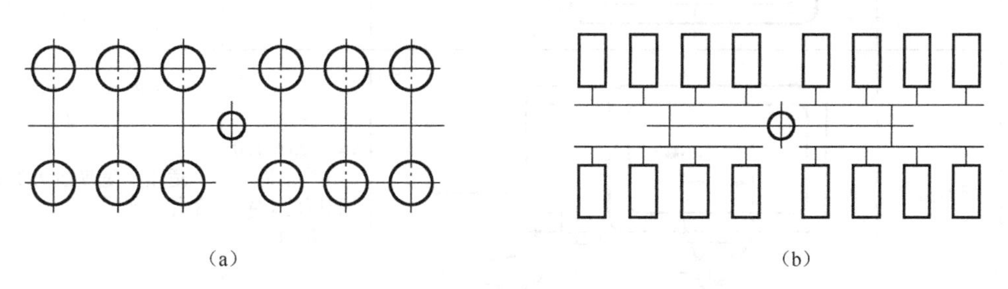

图5.17　分流道的非平衡布置示意图

5.4.5 浇口的设计

浇口是指连接分流道和型腔的进料通道，它是浇注系统中截面尺寸最小且长度最短的部分。浇口的作用表现为：由于塑料熔体为非牛顿液体，通过浇口时剪切速率增高，同时熔体的内摩擦加剧，使料流的温度升高、黏度降低，从而提高了塑料的流动性，有利于充型；同时在注射过程中，塑料充型后在浇口处及时凝固，防止熔体的倒流；成型后也便于塑件与整个浇注系统的分离。但是浇口的尺寸过小会使压力损失增大，冷凝加快，补缩困难。

浇口的设计是十分重要的，实际使用时，浇口的尺寸常常需要通过试模，按成型情况酌情修正。

浇口的形式很多，尺寸也各不相同，常见的浇口形式及特点见表5.1。

表5.1 浇口的形式及特点

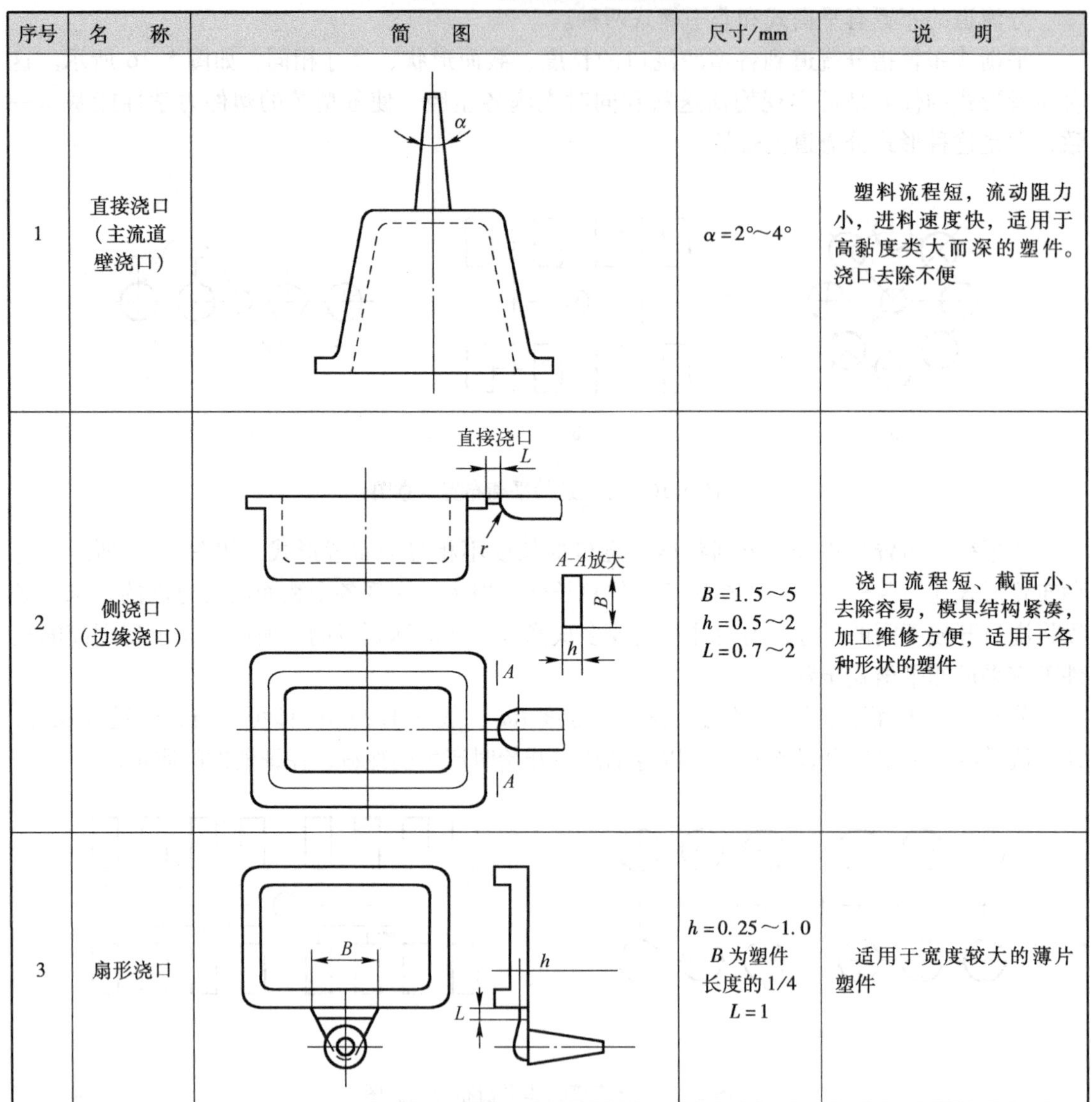

序号	名　称	简　图	尺寸/mm	说　明
1	直接浇口（主流道壁浇口）	α	$\alpha=2°\sim4°$	塑料流程短，流动阻力小，进料速度快，适用于高黏度类大而深的塑件。浇口去除不便
2	侧浇口（边缘浇口）	直接浇口 L r A-A放大 B h A A	$B=1.5\sim5$ $h=0.5\sim2$ $L=0.7\sim2$	浇口流程短、截面小、去除容易，模具结构紧凑，加工维修方便，适用于各种形状的塑件
3	扇形浇口	B h L	$h=0.25\sim1.0$ B为塑件长度的1/4 $L=1$	适用于宽度较大的薄片塑件

续表

序号	名　称	简　图	尺寸/mm	说　明
4	平缝式浇口		h=0.20～1.5 B为型腔长度的1/4至全长 L=1.2～1.5	适用于大面积扁平塑件
5	环形浇口		h=0.25～1.6 L=0.8～1.8	适用于圆筒形或中间带孔的塑件
6	轮辐式浇口		h=0.5～1.5 宽视塑件大小而定 L=1～2	浇口去除方便，适用范围同环形浇口，但塑件留有熔接痕
7	点浇口（橄榄形、菱形浇口）		d=0.5～1.5 L=1.0～1.5 α=6°～15° β=60°～90°	截面小，塑件剪切速率高，开模时浇口可自动拉断，适用于盒形及壳体类塑件
8	潜伏式浇口（隧道式）		α=30°～45° β=5°～20° L=2～3	属点浇口的变异形式，容易脱模，塑件表面不留痕迹，模具结构简单

浇口设计很重要的一个方面是位置的设计，浇口位置选择不当会使塑件产生变形、熔接痕、凹陷、裂纹等缺陷。一般来说，浇口位置选择应遵循以下原则：

（1）浇口位置的设置应使塑料熔体填充型腔的流程最短、料流变向最少。如图5.18（a）所示的浇口位置，塑料流动距离长，曲折较多，能量损失大，因而充型条件差，改用图5.18（b）、（c）所示的浇口形式与位置，就能很好地弥补上述缺陷。

对于大型塑件，一般要进行流动比校核。流动比是指熔体在模具中流动通道的最大流动长度与其厚度之比，流动比按式（5.1）计算：

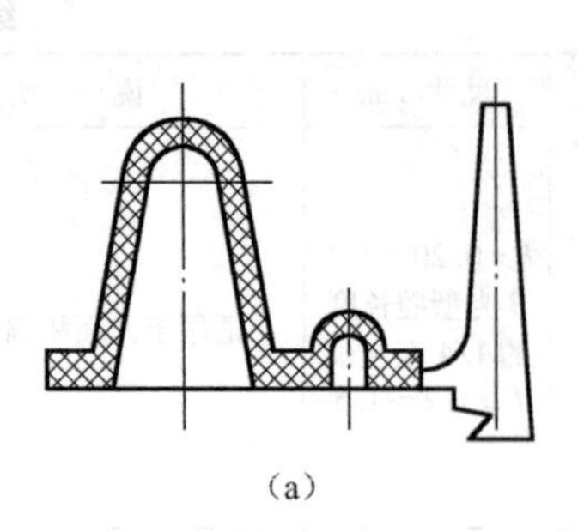
(a)

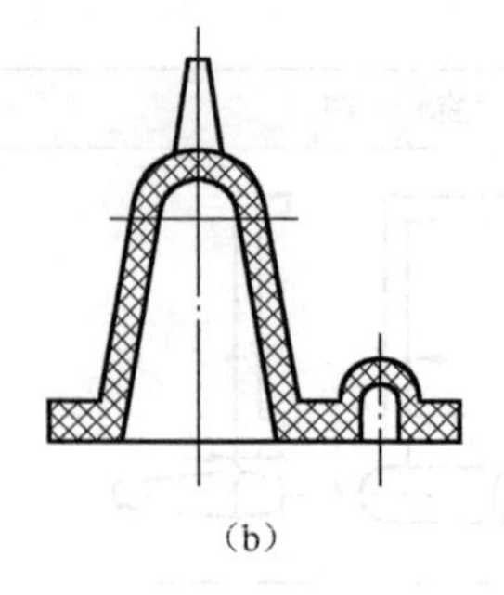
(b)

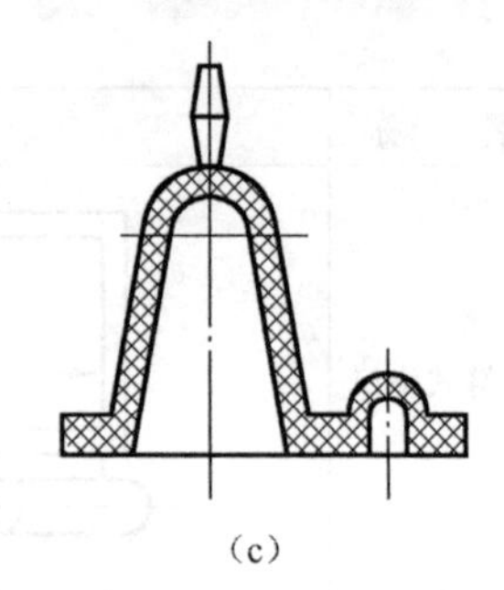
(c)

图5.18 浇口位置填充的影响

$$流动比 = \sum_{i=1}^{n} \frac{L_i}{t_i} \tag{5.1}$$

式中，L_i 为各段流道的流程长度，mm；t_i 为各段流道的厚度或直径，mm。

若流动比超过允许值时会出现充型不足，这时应调整浇口位置或增加浇口数量。表5.2是几种常用塑料的极限流动比，供设计模具时参考。

表5.2 常用塑料的极限流动比

塑料名称	注射压力/MPa	流动比 L/t	塑料名称	注射压力/MPa	流动比 L/t
聚乙烯	150	280～250	硬聚氯乙烯	130	170～130
	60	140～100		90	140～100
聚丙烯	120	280		70	110～70
	70	240～200	软聚氯乙烯	90	280～200
聚苯乙烯	90	300～280		70	240～160
聚酰胺	90	360～200	聚碳酸酯	130	180～120
聚甲醛	100	210～110		90	130～90

（2）浇口位置的设置应有利于排气和补缩。如图5.19所示的塑件，图5.19（a）采用侧浇口，在成型时顶部会形成封闭气囊（图中 *A* 处），在塑件顶部常留下明显的熔接痕；图5.19（b）采用点浇口，有利于排气，塑件质量较好。

图5.20所示塑件壁厚相差较大，图5.20（a）将浇口开在薄壁处不合理；图5.20（b）将浇口设在厚壁处，有利于补缩，可避免缩孔、凹痕产生。

（3）浇口位置的选择要避免塑件变形。如图5.21（a）所示平板形塑料件，只用一个中心浇口，塑件会因为内应力较大而翘曲变形；而图5.21（b）采用多个点浇口，就可以克服翘曲变形缺陷。

（4）浇口位置的设置应减少或避免产生熔接痕、提高熔接痕的强度。熔接痕是充型时前端较冷的料流在型腔中的对接部位，它的存在会降低塑件的强度。如图5.22所示塑件，如果采用图5.22（a）的形式，浇口数量多，产生的熔接痕就多；采用图5.22（b）所示的形式可以减少熔接痕的数量。

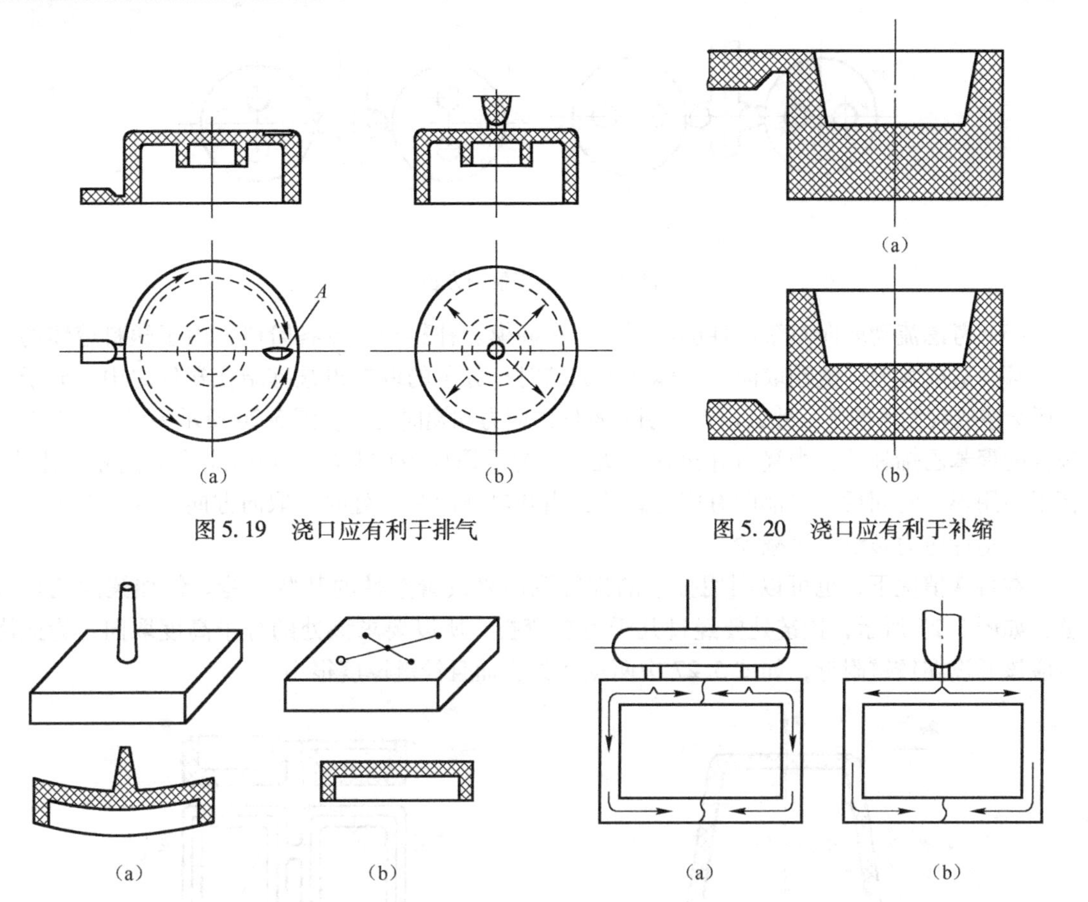

图 5.19 浇口应有利于排气

图 5.20 浇口应有利于补缩

图 5.21 浇口要避免塑件变形

图 5.22 浇口位置对熔接痕数量的影响

对于大型框形塑件如图 5.23 所示，图 5.23（a）的浇口位置使料流的流程过长，熔接处料温过低，熔接痕处强度低；此时可增加过渡浇口，如图 5.23（b）所示，使料流的流程缩短，熔接痕处强度提高。为提高熔接痕处强度，也可在熔接痕处增设溢流槽，使冷料进入溢流槽，如图 5.24 所示。

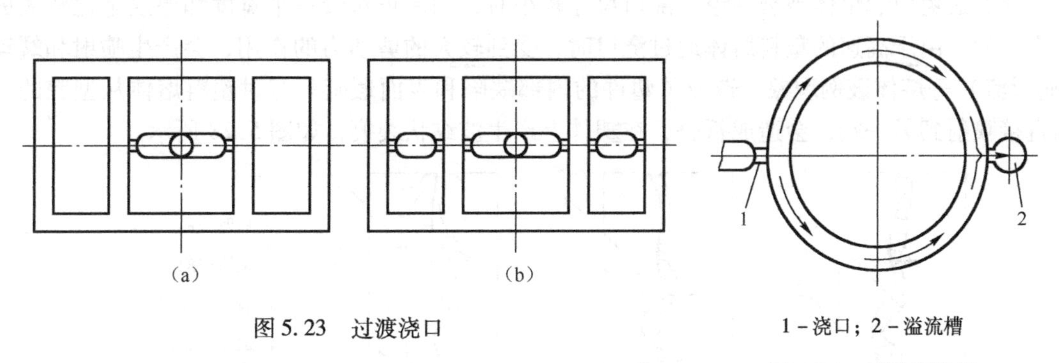

图 5.23 过渡浇口

1－浇口；2－溢流槽

图 5.24 开设溢流槽

另外熔接痕的方向也应注意，如图 5.25（a）所示的塑件，熔接痕与小孔位于一条直线，塑件强度较差；改用图 5.25（b）所示的形式布置，则可提高塑件的强度。

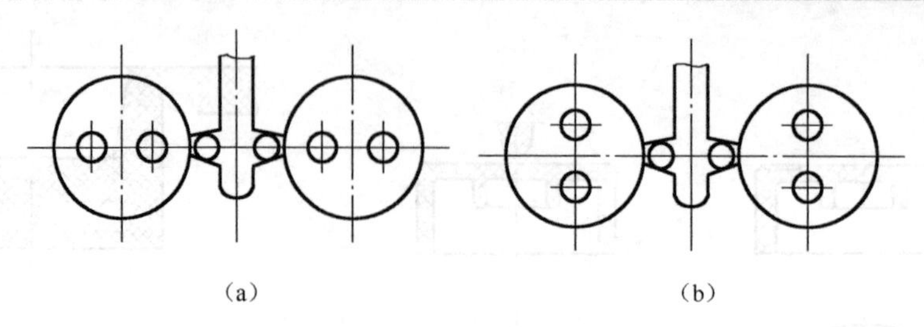

图 5.25　熔接痕的方位

（5）考虑流动取向对塑件性能的影响。在冲模、补料和倒流各阶段，由于塑料熔体的流动，都会造成大分子流动取向，熔体冷却冻结时，分子的取向也被冻结在塑件之中。分子取向还会造成收缩率的不一致，以至于引起塑件内应力和翘曲变形。图 5.26 所示为口部带有金属嵌件的聚苯乙烯杯子，当浇口开设在 *A* 处时，分子取向方向与杯口轴向应力方向相互垂直，杯子使用很短时间后，口部即有应力裂纹；当开口开设在 *B* 处时，取向方向与杯口应力方向一致，塑件应力裂纹大大减少。

在特殊情况下，也可以利用分子的高等取向来改善塑件的某些性能。例如聚丙乙烯铰链，如图 5.27 所示，铰链处要经过几千万次弯折，所以要求该处的分子高度取向，为此浇口应该开设在铰链附近，如图 5.27 中两点 *A* 处，而且铰链厚度很小。

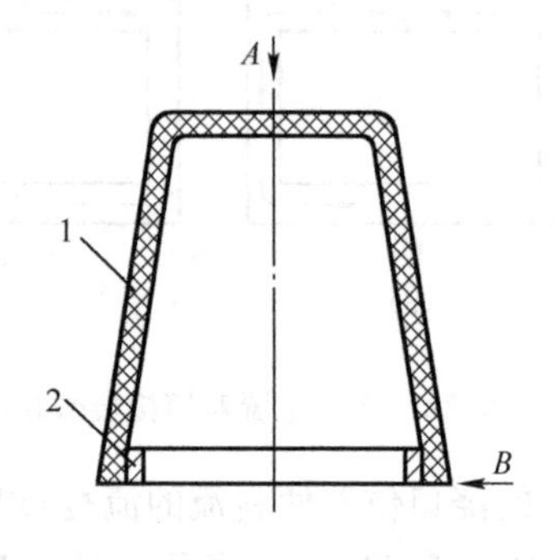

1－塑件；2－金属嵌件

图 5.26　流动取向对塑件性能的影响

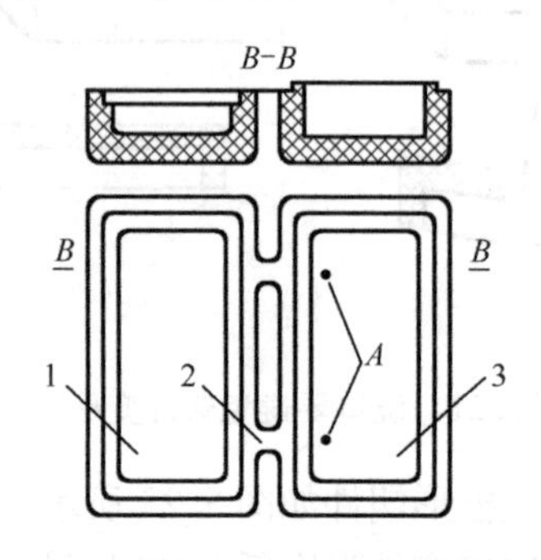

1－盖；2－铰链；3－底

图 5.27　聚丙乙烯铰链处的定向

（6）避免引起熔体破裂现象。浇口尺寸较小时，如果正对着一个宽度和厚度都比较大的填充空间，由于高速的塑料熔体通过浇口时，受到较大的剪切力的作用，会产生喷射和蠕动（蛇形流）等熔体破例现象，造成了塑件的内部缺陷和表面瑕疵；有时塑料熔体从型腔的一端直接喷射到另一端，会造成折叠，在塑件上产生波纹状裂痕，如图 5.28 所示。

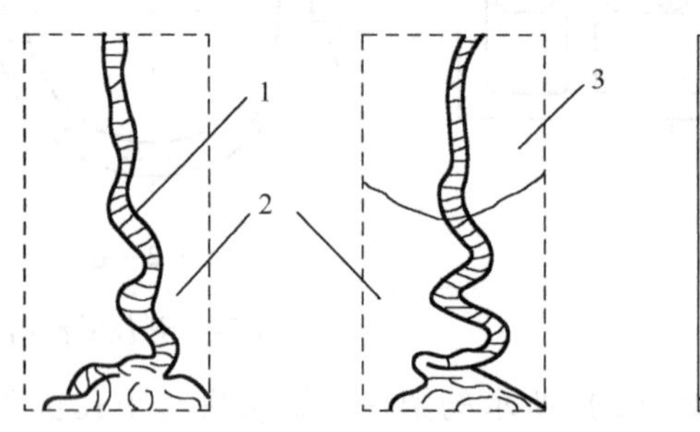

图 5.28　熔体喷射造成塑件的缺陷

克服上述缺陷的方法有两种：一是加大浇口截面尺寸，使熔体流速降低到不发生喷射、不产生熔体破裂的程度；二是采用冲击型浇口，这是最常用的方法。冲击型浇口即浇口开设方位正对着型腔或粗大的型芯，塑料流冲击在型腔或型芯上，从而改变流向、降低流速，均匀地充满型腔，如图 5.29 所示。图 5.29（a）为非冲击型浇口，图 5.29（b）为冲击型浇口。

5.5　成型零件的设计

构成模具型腔的零件通称为成型零件。设计塑模的成型零件时，应根据塑件的尺寸，计算成型零件型腔的尺寸，确定成型零件的机加工、热处理、装配等要求，还要对关键部位进行强度和刚度校核。成型零件是模具的主要部分，主要包括凹模（型腔）、型芯（凸模）及镶件等。由于塑料成型的特殊性，塑料成型零件的设计与冷冲模凸、凹模设计有所不同。

5.5.1　成型零件的结构设计

1. 凹模的结构设计

型腔也称为凹模，是成型塑件外表面的主要零件，按结构不同可分为整体式和组合式两种结构形式。

1）整体式凹模结构

整体式凹模结构如图 5.30 所示，它是在整块金属模板上加工而成的，其特点是结构简单，成型出的塑件质量较好，模具强度高，不易变形。但是加工困难，热处理不方便，所以只适用于形状简单的塑件成型。

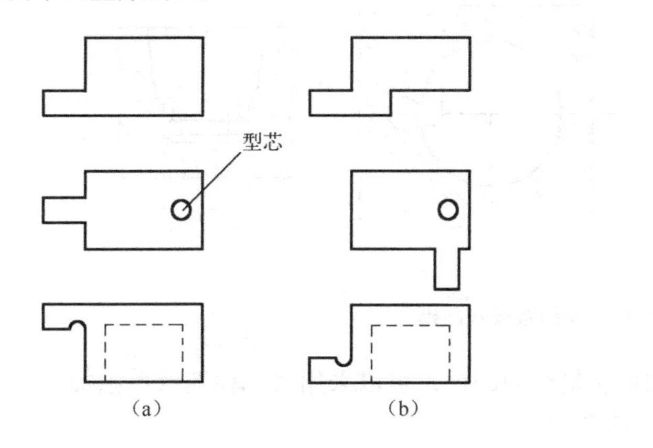

图 5.29　非冲击型浇口和冲击型浇口

图 5-30　整体式凹模

2）组合式凹模结构

组合式凹模是指凹模由两个以上零件组合而成。这种凹模加工工艺性好，但装配调整困难，有时塑件表面会留有拼接的痕迹。组合式凹模主要用于形状复杂的塑件成型。按照组合方式不同，组合式凹模可分为整体嵌入式、局部镶嵌式、四壁拼合式等形式。

（1）整体嵌入式凹模。整体嵌入式凹模如图 5.31 所示。小型型腔在采用多型腔模具成

型时，各单个型腔采用机械加工、冷冲压、电加工等方法加工制成，然后压入模板中。这种结构加工效率高，拆装方便，可以保证各个型腔的形状尺寸一致。凹模与模板采用过渡配合H7/m6。图5.31（a）、（b）是反装式，其中图5.31（b）的型腔有方向性，用圆柱销止转定位；图5.31（c）、（d）是正装式。

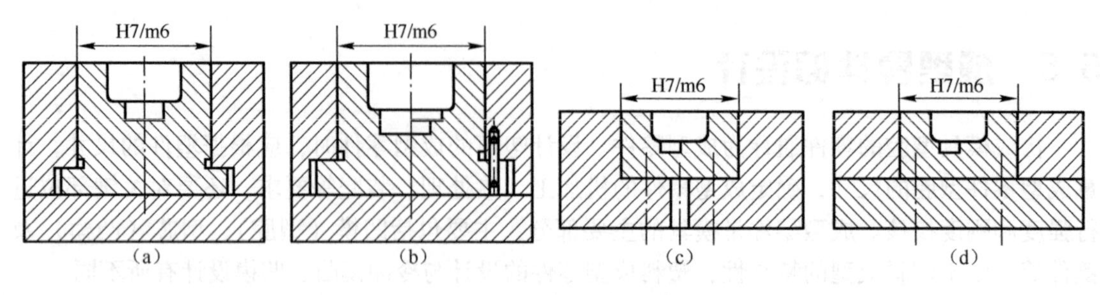

图5.31　整体嵌入式凹模

（2）局部镶嵌式凹模。局部镶嵌式凹模如图5.32所示。对于形状复杂或易损坏的凹模，将难以加工或易损坏的部分设计成镶嵌的形式，嵌入型腔主体上，以方便加工和更换。嵌入部分与凹模也采用过渡配合H7/m6。

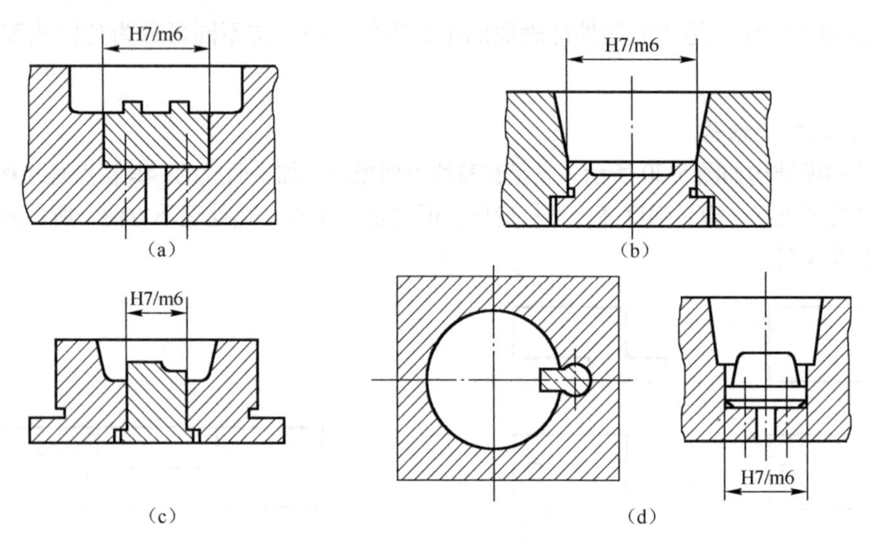

图5.32　局部镶嵌式凹模

（3）四壁拼合式凹模。对于大型和形状复杂的凹模，可以采用将凹模四壁单独加工后镶入模套中，然后再和底板组合，如图5.33所示。

综上所述，采用组合式凹模，可以简化复杂凹模的加工工艺，减少热处理变形，拼合处的间隙有利于排气，便于模具的维修，节省贵重的模具钢。为了保证组合后型腔尺寸的精度和装配的牢固，减少塑件上的镶拼痕迹，要求镶块的尺寸、形位公差等级较高，组合结构必须牢固，镶块的机械加工工艺性要好。

2. 型芯的结构

型芯是成型塑件内表面的凸状零件（压缩模中称为凸模）。型芯有整体式和组合式两类。

1）整体式型芯

如图5.34所示，将型芯与模板制成一体，其结构牢固，但工艺性较差，同时耗费模具材料多，这类型芯主要用于工艺试验或小型模具上形状简单的型芯。

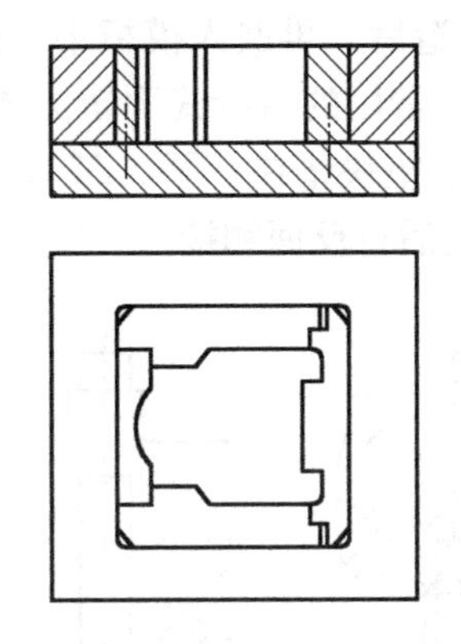

图5.33　四壁拼合式凹模

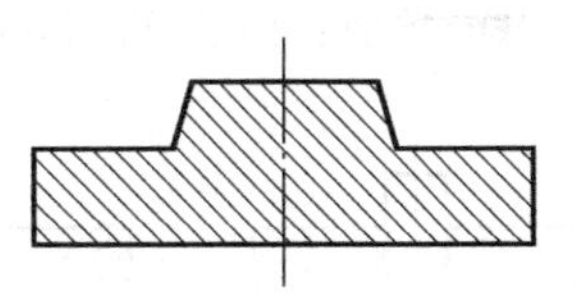

图5.34　整体式型芯

2）组合式型芯

为了便于加工，形状复杂的型芯常常采用镶拼组合结构，可分为整体嵌入式和镶拼式。

（1）整体嵌入式型芯。整体嵌入式型芯如图5.35所示，这种形式的凸模是将凸模单独加工后镶入模板中组成，这样可以节约贵重模具材料，便于加工，尺寸精度容易保证。此结构与冷冲模凸模和固定板的配合相似，配合采用H7/m6。

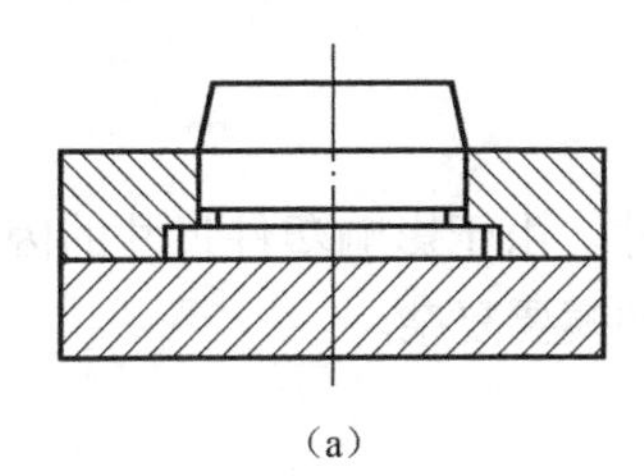

(a)

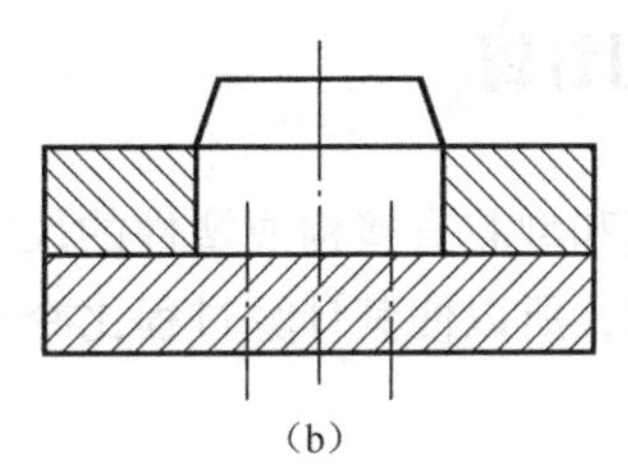

(b)

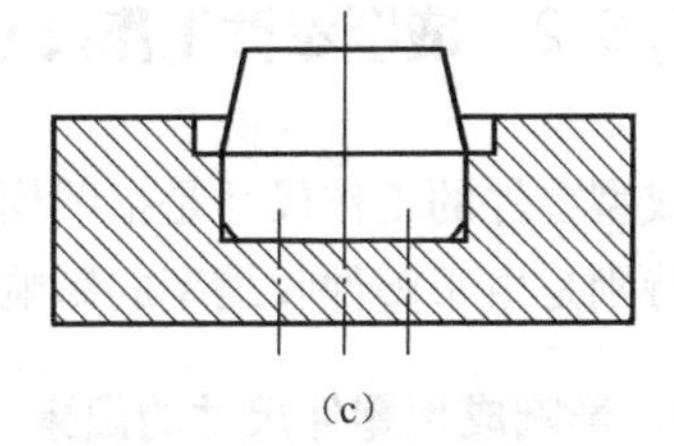

(c)

图5.35　整体嵌入式型芯

（2）镶拼式型芯。当凸模结构复杂或加工困难时，可将凸模分成容易加工的几个部分，然后镶拼起来装配入模板中，镶拼式型芯如图5.36所示，其相互之间的配合也采用H7/m6。图5.36（a）的凸模由三部分组成，用销钉连接后固定在模板中；图5.36（b）的形式是三个小凸模以不同的方式固定在大凸模中的结构。

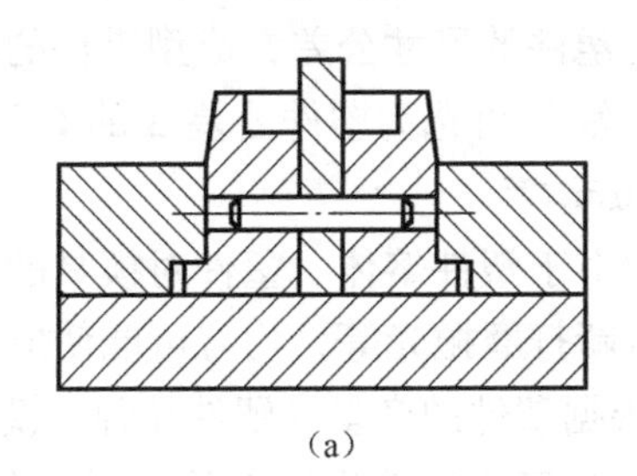

(a)

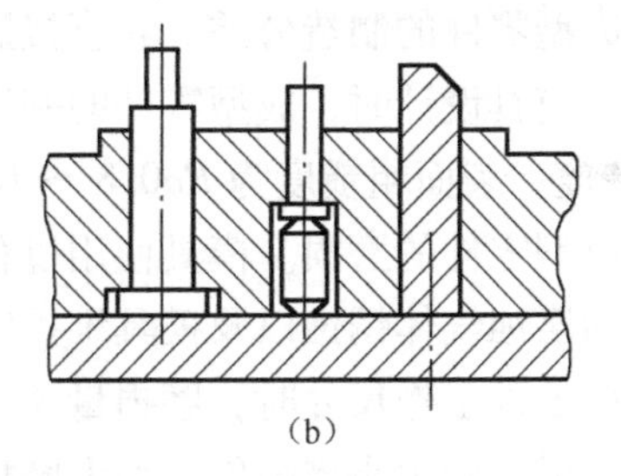

(b)

图5.36　镶拼式型芯

组合式型芯的优缺点和组合式凹模的优缺点基本相同。设计和制造这类型芯时，必须注意结构合理，应保证型芯和镶块的强度，防止热处理时变形且应避免尖角与壁厚突变。

3）小型芯

小型芯是用来成型塑件上的小孔或槽。小型芯单独制造后，再嵌入模板中。图5.37所示的结构为小型芯常用的几种固定方法。图5.37（a）为最常用的台阶式固定方式；若固定的模板太厚，可采用图5.37（b）的形式，在下面用一圆柱垫块垫住；图5.37（c）的形式与图5.37（b）类似；图5.37（d）形式是从正面镶入模板后再反面铆接。

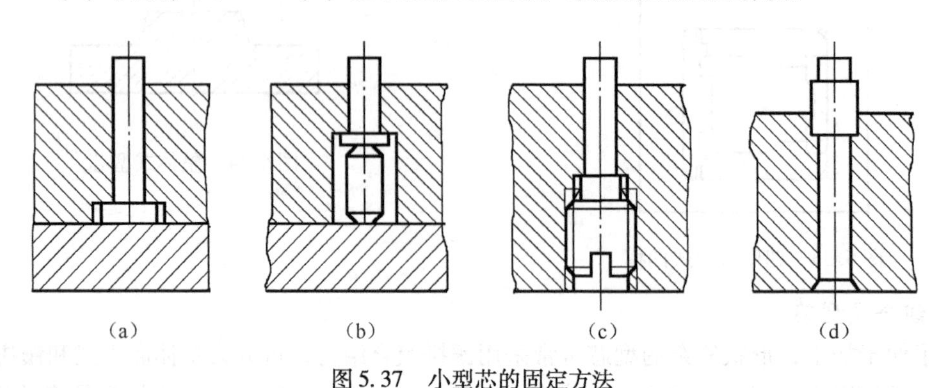

图5.37　小型芯的固定方法

型芯与固定板的配合可采用H7/m6。

5.5.2　成型零件工作尺寸计算

成型零件的工作尺寸是指凹模和型芯直接构成塑件的尺寸。由于影响塑件尺寸的因素很多，特别是由于塑件收缩率的影响，所以使其计算过程比冷冲模要复杂。

1. 影响成型零件尺寸的因素

（1）成型收缩。塑件成型后的收缩率与多种因素有关（详见4.1）。在计算工作尺寸时，通常按平均收缩率计算：

$$\bar{S}=\frac{S_{max}+S_{min}}{2}\times 100\% \tag{5.2}$$

式中，$\bar{S}$为塑件的平均收缩率；S_{max}为塑件的最大收缩率；S_{min}为塑件的最小收缩率。

（2）模具成型零件的制造公差。它直接影响塑件的尺寸公差，成型零件的精度高，则塑件的精度也高。模具设计时，成型零件的制造公差δ_z可选为塑件公差Δ的1/3～1/4，或选IT7～IT8级精度，表面粗糙度为Ra0.8～0.4μm。

（3）模具成型零件的磨损。模具使用过程中由于塑件熔体、塑件对模具的作用，成型过程中可能产生的腐蚀气体锈蚀以及模具维护时重新打磨抛光等，均有可能使成型零件发生磨损。在计算成型零件工作尺寸时，磨损量δ_c应根据塑件的产量、塑件品种、模具材料等因素来确定。一般来说，对中小型塑件、最大磨损量δ_c可取塑件公差Δ的1/6，对于大型塑件则取塑件公差Δ的1/6以下。

此外，模具安装、配合的误差、塑件的脱模斜度等都会影响塑件的尺寸精度。

2. 成型零件工作尺寸计算

成型零件工作尺寸是根据塑件成型后的收缩率、成型塑件的制造公差和模具成型零件磨损量来确定的。常用的方法是平均收缩率法，图 5.38 是成型零件的工作尺寸与塑件尺寸的关系图。

1）凹模和型芯的径向尺寸

凹模：
$$(L_M)^{+\delta_z}_{0} = [(1+\bar{S})L_s - x\Delta]^{+\delta_z}_{0} \tag{5.3}$$

型芯：
$$(l_M)^{0}_{-\delta_z} = [(1+\bar{S})l_s + x\Delta]^{0}_{-\delta_z} \tag{5.4}$$

式中，L_M、l_M 为凹模、型芯的径向尺寸，mm；$\bar{S}$ 为塑件的平均收缩率；L_s、l_s 为塑件的径向尺寸；Δ 为塑件的尺寸公差；x 为修正系数；当塑件尺寸较小、精度级别较低时，$x=0.5$；当塑件尺寸较大、精度级别较高时，$x=0.75$。

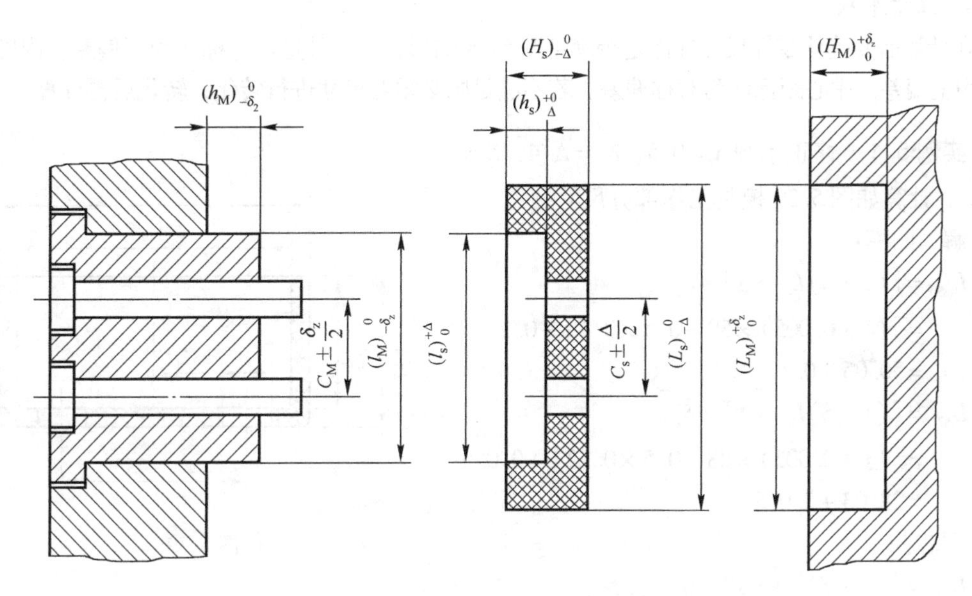

图 5.38　成型零件工作尺寸和塑件尺寸的关系

2）凹模深度和型芯的高度尺寸

凹模：
$$(H_M)^{+\delta_z}_{0} = [(1+\bar{S})H_s - x\Delta]^{+\delta_z}_{0} \tag{5.5}$$

型芯：
$$(h_M)^{0}_{-\delta_z} = [(1+\bar{S})h_s + x\Delta]^{0}_{-\delta_z} \tag{5.6}$$

式中，H_M、h_M 为凹模、型芯高度的工作尺寸；H_s、h_s 为塑件高度尺寸；x 为修正系数；当塑件尺寸较大、精度级别较低时，$x=1/3$；当塑件尺寸较小、精度级别较高时，$x=1/2$。

3）中心距尺寸

塑件上凸台之间、凹槽之间或孔的中心等这一类尺寸称为中心距尺寸。在计算时不必考虑磨损量。

$$C_M \pm \frac{1}{2}\delta_z = [(1+\bar{S})C_s] \pm \frac{1}{2}\delta_z \tag{5.7}$$

式中，C_M 为模具中心距尺寸，mm；C_s 为塑件中心距尺寸，mm；δ_z 为一般取 $\Delta/4$。

按平均收缩率法计算模具工作尺寸有一定误差，这是因为在上述公式中的 δ_z 及 x 系数取值凭经验确定，为保证塑件实际尺寸在规定的公差允许范围内，尤其是对尺寸较大且收缩率波动范围较大的塑件，需要对成型尺寸进行校核。其校核条件是塑件成型尺寸公差应小于塑件尺寸公差。

凹模或型芯的径向尺寸：

$$(S_{max}-S_{min})L_s(\text{或}\ l_s)+\delta_z+\delta_c<\Delta \qquad (\delta_c=\Delta/6)$$

凹模深度或型芯高度尺寸：

$$(S_{max}-S_{min})H_s(\text{或}\ h_s)+\delta_z<\Delta$$

塑件的中心距尺寸：

$$(S_{max}-S_{min})C_s<\Delta$$

4）注意事项

在计算前要确认零件尺寸标注是否满足图5.38的形式，即外形尺寸标注为下偏差，内腔尺寸标注为上偏差，中心距标注为对称偏差。若不满足则必须对尺寸进行转化，转化后再计算。

实例5.1 修正系数 $x=0.5$，$\delta_z=\Delta/4$，$S=0.5\%$，计算如图5.39模具工作部分尺寸。

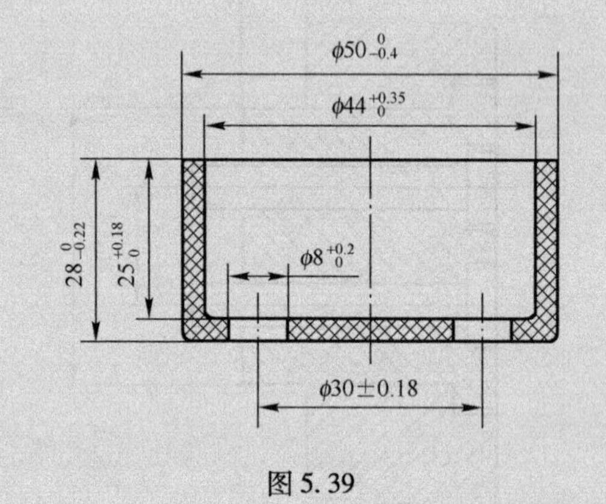

图5.39

解 凹模：

$L_{\phi50}=[(1+S)L-x\Delta]+\delta_z$

$=[(1+0.005)\times50-0.5\times0.4]+0.1$

$=50.05+0.1$

$L_{\phi28}=[(1+S)L-x\Delta]+\delta_z$

$=[(1+0.005)\times28-0.5\times0.22]+0.055$

$=28.03+0.055$

型芯：

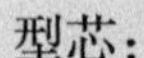

$L_{\phi44}=[(1+S)L+x\Delta]-\delta_z$

$=[(1+0.005)\times44+0.5\times0.35]-0.09$

$=44.395-0.009$

$L_{\phi25}=[(1+S)L+x\Delta]-\delta_z=[(1+0.005)\times25+0.5\times0.18]-0.045=26.035-0.045$

$L_{\phi8}=[(1+S)L+x\Delta]-\delta_z=[(1+0.005)\times8+0.5\times0.2]-0.04=8.14-0.04$

中心距：

$L_{\phi30}=[(1+S)L\pm1/2\delta_z]=[(1+0.005)\times30\pm1/8\times0.36]=30.15\pm0.045$

实例5.2 如图5.40塑料件，修正系数 $x=0.5$，成型零件的制造偏差 $\delta_z=\Delta/4$（Δ 为塑件尺寸公差），收缩率为0.5%，计算模具工作部分尺寸。

解 根据成型零件的工作尺寸计算公式得：

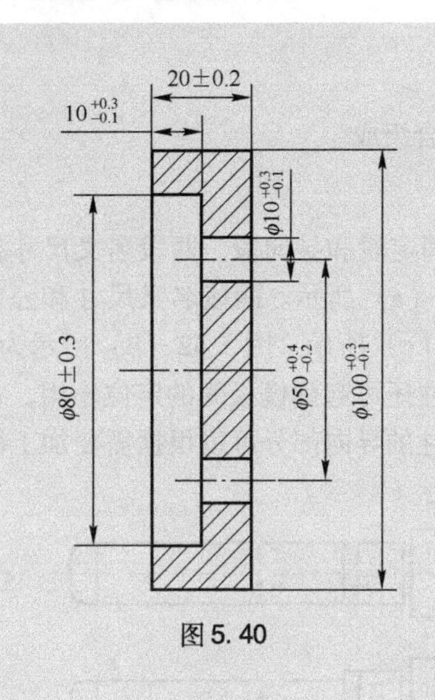

名　称	尺　寸	尺寸规范	计 算 值
凹模	$\phi 100^{+0.3}_{-0.1}$	$\phi 100.3^{\ 0}_{-0.4}$	$\phi 100.6015^{+0.1}_{\ 0}$
	20 ± 0.2	$20.2^{\ 0}_{-0.4}$	$20.101^{+0.1}_{\ 0}$
型芯	$\phi 80\pm0.3$	$\phi 79.7^{+0.6}_{\ 0}$	$\phi 80.3985^{\ 0}_{-0.15}$
	$10^{+0.3}_{-0.1}$	$9.9^{+0.4}_{\ 0}$	$10.1495^{\ 0}_{-0.1}$
	$\phi 10^{+0.3}_{-0.1}$	$\phi 9.9^{+0.4}_{\ 0}$	$\phi 10.1495^{\ 0}_{-0.1}$
中心距	$50^{+0.4}_{-0.2}$	50.1 ± 0.3	50.3505 ± 0.075

图 5.40

5.6　机构设计

为了保证模具正确合模，塑件顺利脱模，注射模中还包含有合模导向机构、推出机构、侧向抽芯机构等。

5.6.1　合模导向和定位机构的设计

合模导向机构主要有导柱导向和锥面定位导向两种形式。合模导向机构的主要作用是：保证动定模或上下模座位置正确，引导型心进入型腔，工作时承受一定的侧向力，另外在模具装配时可起定位作用。导柱导向机构用于保证动定模之间的开合模导向和脱模机构的运动导向；锥面定位机构用于动定模之间的精密对中定位。导柱导向最常见的是在模具型腔周围设置 2 ～ 4 对互相配合的导柱和导套（导向孔），导柱在动模或定模边均可，但一般设置在主型芯周围，在互不妨碍脱模取件的条件下，导柱通常设置于型芯高出分型面较多的一侧，如图 5.41 所示。

1. 导向和定位机构的作用

导向和定位机构的主要作用是导向、定位和承受注射时侧压力。

（1）导向作用。合模时，导向零件首先接触，引导动定模或上下模准确闭合，避免型芯先进入型腔造成成型零件的损坏。

（2）定位作用。合模时，维持动定模之间的方位，避免错位；模具闭合后，保证动定模位置正确，保证型腔的形状和尺寸精度。

（3）承载作用。塑料熔体在注入型腔过程中可能产生单向侧压力，或由于注射机精度的限制，使导柱承受一定的侧压力。若侧压力很大，不能单靠导柱来承担，则需增设锥面定位机构。

2. 导柱导套导向机构设计

导柱导向机构通常由导柱与导套（或导向孔）的间隙配合组成。

1）导柱的设计

导柱的典型结构如图5.42所示。导柱沿长度方向分为固定段和导向段。两段名义尺寸相同，只是公差不同的为带头导柱，也称为直导柱，如图5.42（a）所示。两段名义尺寸和公差都不同的为有肩导柱，也称为台阶式导柱，如图5.42（b）、（c）所示。图5.42（b）所示为Ⅰ型有肩导柱，图5.42（c）所示为Ⅱ型有肩导柱。Ⅱ型有肩导柱还可起到模板间的定位作用，在导柱的另一侧有一段圆柱形定位段，可与另一模板配合。导柱的导向部分可以根据需要加工出油槽，如图5.42（c）所示，以便润滑和集尘，提高使用寿命。

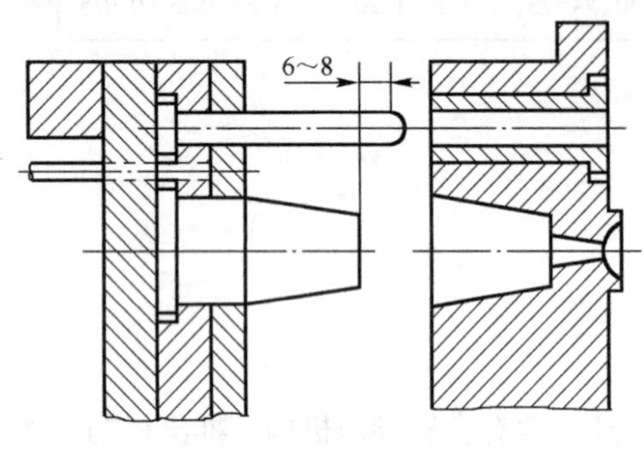

图5.41　导柱导向机构

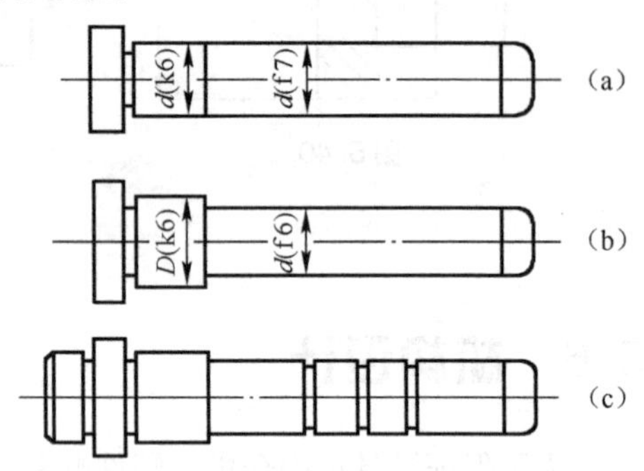

图5.42　导柱的典型结构

小型模具和生产批量小的模具多采用带头导柱，小批量生产也可不设置导套，导柱直接与模板中的导向孔配合；生产批量大时，应设置导套。大、中型模具和生产批量大的模具多采用有肩导柱。

导柱的设计应满足下列几点要求。

（1）国家标准规定导柱头部为截锥形，截锥长度为导柱直径的1/3，半锥角为10°～15°。也有头部采用半球形的导柱。导柱导向部分直径已标准化，见国家标准GB/T 4169—2006，根据模板尺寸确定，中小型模具导杆约为模板两直角边之和的1/20～1/35，大型模具导柱直径约为模板两直角边之和的1/30～1/40，圆整后取标准值。导体长度应比主型芯高出至少6～8mm（图5.41），以避免型芯先进入型腔。

（2）导柱应具有硬而耐磨的表面，坚韧而不易折断的芯部，多采用20钢经渗碳淬火处理，表面硬度为55～60 HRC；或碳素工具钢T8A、T10A经淬火或表面淬火处理，表面硬度为50～55 HRC。

（3）对一个分型面而言，导杆数量可采用2～4根，大中型模具4根最为常见，小型模具可采用2根。对于动定模或上下模在合模时没有方位限制的模具，可采用相同的导柱直径对称布置。有方位限制时，应能保证模具的动定模按同一个方向合模，防止在装配成合模时因方位搞错而使型腔破坏，或采用导柱等直径不对称分布，如图5.43（a）所示，或不等直径对称分布，如图5.43（b）所示。

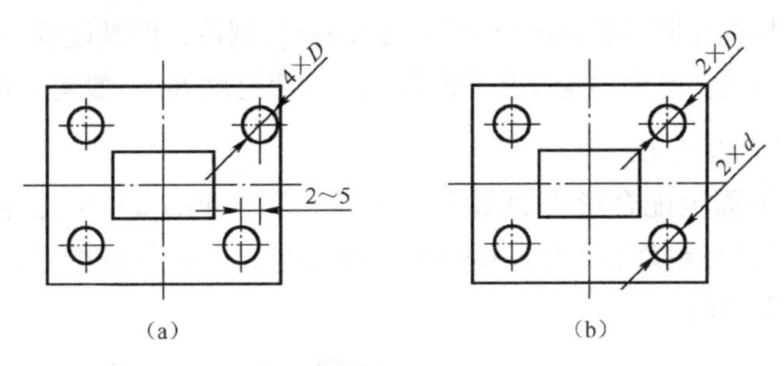

图 5.43　保证正确合模方向的导柱布置

2）导套和导向孔的设计

导向孔直接开设在模板上，加工简单，但模板一般未淬火，耐磨性差，所以导向孔适用于生产批量小、精度要求不高的模具。大多数的导向孔都镶有导套，导套不但可以淬硬以提高寿命，而且在磨损后方便更换。

导套国家标准有直导套和带头导套两类，如图 5.44 所示。图 5.44（a）所示为直导套，用于简单模具或导套后面没有垫块的模具，图 5.44（b）所示为Ⅰ型带头导套，图 5.44（c）所示为Ⅱ型带头导套，结构较复杂，用于精度较高的场合。Ⅱ型带头导套在凸肩的另一侧设定位段，起到模板间定位作用。

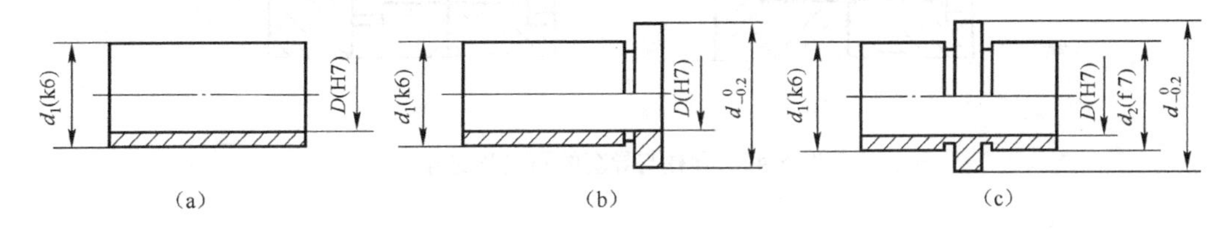

图 5.44　导套的典型结构

导套设计要点如下：

(1) 为方便导柱进入导套和导套压入模板，在导套端面内外应倒圆角。导向孔前端也应倒圆角，最好做成通孔，以便排出空气及意外落入的塑料废屑。当模板较厚、又必须做成盲孔时，可在盲孔的侧面打一小孔排气。导套的结构尺寸可查阅国标 GB/T 4169.2—2006，根据相配合的导柱尺寸确定。

(2) 导套与模板为较紧的过渡配合，直导套一般用 H7/n6 等级，带头导套用 H7/k6 或 H7/m6 等级。带头导套因有凸肩，轴向固定容易。直导套应固定，防止被拔出，如图 5.45 所示。为了防止直导套在开模时被拉出，常用螺钉从侧面紧固，如图 5.45（a）、（b）、（c）所示，图 5.45（a)所示为将导套侧面加工成缺口的形式，图 5.45（b）所示为用环形槽代替缺口的形式，图 5.45（c）所示为导套侧面开孔的形式，图 5.45（d）所示为铆接的形式。

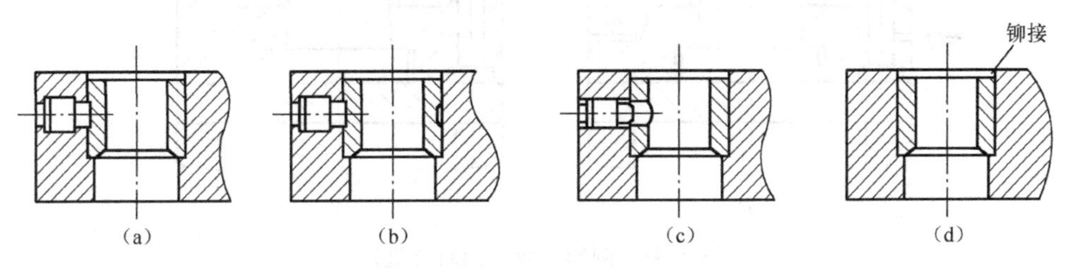

图 5.45　直导套的固定方式

(3) 导套可用与导柱相同的材料或合金钢等耐磨材料制造，但其硬度一般稍低于导柱，以减少磨损，防止导柱拉毛。导套固定段和导向段的表面粗糙度 Ra 一般均为 0.8 μm。

3) 导柱和导套的配合使用

常见导柱与导套的固定配合形式如图 5.46 所示，图 5.46（a）中无导套，图 5.46（b）、（c）、（d）、（e）为导柱与导套的配合。其中图 5.46（d）、（e）导柱的固定端与导套的外径一致，加工方便，导向精度高。

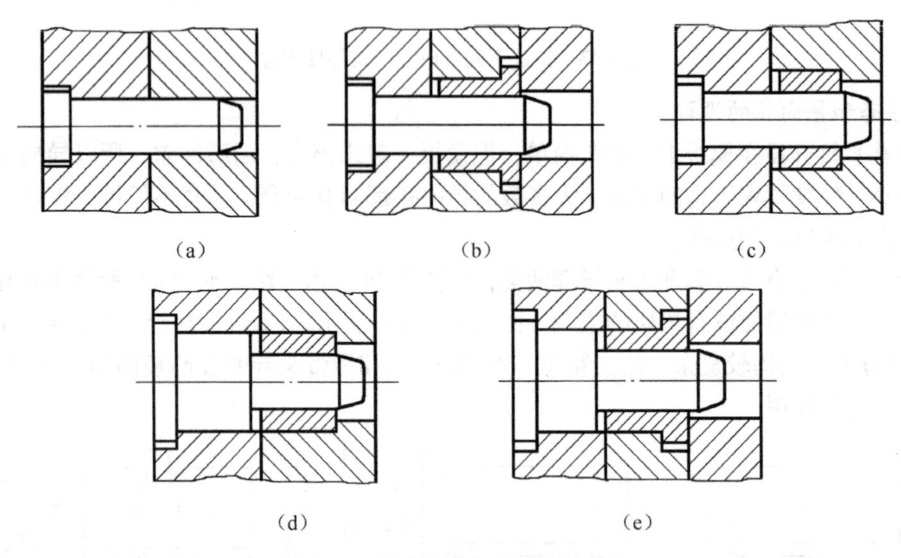

图 5.46　导柱与导套的固定及配合

3. 锥面定位机构

当成型大型深腔、薄壁塑件，尤其是非轴对称的塑件时，注射过程会产生较大的侧向力，如果这种侧向压力完全由导柱承担，会造成导柱折断或咬孔，这时除了设置导柱导套导向机构外，一般应增设锥面定位机构，如图 5.47 所示。锥面定位机构有两种形式，一种是在锥面之间镶上经过淬火的零件；另一种是两锥面间直接配合，此时，两锥面均需淬火热处理，以增强耐磨性。

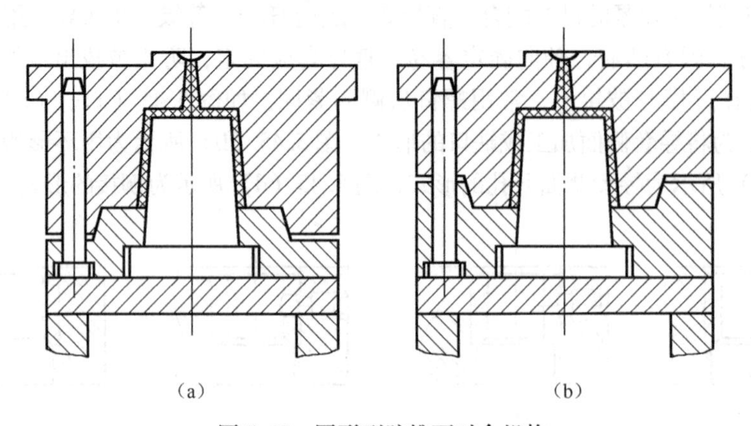

图 5.47　圆形型腔锥面对合机构

5.6.2 推出机构

把塑件从成型零件上推出的机构称为推出机构。推出机构工作时必须克服塑件与型芯之间的摩擦力。

1. 推出机构的结构和分类

在成型的每一个循环中，塑件均必须从模具中取出，所以推出机构是模具的重要功能结构件，一般成型零件的注射模都是使塑件黏附在动模上，利用机床的开模推出动作取出塑件，因而推出机构必须由一系列的推出零件和辅助推出零件组成，以满足不同推出动作的需要。

若按照推出零件的类别对推出机构分类，可以分为推杆推出、推管推出、推板推出、推块推出、利用成型零件推出和多元件综合推出等不同类型。

如果按机构的推出动作特点分类，则可分为一级推出机构、二级推出机构、动定模双向推出机构、辅助推出机构等不同类型。

此外，还可以按脱模动作的动力来源对推出机构分类，可分为机动、手动、液压和气压推出等不同类型。

2. 设计原则

根据不同塑件的形状、复杂程度和注射机脱模形式，采用不同类型的推出机构。在设计和选用推出机构时，必须遵循下述原则：

(1) 由于注射机合模系统与注射机上的动模固定板相连，且注射机内部带有推顶装置，为了便于和动模内的推出脱模机构连接作用，故在注射模设计时应尽量使开模时能确保塑件滞留在动模一边。

(2) 推出机构应确保塑件在推出时，不致因推出力的作用而变形。尽可能使推出力的分布均匀合理，并使推出力的作用面积尽量增大并靠近型芯。

(3) 推出机构应保证推出时不损坏塑件。必须把推出机构的推出力作用在塑件能承受较大力的部位，如筋部、凸缘、壳体壁等处。

(4) 推出机构应保证不损伤塑件的外观表面，尤其是对外观表面有特殊或严格要求的制品。

(5) 推出机构应尽可能简单、动作可靠。

(6) 推出时必须克服制品与注射模之间的摩擦力，因此要求推出机构中各有关推出的零件应具有足够的强度、刚度和硬度。

(7) 应使推出零件运动的初始和终止的位置合理，以确保塑件脱模可靠。

3. 脱模力的计算

注射成型后，塑件在模具内冷却定型，由于体积的收缩，对型芯产生包紧力。塑件要从型芯上脱出，就必须克服包紧力所产生的摩擦力。对于不带通孔的壳体类塑件，脱模时还必须克服大气压力。

一般而论，塑件在开始脱模时，所需克服的阻力最大，即所需的脱模力最大。脱模力 F

可用下式计算：

$$F = pA(\mu\cos\alpha - \sin\alpha) \tag{5.8}$$

式中，μ 为塑料与钢的摩擦系数，聚碳酸酯、聚甲醛取0.1～0.2，其余取0.2～0.3；p 为塑料对型芯的单位面积上的包紧力，一般情况下，模外冷却的塑件 $p=(2.4\sim3.9)\times10^7$ Pa；模内冷却的塑件 $p=(0.8\sim1.2)\times10^7$ Pa；A 为塑件包容型芯的面积；α 为脱模斜度。

4. 常用的推出机构

常用的推出机构包括推杆推出机构、推件板推出机构、推块推出机构、推管推出机构、活动镶块及凹模推出机构等，下面介绍最常见的几种推出机构。

1）推杆推出机构

推杆推出机构是最简单、最常用的一种推出机构，如图5.48所示。其工作过程是：开模时，当注射机顶杆与推板5接触时，塑件由于推杆3的支撑处于静止位置，模具继续开模，塑件便离开动模1脱出模外；合模时，推出机构由于复位杆2的作用回复到推出之前的初始位置。

常见的推杆形式如图5.49所示，常用的推杆固定形式如图5.50所示。

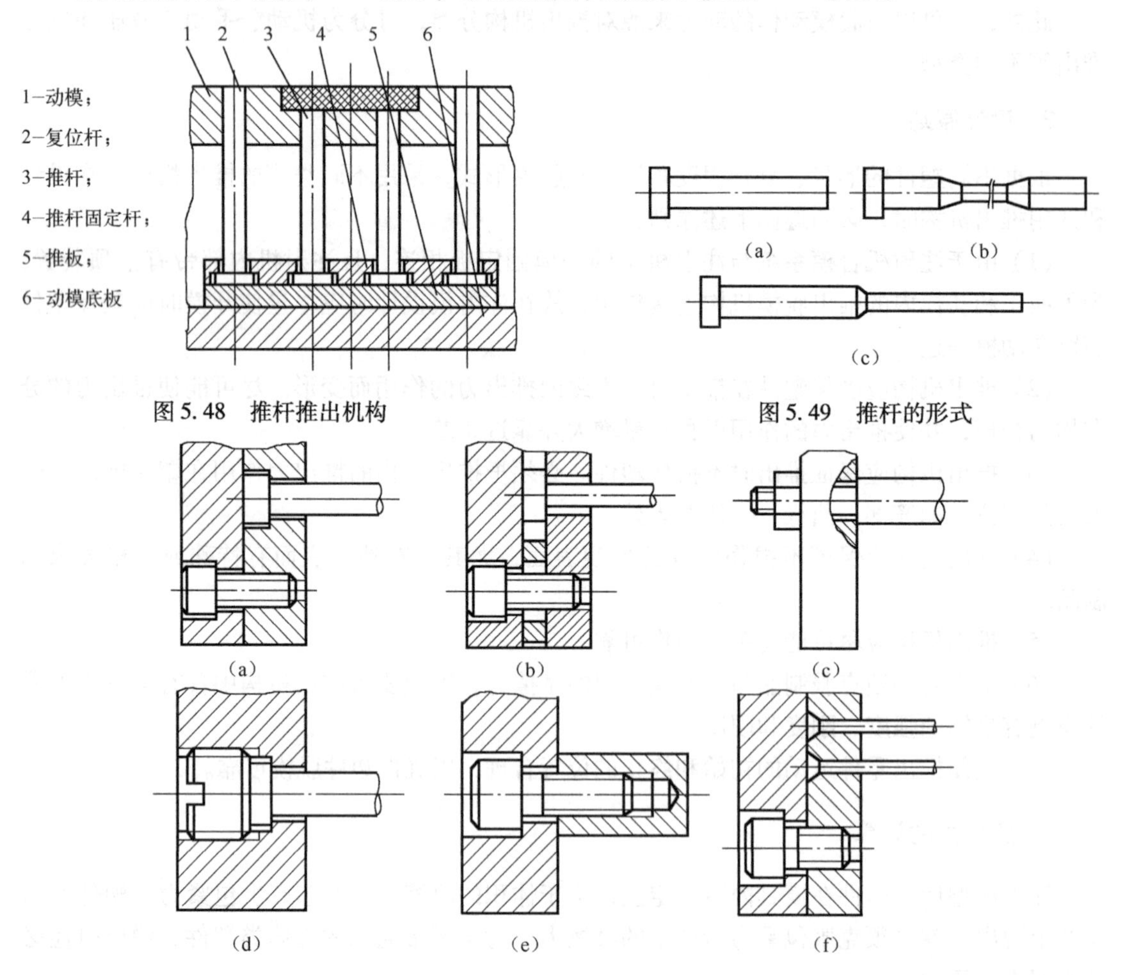

图5.48　推杆推出机构

图5.49　推杆的形式

图5.50　推杆的固定形式

推杆的材料常用T8、T10碳素工具钢，热处理要求硬度≥50HRC，工作端配合的表面粗糙度 $Ra \leqslant 0.8\ \mu m$，与推杆孔呈H8/f8配合。推杆固定端与推杆固定板通常采用单边0.5 mm的间隙，这样既可降低加工要求，又能在多推杆的情况下，不会因推杆孔加工时产生的偏差而发生卡死现象。

有时推出机构中的推杆较细、较多或推出力不均匀，推出后推板可能发生偏斜，造成推杆弯曲或折断，此时，应考虑设计推出机构的导向装置。常见的推出机构导向装置如图5.51所示。图5.51（a）、（b）中的导柱除起导向作用外还能起支撑的作用，以减少在注射成型时动模垫板的变形；图5.51（c）的结构只起导向作用。模具小、顶杆少、塑件产量又不多时，可只用导柱不用导套；反之模具还需装导套，以延长模具的寿命及增加模具的可靠性。

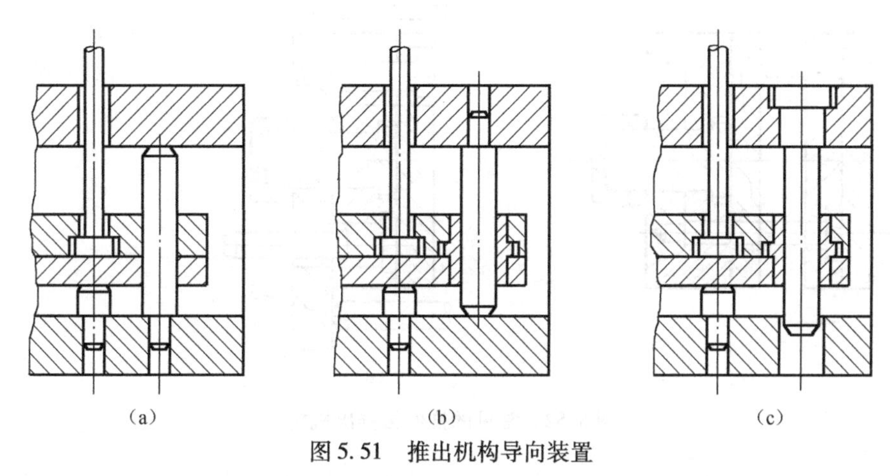

图5.51 推出机构导向装置

推杆推出机构因为推杆截面积较小，推出时易将塑件顶破或顶变形，所以很少应用在脱模斜度较小或脱模力大的管类或箱体类塑件中。

2）推件板推出机构

推件板推出机构是在型芯的根部安装一块与之相配合的推件板，在塑件的整个周边端面上进行推出，其工作过程与推杆推出机构类似。这种推出机构作用面积大，推出力大而均匀，运动平稳，并且在塑件上无推出痕迹，所以常用于推出支撑面积很小的塑件，如薄壁容器及各种罩壳类塑件。

常用的推件板推出机构如图5.52所示。为了减少推件板与型芯的摩擦，可采用图5.53所示的结构，推件板与型芯间留有0.20～0.25 mm的间隙，并用锥面配合，以防止推件板因偏心而溢料。对于大型的深腔塑件或用软塑料成型的塑件，推件板推出时，塑件与型芯间容易形成真空，在模具上可设置进气装置，如图5.54所示。

推件板推出机构的复位靠合模动作完成，不需设置复位杆。推件板一般需经淬火处理，以提高其耐磨性。

3）推块推出机构

对于平板状带凸缘的配件，如用推板推出会黏附模具，则可采用推块脱模结构。这类塑件有时也用推杆脱模机构，但塑件容易变形，且表面有顶出痕迹。推块推出机构能克服上述缺点。

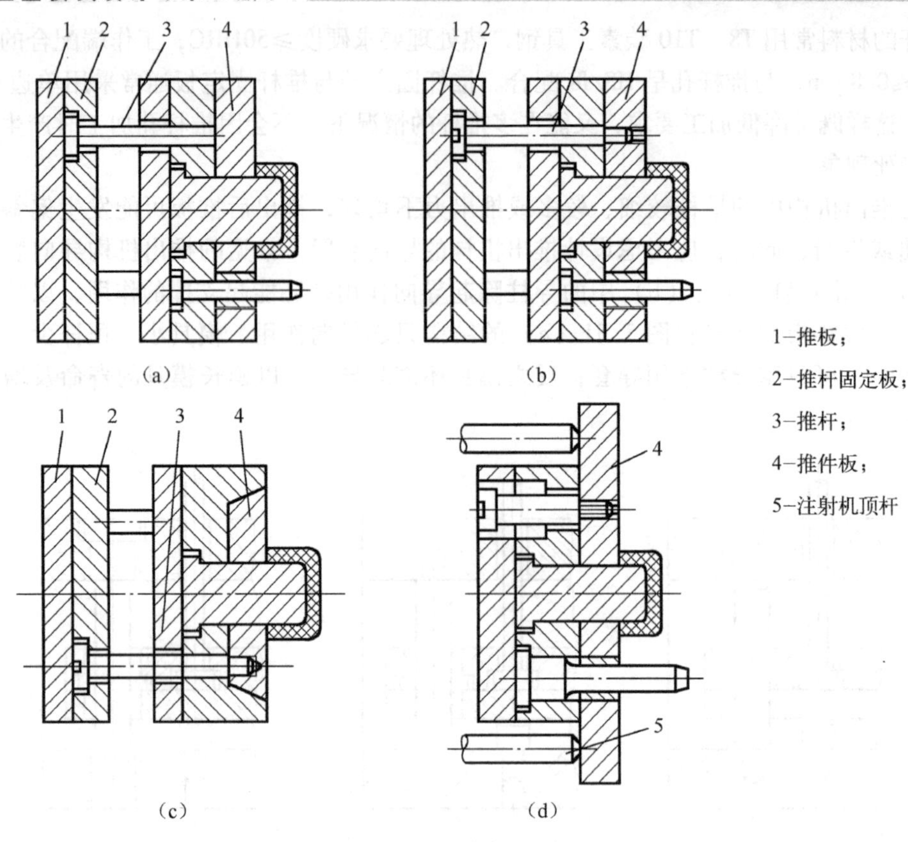

图 5.52　常见的推件板推出机构

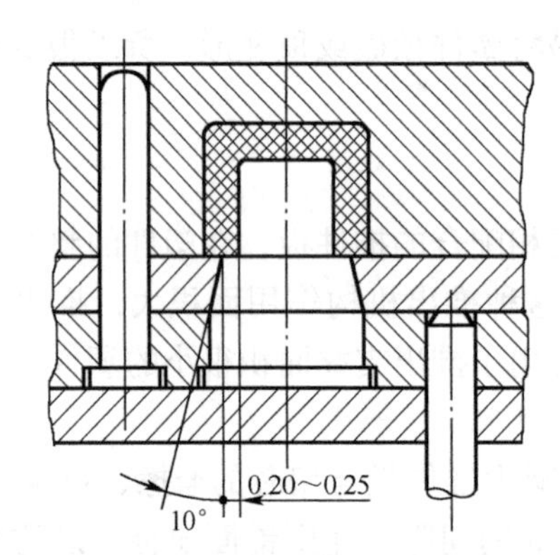

图 5.53　推件板与凸模锥面的配合形式

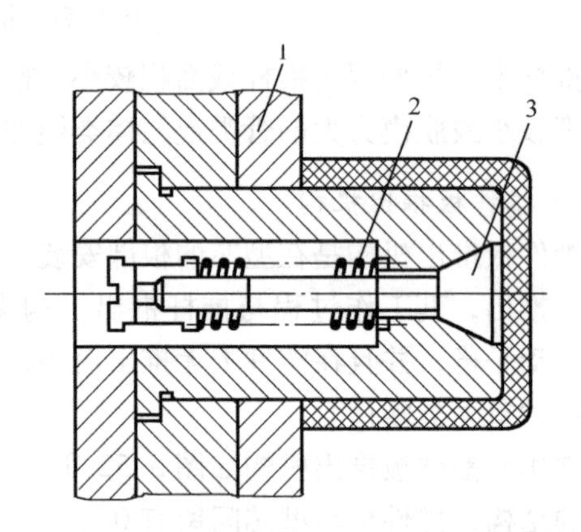

图 5.54　推件板推出机构的进气装置

1－推件板；2－弹簧；3－阀杆

推块是型腔的组成部分，应有较高的硬度和较低的表面粗糙度，推块与型腔、型芯之间应为良好的间隙配合，要求滑动灵活且不溢料。推块所用的推杆与模板的配合精度要求不高。

推块推出机构如图 5.55 所示。图 5.55（a）中无复位杆，推块复位靠主流道中的熔体压力来实现；图 5.55（b）中复位杆安装在推块的台肩上，结构简单紧凑，但复位杆的孔离型腔很近，对型腔强度有一定影响。

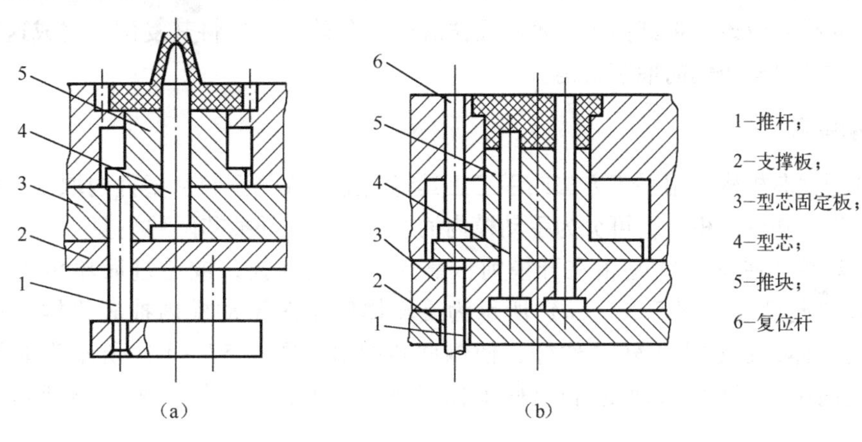

图5.55　推块推出机构

推块与型腔间的配合为H7/f6等，配合表而粗糙度 Ra 为0.8 ～ 0.4 μm。推块材料用T8等材料，经淬火硬度为53 ～ 55HRC，或45钢调质硬度为235 HB。

4）推管推出机构

推管又称为空心推杆或顶管，特别适用于圆环形、圆筒形等中心带孔的塑件脱模，其优点是推顶平稳可靠，整个周边推顶塑件，塑件受力均匀，无变形，无推出痕迹，同轴度高。但对于薄壁深筒型塑件（壁厚小于1.5 mm）和软性塑料（如聚乙烯、软聚氯乙烯等）塑件，因其易变形，不易单独采用推管推出，应同时采用其他推出元件（如推杆），才能达到理想的效果。

推管推出结构的常用方式如图5.56（a）所示。型芯用台肩固定在动模座板上，型芯较长，使模具闭合厚度加大，但结构可靠，多用于顶出距离不大的场合。图5.56（b）所示为型芯用键或销固定在动模板上的结构，推管中部开有长槽，槽在圆销以下的长度应大于顶出距离，这种结构型芯较短，模具结构紧凑，但紧固力小，要求推管和型芯及型腔的配合精度较高，适用于型芯直径较大的模具。

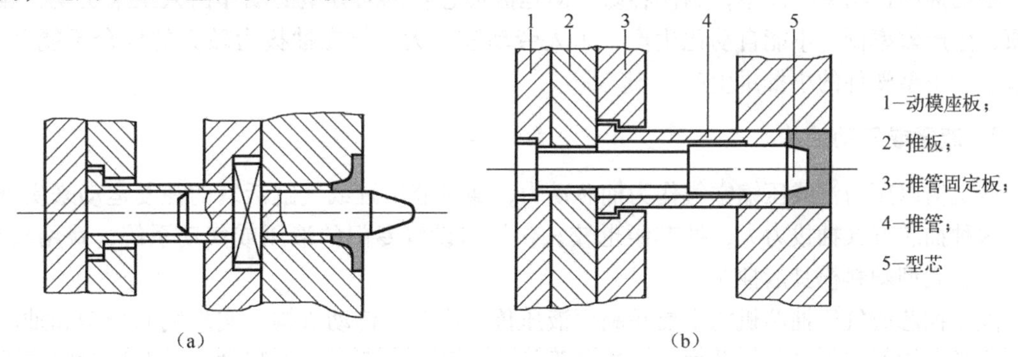

图5.56　推管推出机构

5.6.3　侧向抽芯机构设计

当塑件侧壁带有孔凹槽或凸台时，模具上成型该处的零件必须设计成侧向移动的活动型

芯，在塑件脱模时应该先将其抽出，否则无法脱模，合模时又要将其复位，完成这种活动型芯抽出和复位的机构叫侧向抽芯机构。

1. 手动抽芯

手动分型抽芯机构采用手工方法或手工工具将侧型芯或侧型腔从塑件内取出，多用于试制和小批量生产塑件的模具，可分为手动模内抽芯和手动模外抽芯两种类型。

（1）手动模内抽芯。它是指在开模前依靠人工直接抽拔，或通过简单传动装置抽出侧型芯或分离侧型腔。图5.57（a）所示为旋转体侧型芯手动模内抽芯机构，把侧型芯和丝杆做成一体，通过手工转动丝杆，使侧型芯抽出。图5.57（b）所示为非旋转体侧型芯手动模内抽芯机构，侧型芯和丝杆单独制造，手工旋转丝杆，驱动侧型芯完成抽芯动作。

（2）手动模外抽芯。手动模外抽芯是指开模后将侧型芯或侧型腔连同塑件一起脱出，在模外手工扳动侧向抽芯机构，将侧型芯或侧型腔从塑件中抽出，如图5.58所示。

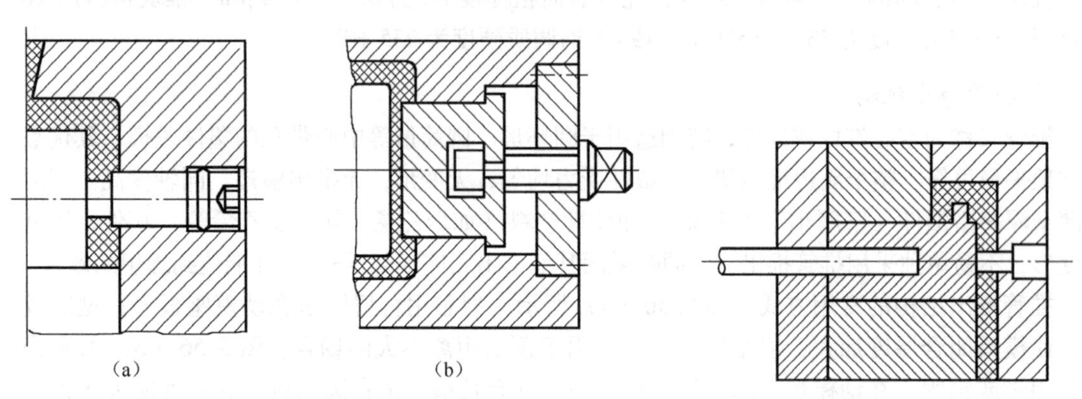

（a）　　（b）

图5.57　手动模内侧向分型与抽芯机构

图5.58　手动模外侧向分型与抽芯机构

手动抽芯机构结构简单，制模容易，但是侧抽芯和侧向分型的动作由人工来实现，操作麻烦，生产效率低，不能自动化生产，工人劳动强度大，故在抽拔力较大的场合不能采用，只适用于小型塑件的小批量生产。

2. 液压或气动抽芯

该机构以压力油或压缩空气作为抽芯动力，通过液压缸或气缸活塞的往复运动来实现抽芯。这种抽芯方式抽拔力大，抽芯距也较长，但需设置专门的液压或气动系统，费用较高，多适用于大型塑料模具的抽芯。

液压抽芯或气压抽芯机构主要是利用液压传动或气压传动机构，实现侧向分型和抽芯运动。这类机构的特点是：抽芯力大，抽芯距长，侧型芯或侧型腔的移动不受开模时间或推出时间的限制，抽芯动作比较平稳，但成本较高，故多用于大型注射模具。图5.59所示为液压抽芯机构。注射成型时，侧型芯2由定模板1上的楔紧块3锁紧，开模过程中楔紧块3离开侧型芯2，然后由液压抽芯机构抽出侧型芯。图5.60所示为气压抽芯机构，开模之前先抽出侧型芯，脱模后由推杆将塑件推出。

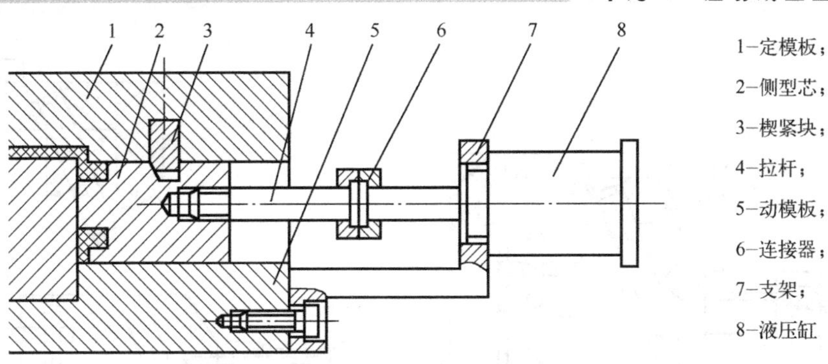

1—定模板；
2—侧型芯；
3—楔紧块；
4—拉杆；
5—动模板；
6—连接器；
7—支架；
8—液压缸

图5.59 液压抽芯机构

3. 机动抽芯

机动式分型抽芯机构是指利用注射机的开模运动和动力，通过传动零件完成模具的侧向分型、抽芯及其复位动作的机构。这类机构结构比较复杂，但是具有较大的抽芯力和抽芯距，且动作可靠，操作简单，生产效率高，因此广泛应用于生产实践中。根据传动零件的不同，可分为斜导柱抽芯、斜滑块抽芯、弯销抽芯、斜导槽抽芯、楔块抽芯、齿轮齿条抽芯、斜槽抽芯、弹簧抽芯等。

下面介绍两种常用的机动抽芯机构。

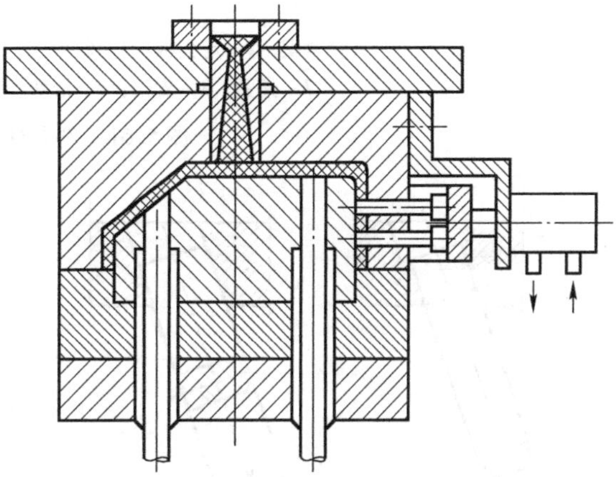

图5.60 气压抽芯机构

1）斜导柱侧向抽芯机构

斜导柱侧向抽芯机构是一种最常见的机动抽芯机构，如图5.61所示。其结构组成包括：斜导柱3、侧型芯滑块9、滑块定位装置6、7、8及紧缩装置1。其工作过程为：开模时，开模力通过斜导柱作用于滑块，迫使滑块在开模开始时沿动模的导滑槽向外滑动，完成抽芯。滑块定位装置将滑块限制在抽芯终了的位置，以保证合模时斜导柱能插入滑块的斜孔中，使滑块顺利复位。锁紧楔用于在注射时锁紧滑块，防止侧型芯受到成型压力作用时向外移动。

（1）斜导柱设计

① 斜导柱的结构及技术要求。斜导柱的结构如图5.62所示，图5.62（a）是圆柱形的斜导柱，因其具有结构简单、制造方便和稳定性好等优点，所以使用广泛；图5.62（b）是矩形的斜导柱，当滑块很狭窄或抽拔力大时使用，其头部形状进入滑块比较安全；图5.62（c）适用于延时抽芯的情况，可做斜导柱内抽芯用；图5.62（d）与图5.62（c）使用情况类似。

斜导柱固定端与模板之间的配合采用H7/m6，与滑块之间的配合采用0.5～1 mm的间隙，斜导柱的材料多为T8、T10等碳素工具钢，也可以采用20钢渗碳处理，热处理要求HRC≥55，表面粗糙度 $Ra \leqslant 0.8\ \mu m$。

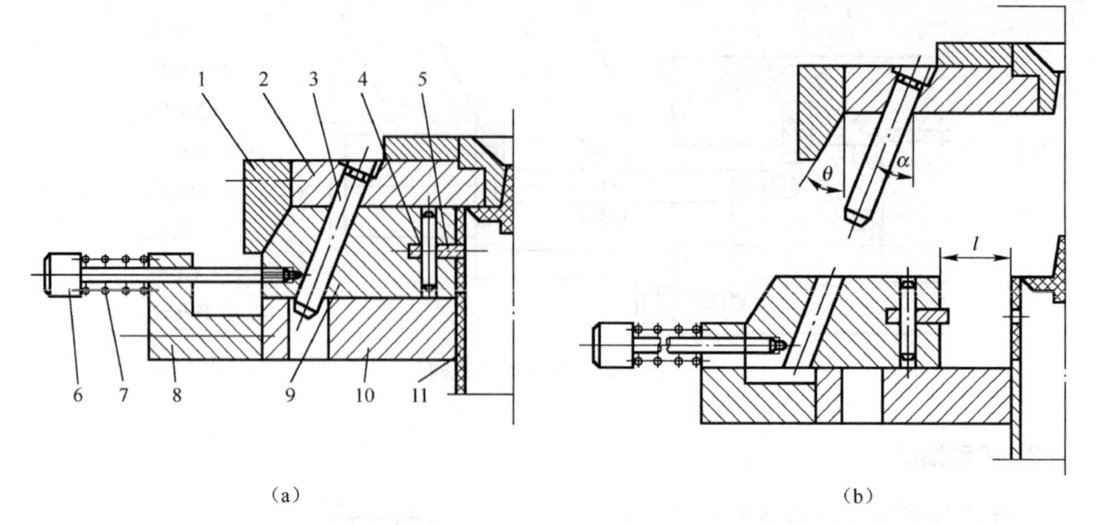

1－锁紧楔；2－定模板；3－斜导柱；4－销钉；5－型芯；6－螺钉；
7－弹簧；8－支架；9－滑块；10－动模板；11－推管

图5.61　斜导柱抽芯机构

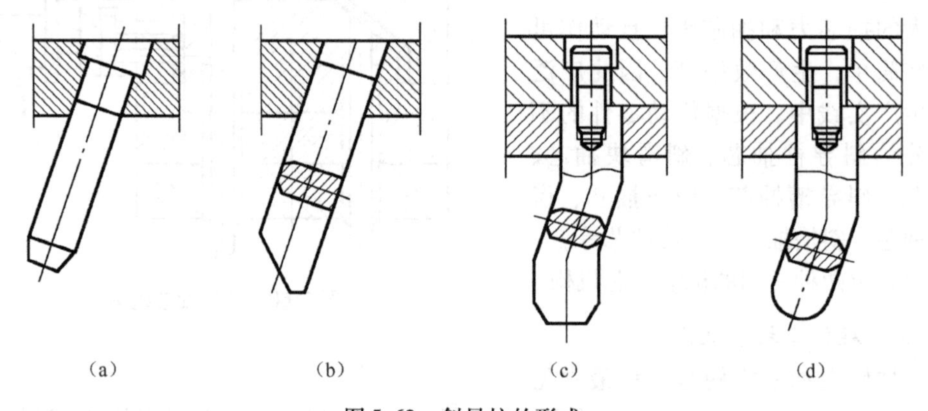

图5.62　斜导柱的形式

② 斜导柱倾斜角 α。斜导柱倾斜角是决定其抽芯工作效果的重要因素。倾斜角的大小关系到斜导柱所承受弯曲力和实际达到的抽拔力，也关系到斜导柱的有效工作长度、抽芯距和开模行程。倾斜角 α 实际上就是斜导柱与滑块之间的压力角，因此，α 应小于25°，一般在12°～25°之间。

③ 斜导柱的直径 d。根据材料力学，可推出斜导柱直径 d 的计算公式为：

$$d=\sqrt[3]{\frac{FL_{w}}{0.1[\sigma_{w}]\cos\alpha}} \tag{5.9}$$

式中，d 为斜导柱直径，mm；F 为抽出侧型芯的抽拔力，N；L_w 为斜导柱的弯曲力臂（图5.63），mm；$[\sigma_w]$ 为斜导柱的许用弯曲应力，对于碳素钢可取 140×10^6 Pa；α 为斜导柱的倾斜角。

④ 斜导柱长度的计算。斜导柱长度根据抽芯距 s、斜导柱直径 d、固定轴肩直径 D、倾斜角 α 以及安装导柱的模板厚度 h 来确定，如图5.64所示。

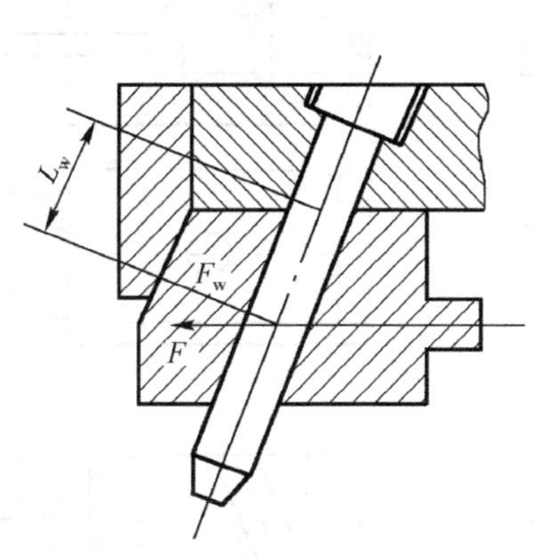

图 5.63 斜导柱的弯曲力臂

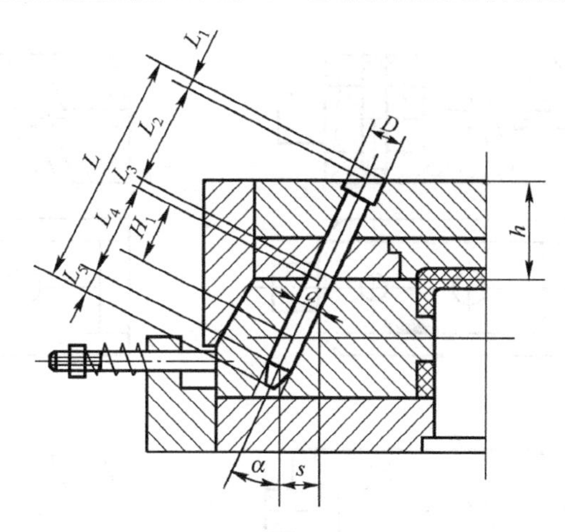

图 5.64 斜导柱长度的确定

$$L = L_1 + L_2 + L_3 + L_4 + L_5$$
$$= \frac{D}{2}\tan\alpha + \frac{h}{\cos\alpha} + \frac{d}{2}\tan\alpha + \frac{s}{\sin\alpha} + (10 \sim 15) \quad \text{mm}$$

式中，D 为斜导柱固定部分的大端直径，mm；h 为斜导柱固定板厚度，mm；s 为抽芯距，mm。

(2) 滑块设计

① 滑块的形式。滑块分整体式和组合式两种。组合式是将型芯安装在滑块上，这样可以节省钢材，且加工方便，因而应用广泛。型芯与滑块的固定形式如图 5.65 所示，图 5.65 (a)、(b) 为较小型芯的固定形式；也可采用图 5.65 (c) 的螺钉固定形式；图 5.65 (d) 为燕尾槽固定形式，用于较大型芯；对于多个型芯，可用图 5.65 (e) 所示的固定板固定形式；型芯为薄片时，可用图 5.65 (f) 所示的通槽固定形式。

滑块材料一般采用 45 钢和 T8、T10，热处理硬度 HRC40 以上。

② 滑块的导滑形式。滑块的导滑形式如图 5.66 所示。图 5.66 (a)、(e) 为整体式；图 5.66 (b)、(c)、(d)、(f) 为组合式，加工方便。

导滑槽常用 45 钢，调质热处理硬度 HRC28 ～ 32。盖板的材料用 T8、T10 或 45 钢，热处理硬度 HRC50 以上。滑块与导滑槽的配合为 H8/f8，配合部分表面粗糙度 $Ra \leqslant 0.8\ \mu m$；滑块长度 l 应大于滑块宽度的 1.5 倍，抽芯完毕，留在导滑槽内的长度小于 (2/3) l。

(3) 滑块定位装置设计

滑块定位装置用于保证开模后滑块停留在刚脱离斜导柱的位置上，使合模时斜导柱能准确地进入滑块的孔内，顺利合模。滑块定位装置的结构如图 5.67 所示。图 5.67 (a) 为滑块利用自重停靠在限位挡块上，结构简单，适用于向下方抽芯的模具；图 5.67 (b) 为靠弹簧力使滑块停留在挡块上，适用于各种抽芯定位，定位比较可靠，经常采用；图 5.67 (c)、(d)、(e) 为弹簧止动销和弹簧钢球定位的形式，结构比较紧凑。

(4) 锁紧锲设计

锁紧锲的作用就是锁紧滑块，以防在注射过程中，活动型芯受到型腔内塑料熔体的压力作用而产生位移。常用的锁紧锲形式如图 5.68 所示。

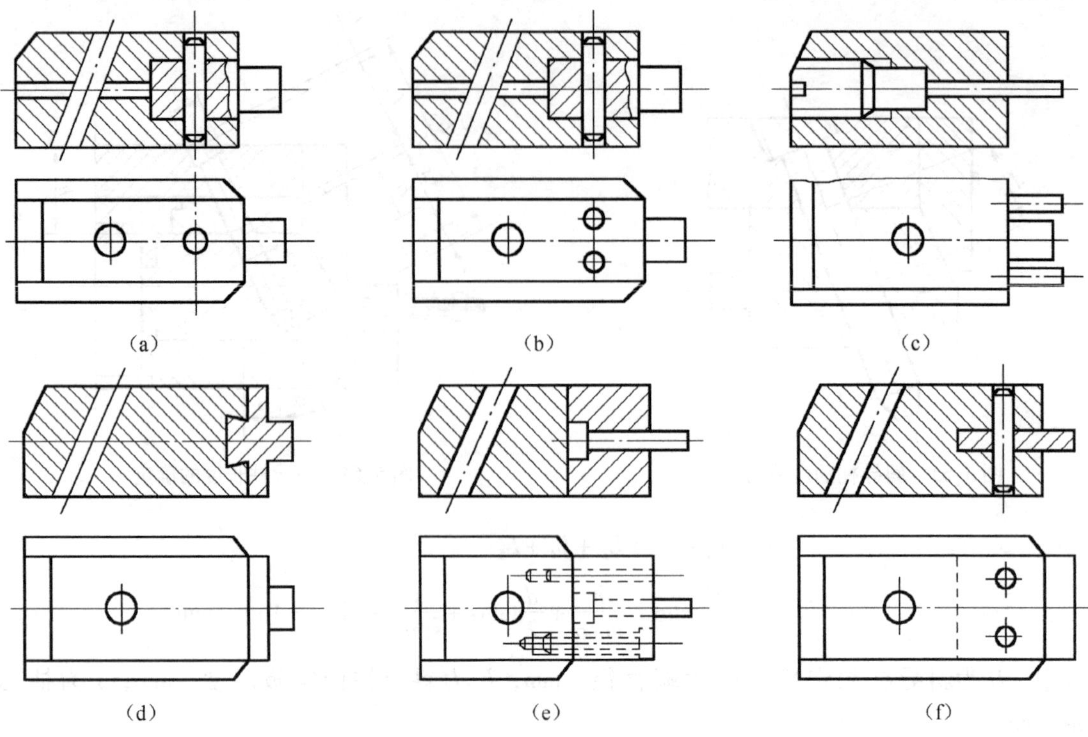

图5.65　型芯与滑块的固定形式

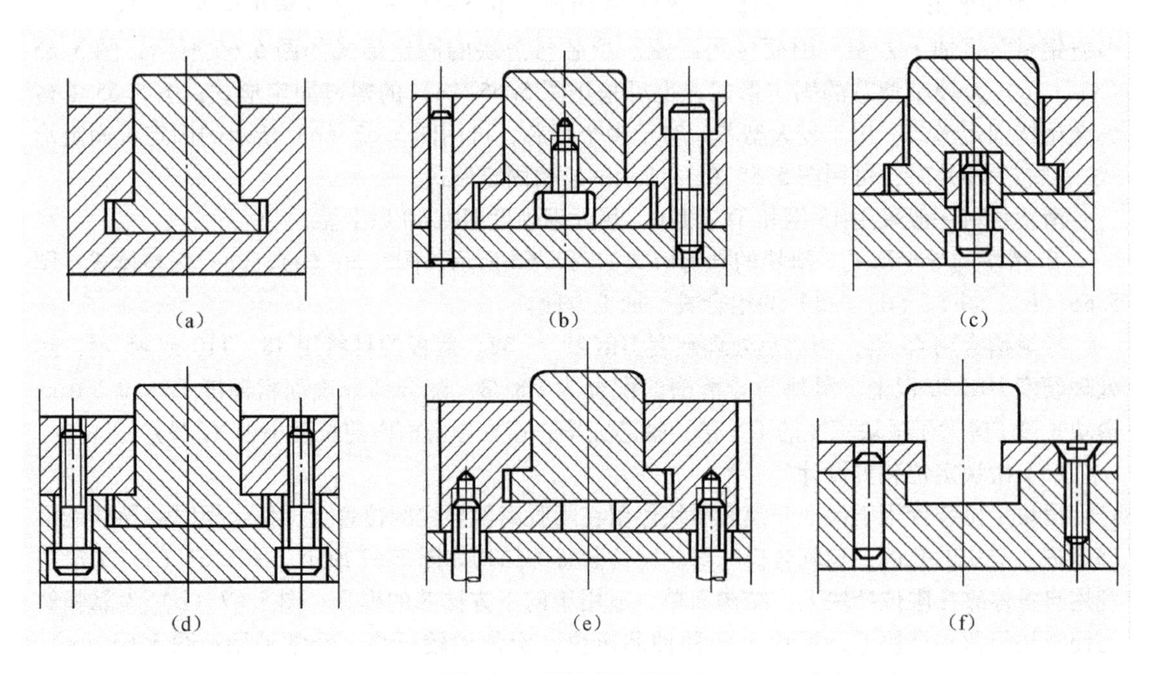

图5.66　滑块的导滑形式

图5.68（a）为整体式，结构牢固可靠，刚性好，耗材少，但加工不便，磨损后调整困难；图5.68（b）形式适用于锁紧力不大的场合，制造调整都较方便；图5.68（c）利用T

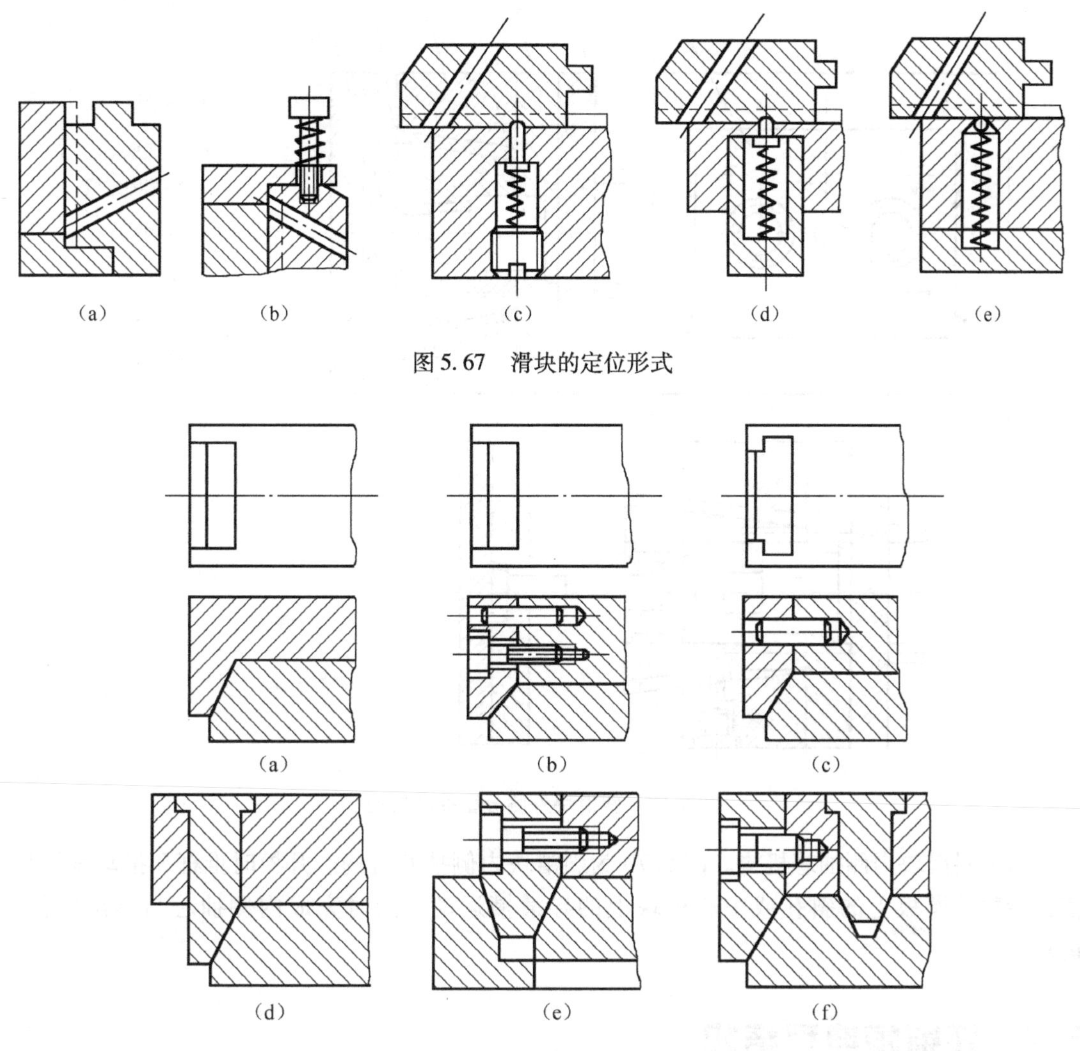

图5.67　滑块的定位形式

图5.68　锁紧楔形式

形槽固定锁紧楔，销钉定位，能承受较大的侧向压力，但磨损后不易调整，适用于较大尺寸的模具；图5.68（e）、（f）对锁紧楔进行了加强，适用于锁紧力大的场合。

2）斜滑块侧向抽芯机构

当塑件的侧凹较浅、抽拔力较大，而抽芯距不太大时，可采用斜滑块侧向抽芯机构。斜滑块侧向抽芯机构的特点是利用推出机构的推力驱动斜滑块的斜向运动，在塑件被推出的同时完成侧向抽芯动作。斜滑块外侧分型抽芯机构一般可分为外侧抽芯和内侧抽芯两种。

(1) 斜滑块外侧分型抽芯机构。图5.69为斜滑块外侧分型抽芯机构。塑件外侧带有侧凹，脱模时，斜滑块1受推杆2的推动向右运动，同时向两侧分开，分开动作是通过斜滑块上的凸耳在锥模套5上的导滑槽中运动来实现的，限位钉7用于防止滑块从模套中脱出。该结构的特点是当推杆推动滑块时，塑件的推出和抽芯动作同时进行。

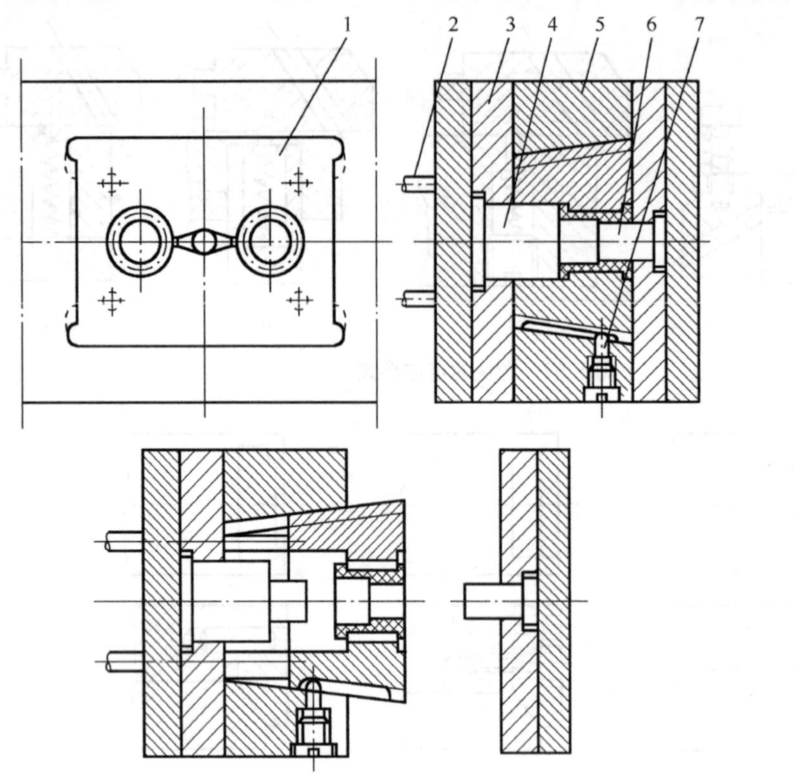

图 5.69　斜滑块外侧分型抽芯机构

（2）斜滑块内侧抽芯机构。图 5.70 为斜滑块内侧抽芯机构。开模时推杆 3 推动斜滑块，使其沿着动模板上的斜孔或中心楔块上的导滑槽运动，同时完成内侧抽芯与推出塑件的运动。

5.7　注射模典型结构

5.7.1　单分型面注射模

单分型面注射模又称二板式注射模，这种模具只有动模板和定模板之间一个分型面，其典型结构如图 5.71 所示。根据需要，单分型面注射模既可设计成单型腔注射模，也可设计成多型腔注射模。

其工作原理及过程如下：合模时，在导向机构的引导下动模与定模正确对合，并在注射机提供的锁模力作用下，动定模紧密贴合；注射时，塑料熔体由模具浇注系统进入型腔，经过保压、补缩和冷却定型等过程后开模；开模时，由注射机开合模系统带动动模后退，分型面被打开，塑件包紧在动模上并随动模一起后退，同时浇注系统在拉料杆 9 的作用下，离开主流道；当推出机构接触到注射机的顶出装置时，动模继续后退，塑件及浇注系统凝料和推出机构停在原处不动，从而完成塑件与动模的分离，即塑件被推出，至此完成一次注射过程。合模时，推出机构由复位杆 10 复位，准备下一次注射。该模具为一模多腔注射模，采

用侧浇口进料的浇注系统。

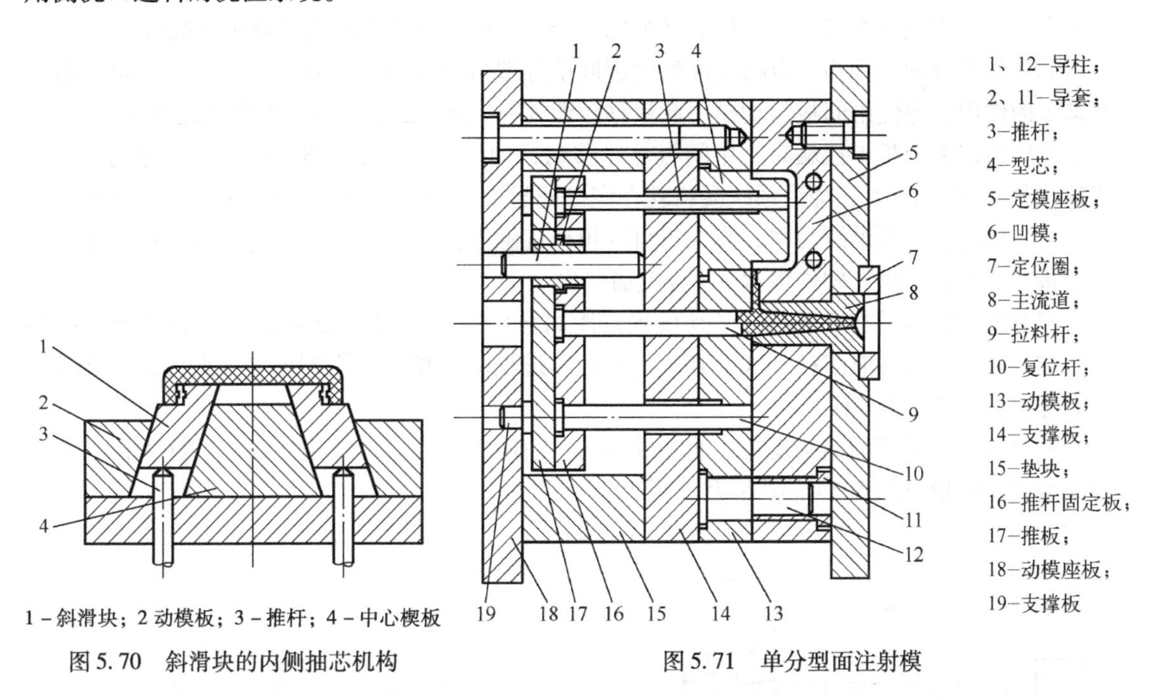

1－斜滑块；2 动模板；3－推杆；4－中心楔板

图 5.70　斜滑块的内侧抽芯机构

图 5.71　单分型面注射模

这种模具是注射模中最简单、最基本的一种形式，对成型塑件的适用性很强，因而应用十分广泛。图 5.72 所示为另一种单分型面注射模的结构。

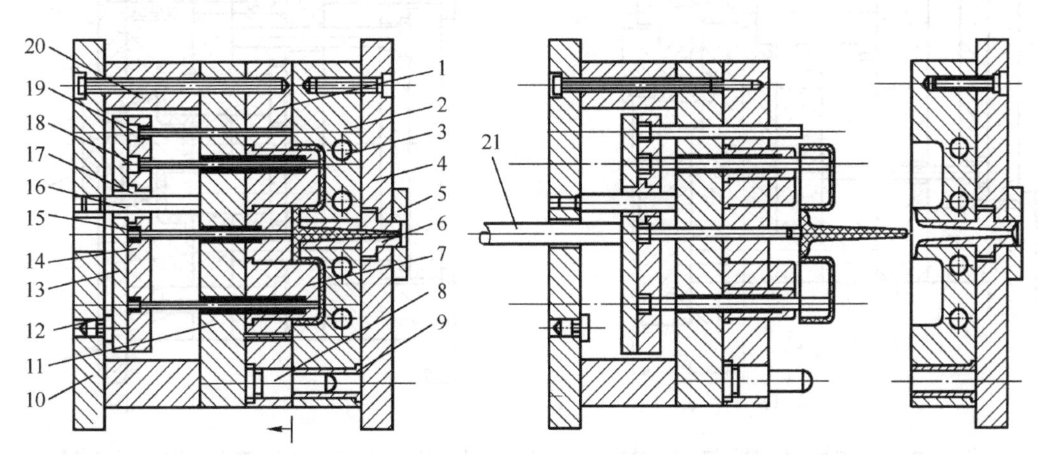

1－动模板；2－定模板；3－冷却水道；4－定模座板；5－定位圈；6－浇口套；7－凸模；8－导柱；9－导套；10－动模座板；11－支撑板；12－限位柱；13－推板；14－推杆固定板；15－拉料杆；16－推板导柱；17－推板导套；18－推杆；19－复位杆；20－垫块；21－注射机顶杆

图 5.72　单分型面注射模结构

5.7.2　双分型面注射模

在单分型面模具的动定模之间增加一个可以局部移动的中间板，就形成了两个可以分开

的面，即双分型面注射模，也称三板式注射模。如图5.73所示，其中13即为中间板，它常用于点浇口形式浇注系统的注射模，增加的一个分型面是为了取出浇注系统的凝料。

其工作原理和过程为：合模及注射过程同单分型面模具一样。开模时，动模后移，由于弹簧2的作用，迫使中间板与动模一起后移，即$A-A$分型面先分型，主流道凝料随之拉出；当限位销与定距拉板1接触时，中间板停止移动，动模继续后移，$B-B$分型面分型，由于塑件包紧在型芯16上，浇注系统凝料就在浇口处与塑件分离，然后在$A-A$分型面自然脱落或者人工取出；动模继续后移，当注射机的顶杆接触推板9时，推出机构开始工作，塑件由推件板5从凸模推出，塑件由$B-B$分型面取出。

双分型面注射模在定模部分必须设置定距离分型装置。图5.73所示的结构为弹簧分型拉板定距式，此外还有多种形式，其工作原理和过程基本相同，不同的是定距方式和现实$A-A$先分型的措施不一样。

双分型面注射模的结构复杂、制造成本高，适用于点浇口形式浇注系统的注射模。其他双分型面注射模见图5.74、图5.75、图5.76。

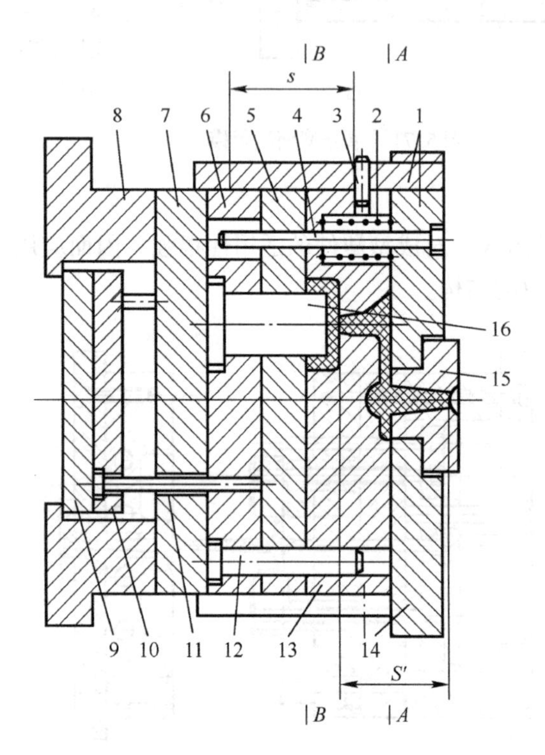

1－定距拉板；2－弹簧；3－限位销；4－导柱；
5－推件板；6－型芯固定板；7－动模板；
8－模脚；9－推板；10－推杆固定板；
11－推杆；12－导柱；13－中间板；
14－定模板；15－主流道衬套；16－型芯

图5.73　双分型面注射模

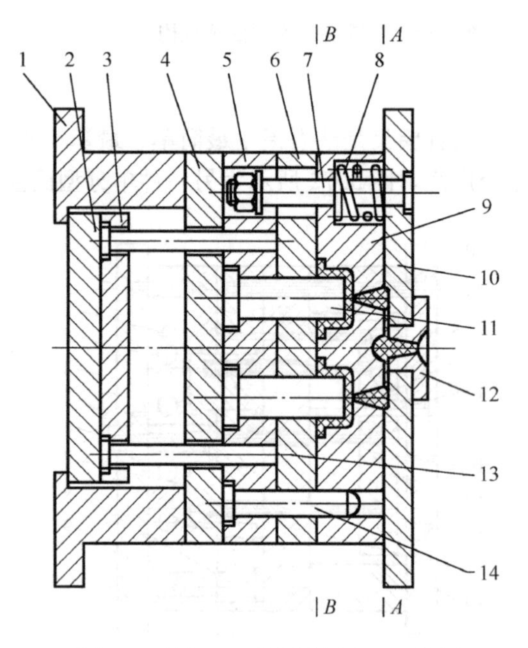

1－支架；2－推板；3－推板固定板；4－支撑板；
5－型芯固定板；6－推件板；7－限位拉杆；
8－弹簧；9－中间板；10－定模座板；
11－型芯；12－浇口套；13－推杆；14－导柱

图5.74　弹簧分型拉杆定距双分型面注射模

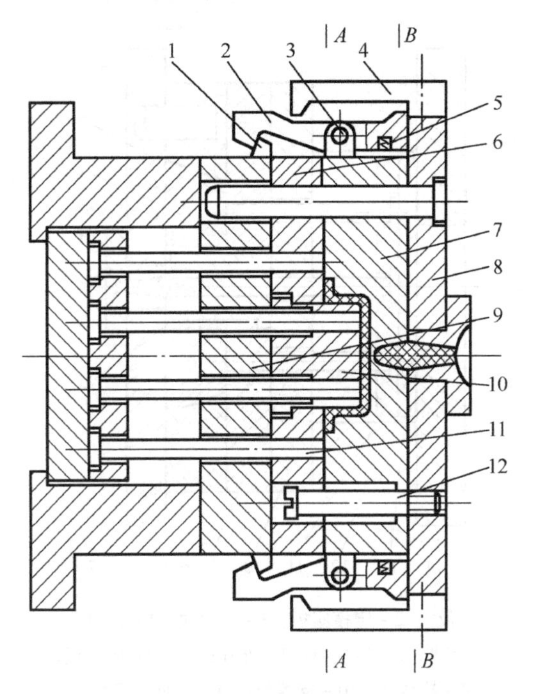

1－挡板；2－摆钩；3－转轴；4－压块；5－弹簧；
6－动模板；7－定模板；8－定模座板；
9－支撑板；10－型芯；11－推杆；12－限位螺钉

图5.75 摆钩分型螺钉定距双分型面注射模

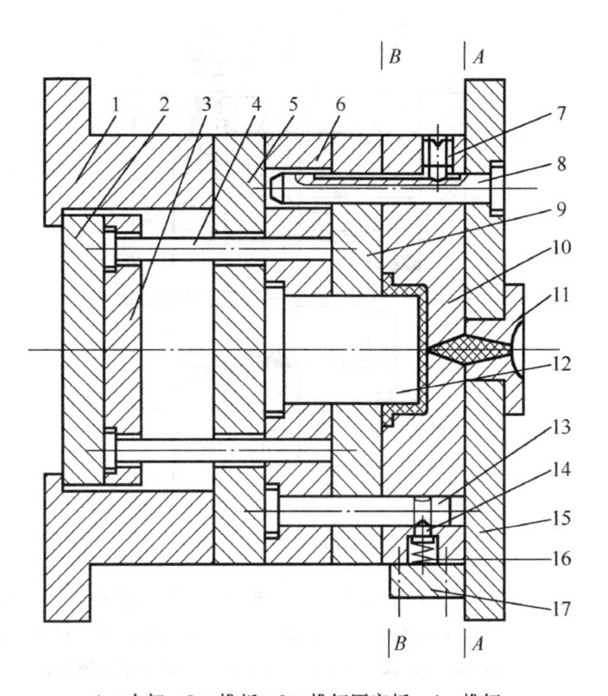

1－支架；2－推板；3－推杆固定板；4－推杆；
5－支撑板；6－型芯固定板；7－定位螺钉；
8－定位导柱；9－推件板；10－定模板；
11－浇口套；12－型芯；13－导柱；14－顶销；
15－定模座板；16－弹簧；17－压块

图5.76 导柱定距双分型面注射模

5.7.3 斜导柱侧向分型与抽芯注射模

斜导柱侧向抽芯注射模是一种常用的机动侧向抽芯注射模。典型的斜导柱侧向抽芯注射模如图5.77所示。其工作过程和原理为：注射结束开模时，由于斜导柱的限制作用，滑块11随动模后退时，会在动模板4的导滑槽内向外侧移动，即实现侧抽芯，直至侧型芯与塑件完全脱开，抽芯动作完成时，滑块则由定位装置限制在挡板5上，塑件则包紧在型芯12上随动模后移；当模具推板与注射机顶杆接触时，推出机构开始工作，动模继续后移，塑件则会被推出；合模时，斜导柱使滑块向内侧移动，合模结束，侧型芯完全复位，最后锁紧楔将其锁紧。

斜导柱侧向抽芯注射模根据斜导柱与滑块的组合形式不同可以有以下四种形式：斜导柱安装在定模、（型腔）滑块设置在动模，斜导柱安装在动模、（型腔）滑块设置在定模，斜导柱与（型腔）滑块同安装在动模和斜导柱与（型腔）滑块安装在定模。

斜导柱侧向抽芯注射模的特点是结构紧凑，抽芯动作安全可靠，加工制造方便，因而广泛使用在需侧向抽芯的注射模中。图5.78为斜滑块侧向分型与抽芯注射模的另一种形式。

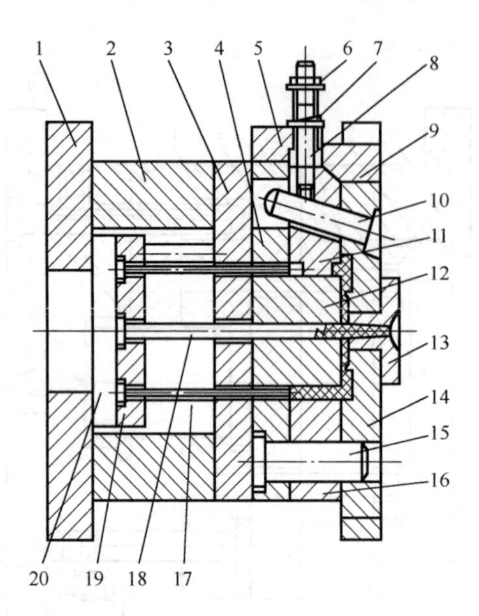

1－动模座板；2－支撑板；3－动模垫板；4－动模板；5－挡板；6－螺母；7－弹簧；8－滑动拉杆；9－锁紧楔；10－斜导柱；11－滑块；12－型芯；13－浇口套；14－定模座板；15－导柱；16－定模板；17－推杆；18－拉料杆；19－推杆固定板；20－推板

图5.77　斜导柱侧抽芯注射模

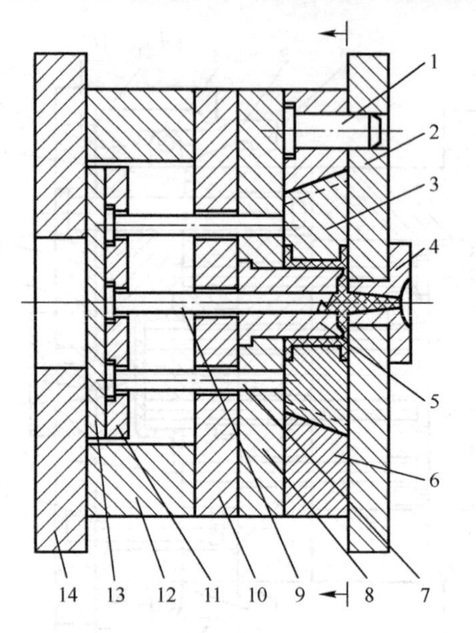

1－导柱；2－定模座板；3－斜滑块；4－浇口套；5－型芯；6－定模板；7－推杆；8－型芯固定板；9－拉料杆；10－支撑板；11－推杆固定板；12－垫块；13－推板；14－动模座板；

图5.78　斜滑块侧向分型与抽芯注射模

案例4　线圈架零件注射模设计

塑料制品如图5.79所示，需进行大批量生产，试分析该塑件的成型工艺，进行模具设计，并选择模具的主要加工方法与工艺。

1. 成型工艺规程的编制

1）塑件的工艺性分析

（1）塑件的原材料分析

塑件的材料采用增强聚丙烯（本色），属热塑性塑料。从使用性能上看，该塑料具有刚度好、耐水、耐热性强的特点，其介质性能与温度和频率无关，是理想的绝缘材料；从成型性能上看，该塑料吸水性小，熔料的流动性好，成型容易，但收缩率大。另外，该塑料成型时易产生缩孔、凹痕、变形等缺陷，成型温度低时，方向性明显，凝固速度较快，易产生内应力。因此，在成型时应注意控制成型温度，浇注系统应较缓慢散热，冷却速度不宜过快。

（2）塑件的结构、尺寸精度和表面质量分析

① 结构分析。从零件图上分析，该零件总体形状为长方形，在宽度方向的一侧有两个高度为8.5 mm、*R*5 mm的凸耳，在两个高度为12 mm，长、宽分别为17mm和13.5mm的凸台上，一个带有凹槽（对称分布），另一个带有4.1 mm×1.2 mm的凸台对称分布。因此，模具设计时必须设置侧向分型抽芯机构，该零件属于中等复杂程度。

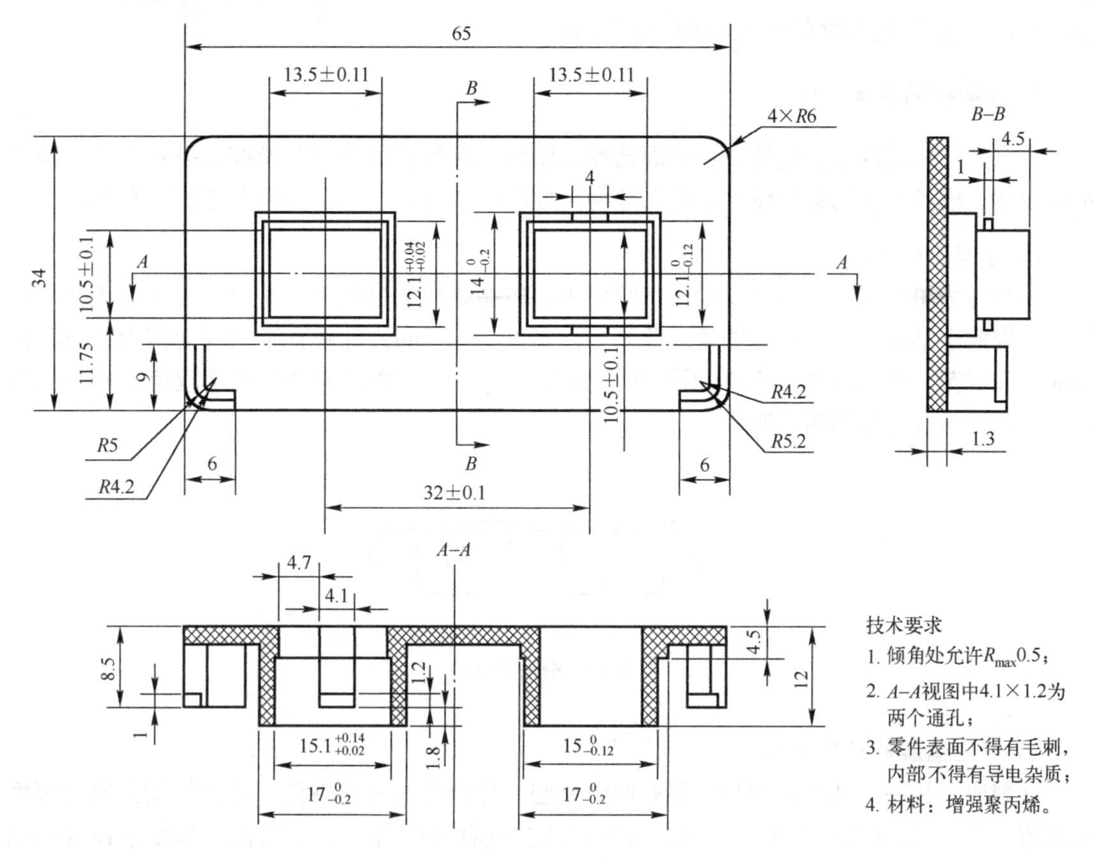

图5.79 线圈架零件图

② 尺寸精度分析。该零件重要尺寸如：$12.1_{-0.12}^{\ 0}$ mm、$12.1_{+0.02}^{+0.04}$ mm、$15.1_{+0.02}^{+0.14}$ mm、$15_{-0.12}^{\ 0}$ mm等尺寸精度为3级（Sj1372—78），次重要尺寸如：13.5 ±0.11 mm、$17_{-0.2}^{\ 0}$ mm、10.5 ±0.1 mm、$14_{-0.2}^{\ 0}$ mm等尺寸精度为4～5级（Sj1372—78）。

由以上分析可见，该零件的尺寸精度中等偏上，对应的模具相关零件的尺寸加工可以保证。

从塑件的壁厚上来看，壁厚最大处为1.3 mm，最小处为0.95 mm，壁厚差为0.35 mm，较均匀，有利于零件的成型。

③ 表面质量分析。该零件的表面除要求没有缺陷、毛刺，内部不得有导电杂质外，没有特殊的表面质量要求，故比较容易实现。

综上分析可以看出，注射时在工艺参数控制得较好的情况下，零件的成型要求可以得到保证。

2）计算塑件的体积和质量

计算塑件的质量是为了选用注射机及确定型腔数。经计算塑件的体积为 $V = 4087\ \mathrm{mm}^3$。

计算塑件的质量，根据设计手册可查得增强聚丙烯的密度为 $\rho = 1.04\ \mathrm{kg/cm}^3$，故塑件的质量为 $W = V\rho = 4.25$ g。采用一模两件的模具结构，考虑其外形尺寸、注射时所需压力等情况，初步选用注射机为XS-Z-60型。

3）塑件注射工艺参数的确定

增强聚丙烯的成型工艺参数可作如下选择：成型温度为230～290℃，注射压力为70～

140 MPa。上述工艺参数在试模时可作适当调整。

2. 注射模的结构设计

注射模结构设计主要包括：分型面选择、模具型腔数目的确定及型腔的排列方式、浇注系统设计、模具零件的结构设计、侧向分型与抽芯机构的设计、推出机构的设计等内容。

1）分型面的选择

该塑件为机内骨架，表面质量无特殊要求，但在绕注的过程中上端面与人工的手指接触较多，因此上端面最好自然成圆角。此外零件高度为 12 mm，且垂直于轴线的截面，形状比较简单和规范，若选择如图 5. 80 所示水平分型方式，既可降低模具的复杂程度，减少模具加工难度，又便于成型后的脱模。

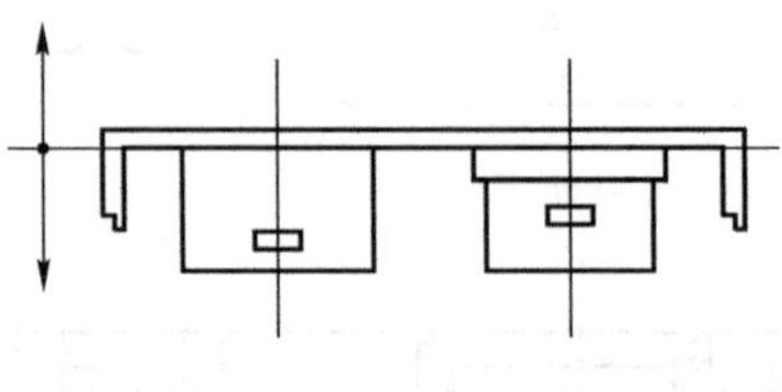

图 5. 80　分型面选择

2）确定型腔的排列方式

注射时采用一模两件，模具需要有两个型腔。综合考虑浇注系统、模具结构的复杂程度等因素，拟采取如图 5. 81 所示的型腔排列方式。这种排列方式的最大优点是便于设置侧向分型抽芯机构，其缺点是熔料进入型腔后到另一端的熔料流程较长，但因该塑件较小，故对成型没有太大影响。

如采用如图 5. 82 所示的型腔排列方式，料流长度较短，但侧向分型抽芯机构设置相当困难，势必增大模具结构的复杂程度。

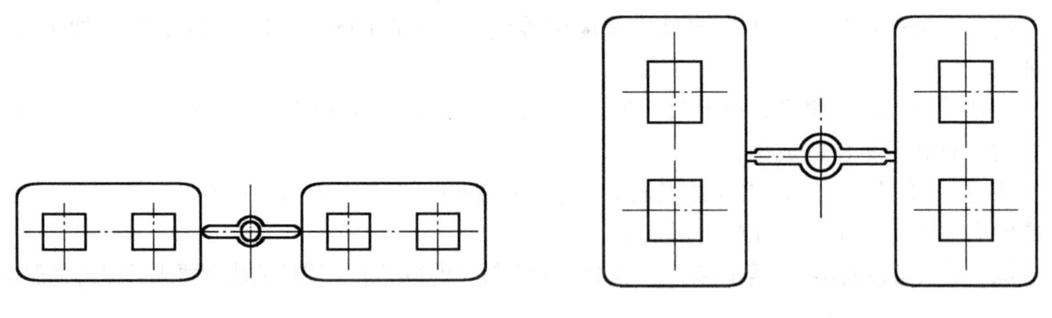

图 5. 81　型腔排列方式之一　　图 5. 82　型腔排列方式之二

3）浇注系统设计

（1）主流道设计。根据设计手册查得 XS-Z-60 型注射机喷嘴的有关尺寸为喷嘴前端孔径 $d_0 = \phi 4$ mm；喷嘴前端球面半径 $R_0 = 12$ mm。

根据模具主流道与喷嘴 $R = R_0 + (1 \sim 2)$ mm 及 $d = d_0 + (0.5 \sim 1.0)$ mm，取主流道球面半径 $R = 13$ mm，小端直径 $d = 4.5$ mm。

为了便于将凝料从主流道中拔出，将主流道设计成圆锥形，其斜度为1°～3°，经换算的主流道大端直径 $D=8.5$ mm。为了使熔料顺利进入分流道，可在主流道出料端设计半径 $r=5$ mm 的圆弧过渡。

（2）分流道设计。根据型腔的排列方式可知分流道的长度较短，为了便于加工，选用截面形状为半圆形，分流道 $R=4$ mm。

（3）浇口设计。根据塑件的成型要求及型腔的排列方式，选用侧浇口较为理想。设计时考虑选择从壁厚为1.3 mm 处进料，料由厚处往薄处流，而且模具结构采用镶拼式型腔、型芯，有利于填充、排气。故采用截面为矩形的侧浇口，初选尺寸为1 mm×0.08 mm×0.6 mm，试模时修正。

4）抽芯机构设计

塑件侧壁有一对小凹槽和小凸台，它们均垂直于凸模方向，阻碍成型后塑件从模具脱出。因此成型小凹槽台的零件必须做成活动的型芯，即须设计抽芯机构。本模具采用斜导柱抽芯机构，如图5.83所示。

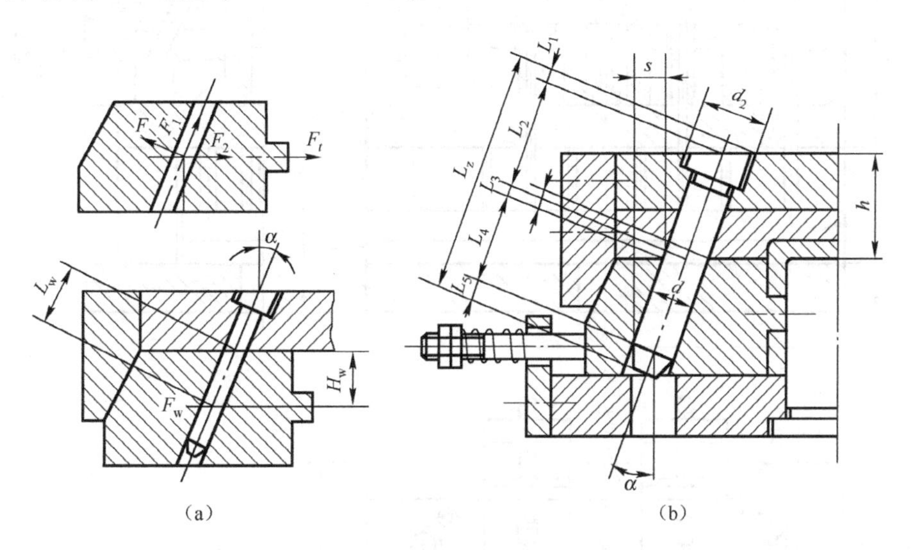

图5.83　斜导柱受力分析及长度的确定

（1）确定抽芯距。塑件孔壁 H_1、凸台高度 H_2 相等，均为：

$$H_1=H_2=(14-12.1)/2=0.95\text{mm}$$

另加3～5 mm 的抽芯安全系数，可取抽芯距 $S_{抽}=4.9$ mm。

（2）确定斜导柱倾角。斜导柱的倾角一般取 $\alpha=15°\sim20°$，本例中选取 $\alpha=20°$。

（3）确定斜导柱的尺寸。

① 斜导柱的直径为 $d=\sqrt[3]{\dfrac{FL_w}{0.1\,[\sigma_w]\,\cos\alpha}}=14$ mm；

② 斜导柱的长度为 $L_Z=L_1+L_2+L_3+L_4+L_5=\dfrac{D}{2}\tan\alpha+\dfrac{h}{\cos\alpha}+\dfrac{d}{2}\tan\alpha+\dfrac{s}{\sin\alpha}+(10\sim15)=$ 55 mm。

由于上模板座和上凸模固定板尺寸尚不确定，初选 $h=25$ mm；如果以后有变化，则再修正 L 长度，取 $D=20$ mm，上式计算中略去 F、L_W 计算。

(4) 滑块与导槽设计。

① 滑块与侧型芯（孔）的连接方式。由于侧向孔和侧向凸台的尺寸较小，考虑到型芯强度和装配问题，采用组合式结构。型芯与滑块的连接采用镶嵌方式。

② 滑块的导滑方式。为使模具结构紧凑，降低模具装配复杂程度，拟采用整体式滑块和整体导向槽的形式，其结构如图5.84所示。为提高滑块的导向精度，装配时可对导向槽或滑块采用配磨、配研的装配方法。

③ 滑块的导滑长度和定位装置设计。本例中由于侧抽芯距较短，故导滑长度只要符合滑块开模时的定位要求即可。滑块的定位装置采用弹簧与台阶的组合形式，如图5.84所示。

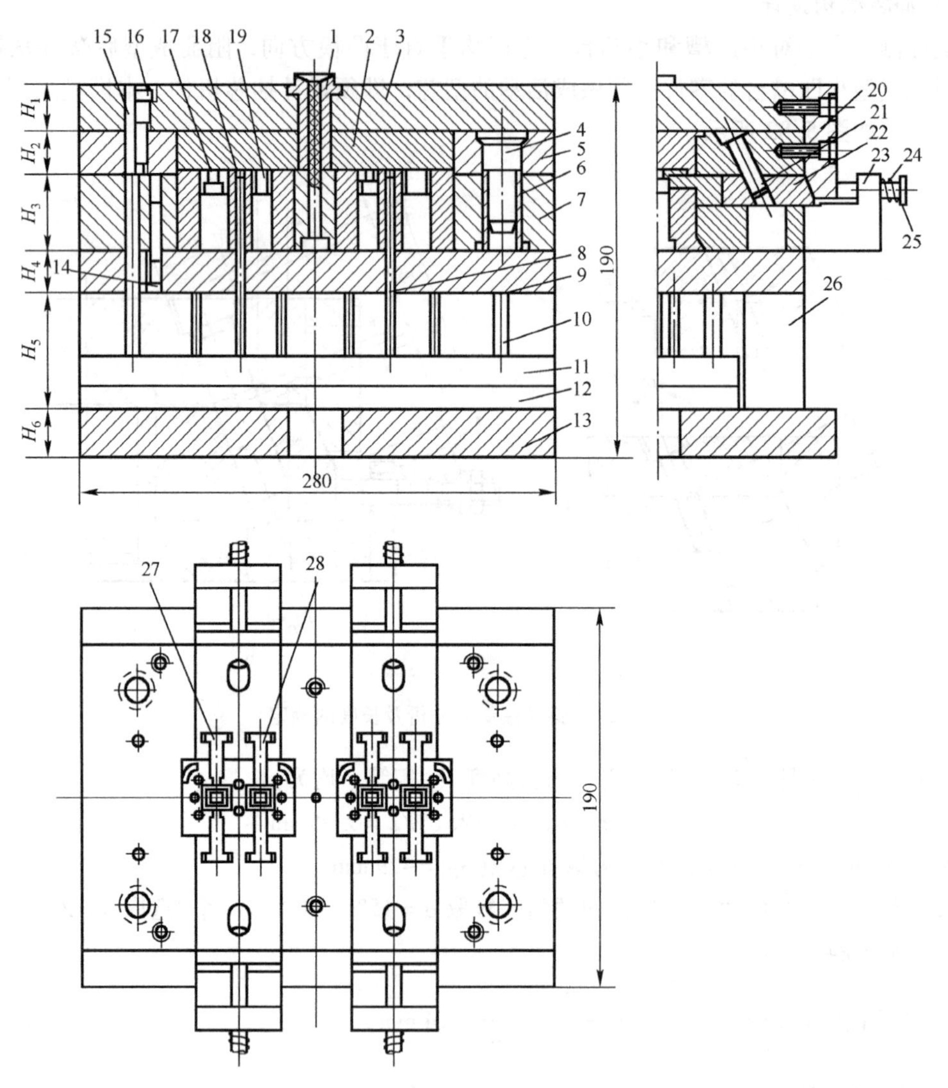

1 – 浇口套；2 – 上凹模镶块；3 – 定模座板；4 – 导柱；5 – 上固定板；6 – 导套；7 – 下固定板；8 – 推杆；9 – 支撑板；10 – 复位杆；11 – 推杆固定板；12 – 推板；16 – 动模座板；14、16、25 – 螺钉；15 – 销钉；17 – 型芯；18 – 下凹模镶块；19 – 型芯；20 – 楔形块；21 – 斜销；22 – 侧抽芯滑块；23 – 限位挡块；24 – 弹簧；26 – 垫块；27、28 – 侧型芯

图5.84　线骨架注射模

5）成型零件结构设计

（1）凹模的结构设计。模具采用一模两件的结构形式，考虑加工的难易程度和材料的价值利用等因素，凹模拟采用镶嵌式结构，其结构形式如图 5.84 所示，图中下凹模镶块 18 上的两对凹槽用于安装侧型芯。根据本例分流道与浇口的设计要求，分流道和浇口均设在凹模镶块上。

（2）凸模结构设计。凸模主要是与凹模结合构成模具的型座腔，其凸模和侧型芯的结构形式如图 5.84 所示。

3. 模具设计的有关计算

本例中成型零件工作尺寸计算时均采用平均法计算。查表得增强聚丙烯的收缩率为 0.4%～0.8%，故平均收缩为 $\bar{S}=\frac{S_{max}+S_{min}}{2}\times 100\%=\frac{0.4+0.8}{2}\times 100\%=0.6\%$。

考虑到模具制造的制造成本，模具制造公差取 $\delta_z=\Delta/3$。

1）型腔和型芯工作尺寸计算

型腔和型芯工作尺寸见表 5.3 所示。

表 5.3　型腔和型芯工作尺寸计算

类别	序号	名　称	塑件尺寸	计算公式	工作尺寸
型腔的计算	1	下凹模镶块	$17_{-0.2}^{0}$	$(L_M)_{0}^{+\delta_z}=\left[(1+\bar{S})L_s-\frac{3}{4}\Delta\right]_{0}^{+\delta_z}$	$16.95_{0}^{+0.07}$
			$15_{-0.12}^{0}$		$15_{0}^{+0.04}$
			$14_{-0.2}^{0}$		$13.93_{0}^{+0.07}$
			$12.1_{-0.12}^{0}$		$12.08_{0}^{+0.04}$
			$4.5_{-0.1}^{0}$	$(H_M)_{0}^{+\delta_z}=\left[(1+\bar{S})H_s-\frac{2}{3}\Delta\right]_{0}^{+\delta_z}$	$4.4_{0}^{+0.03}$
	2	凸耳对应的型腔	$R5.2_{-0.1}^{0}$	$(L_M)_{0}^{+\delta_z}=\left[(1+\bar{S})L_s-\frac{3}{4}\Delta\right]_{0}^{+\delta_z}$	$5.12_{0}^{+0.03}$
			$R5_{-0.1}^{0}$		$4.95_{0}^{+0.03}$
			$R4.2_{-0.1}^{0}$		$4.15_{0}^{+0.03}$
			8.5 ± 0.05	$(H_M)_{0}^{+\delta_z}=\left[(1+\bar{S})H_s-\frac{2}{3}\Delta\right]_{0}^{+\delta_z}$	$8.44_{0}^{+0.03}$
			1 ± 0.05		$0.98_{0}^{+0.03}$
	3	上凹模镶块	$65_{-0.2}^{0}$	$(L_M)_{0}^{+\delta_z}=\left[(1+\bar{S})L_s-\frac{3}{4}\Delta\right]_{0}^{+\delta_z}$	$64.4_{0}^{+0.07}$
			$34_{-0.2}^{0}$		$33.95_{0}^{+0.07}$
			$R6_{-0.1}^{0}$		$5.96_{0}^{+0.03}$
			$1.3_{-0.06}^{0}$	$(H_M)_{0}^{+\delta_z}=\left[(1+\bar{S})H_s-\frac{2}{3}\Delta\right]_{0}^{+\delta_z}$	$1.26_{0}^{+0.02}$

续表

类别	序号	名　称	塑件尺寸	计算公式	工作尺寸
型芯的计算	1	右型芯	10.5 ±0.1	$(l_M)_{-\delta_z}^{0}=\left[(1+\bar{S})l_s+\frac{3}{4}\Delta\right]_{-\delta_z}^{0}$	$10.61_{-0.07}^{0}$
			13.5 ±0.11		$13.63_{-0.07}^{0}$
			$12_{0}^{+0.16}$	$h_M=\left(h_s+h_sS_{CP}\%+\frac{2}{3}\Delta\right)_{-\delta_z}^{0}$	$12.17_{-0.05}^{0}$
	2	左型芯	$15.1_{+0.02}^{+0.14}$	$(l_M)_{-\delta_z}^{0}=\left[(1+\bar{S})l_s+\frac{3}{4}\Delta\right]_{-\delta_z}^{0}$	$15.3_{-0.04}^{0}$
			$12.1_{+0.02}^{+0.04}$		$12.20_{-0.02}^{0}$
			$4.5_{0}^{+0.1}$	$h_M=(h_s+h_sS_{CP}\%+\frac{2}{3}\Delta)_{-\delta_z}^{0}$	$4.59_{-0.03}^{0}$
孔距	型孔之间的中心距		32 ±0.1	$(C_M)\pm\frac{1}{2}\delta_z=[(1+\bar{S})C_s]\pm\frac{1}{2}\delta_z$	32.19 ±0.03

2）型腔侧壁厚度和底板厚度计算

（1）下凹模镶块型腔侧壁厚度及底板厚度计算

①下凹模镶块型腔侧壁厚度计算。下凹模镶块型腔按组合式矩形型腔，取 $p=40$ MPa（选定值）；$h=12$ mm；$l=16.85$ mm；$E=2.1\times10^5$ MPa；$H=40$ mm（初选值）；$\delta=0.035$ mm；根据组合式矩形侧壁厚度计算公式得：

$$t_{刚}=\sqrt[3]{\frac{phl^4}{32EH\delta}}=1.61\ \text{mm}$$

从上式可以看出，从刚度考虑侧壁厚度只要大于2 mm即可，但从整体模具结构角度考虑，由于下模镶块还需安放侧型芯机构，故取下凹模镶块的外形尺寸为80 mm×50 mm。

② 下凹模镶块底板厚度计算。取：$p=40$ MPa；$b=13.83$ mm；$l=90$ mm（初选值）；$B=190$ mm（根据模具初选外形尺寸确定）；$[\sigma]=160$ MPa（底板材料选定为45钢），根据组合式型腔底板厚度计算公式得：

$$t_{强}=\sqrt{\frac{3pbl^2}{4B[\sigma]}}=10.5\ \text{mm}$$

考虑模具的整体结构协调，取底板厚度为25 mm。

（2）上凹模型腔侧壁厚度的确定

上凹模镶块型腔按矩形整体式型腔侧壁厚度计算公式进行计算。由于型腔高度 $a=1.26$ mm很小，因而所需的侧壁厚度也较小，故在此不作计算，而是根据下凹模镶块的外形尺寸来确定。上凹模镶块的结构及尺寸如图5.85所示。

4. 模具加热和冷却系统的计算

本塑件在注射成型时不要求有太高的模温，因而在模具上可不设加热系统。是否需要冷却系统可作如下设计计算。

设定模具平均温度为70℃，用常温20℃的水作为模具冷却介质，其出口温度为25℃，产量为2件/min（初算）。

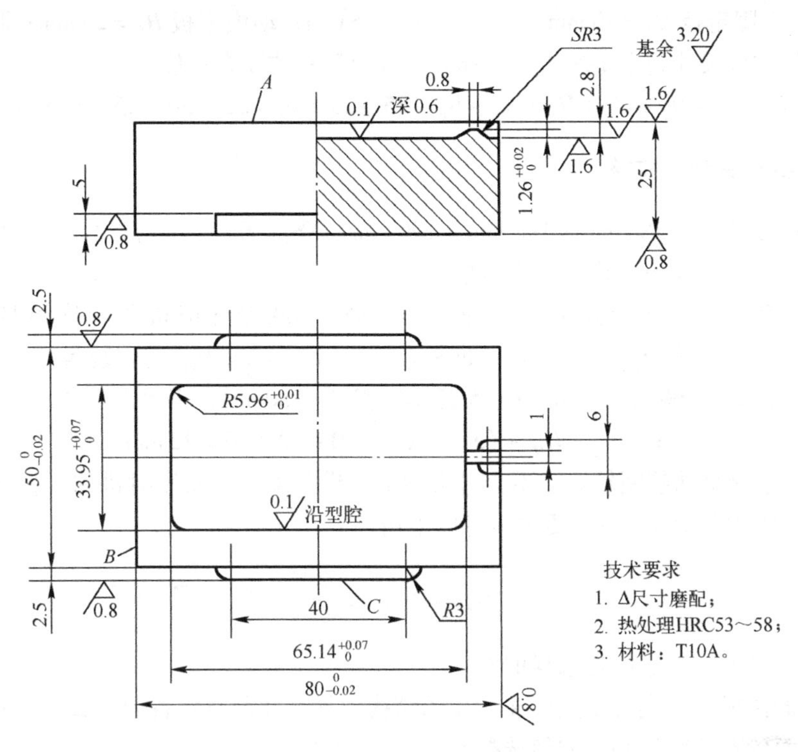

图 5.85　上凹模镶块的结构及尺寸

塑件在硬化时释放的热量查表 5.4 得：聚丙烯的单位热流量为 $\Delta h=590\,\text{kJ/kg}$；冷却水的体积流量 V：

$$V=\frac{mn\Delta h}{60\rho c_p(t_1-t_2)}=2.4\times10^4(\text{m}^3/\text{min})$$

表 5.4　常用塑料柱凝固时所放出的热量

塑　料	Δh/(kJ/kg)	塑　料	Δh/(kJ/kg)
高压聚乙烯	583.33～700.14	尼龙	700.14～816.48
低压聚乙烯	700.14～816.48	聚甲醛	420.00
聚丙烯	583.33～700.14	醋碳纤维苯	289.38
聚苯乙烯	280.14～349.85	丁酸－醋碳纤维素	259.1
聚氯乙烯	210.00	ABS	326.76～396.48
有机玻璃	285.85	AS	280.14～349.85

由上述计算结果查表 5.5 可知，因为模具每分钟所需的冷却水体积流量较小，故可不设冷却系统，依靠空冷的方式冷却模具即可。

表 5.5　冷却流道的稳定湍流速度、流量、流道直径

冷却流道直径 d/mm	速度 v/(m/s)	V(m³/min)	冷却流道直径 d/mm	速度 v/(m/s)	V(m³/mm)
8	1.66	5.0×10^{-3}	15	0.87	9.2×10^{-3}
10	1.32	6.2×10^{-3}	20	0.66	12.4×10^{-3}
12	1.10	7.4×10^{-3}	25	0.53	15.5×10^{-3}

注：在 Re＝10 000 及水温 10℃的条件下（Re 为雷诺系数）。

5. 模具闭合高度的确定

根据支撑与固定零件的设计中提供的经验数据，确定定模座板 $H_1=25$ mm；上固定板

$H_2=25$ mm；下固定板 $H_3=40$ mm；支撑板 $H_4=25$ mm；动模座板 $H_6=25$ mm；根据推出行程和推出机构的结构尺寸确定垫块 $H_5=50$ mm，因而模具的闭合高度：

$$H=H_1+H_2+H_3+H_4+H_5+H_6=25+25+40+25+50+25=190\text{ mm}$$

6. 注射机有关参数校核

模具的外形尺寸为 280 mm × 190 mm × 190 mm。XS-Z-60 型注射机模板最大安装尺寸为 350 mm × 280 mm，故能满足模具的安装要求。

由上述计算模具的闭合高度 $H=190$ mm，XS-Z-60 型注射机所允许模具的最小厚度 $H_{min}=70$ mm，最大厚度 $H_{max}=200$ mm，即模具满足 $H_{min}\leqslant H\leqslant H_{max}$ 的安装条件。

经查资料，XS-Z-60 型注射机的最大开模行程 $S=180$ mm，满足出件要求。

$$S\geqslant H_{凝}+H_{塑}+(5\sim10)=50+12+10=72\text{ mm}$$

此外，由于侧分抽芯距较短，不会过大增加开模距离，因而注射机的开模行程足够。故 XS-Z-60 型注射机能够满足使用要求，可以采用。

思考题5

1. 注射成型的工艺过程是怎样的?
2. 常用的注射模种类有哪些？注射模的结构包括哪几部分？各起什么作用?
3. 分型面的形状有哪些？如何选择?
4. 注射模浇注系统由哪几部分组成？各部分的作用是什么?
5. 主流道设计时应注意哪些问题?
6. 常用的分流道截面有几种形状？分流道布置的形式有哪两种？各有何优缺点?
7. 常用的浇口形式有哪些？浇口位置选择时应注意哪些问题?
8. 注射模导向机构包括哪两种形式？在模具中起什么作用?
9. 推出机构设计时应注意哪些问题?
10. 推杆推出机构和推件推出机构有何不同?
11. 斜导柱侧抽芯机构由哪几部分组成？各部分的作用是什么?
12. 如图 5.86 所示塑料件，修正系数 $x=0.5$，成型零件的制造偏差 $\delta_z=\Delta/4$（Δ 为塑件尺寸公差），收缩率为 0.5%，计算模具工作部分尺寸。

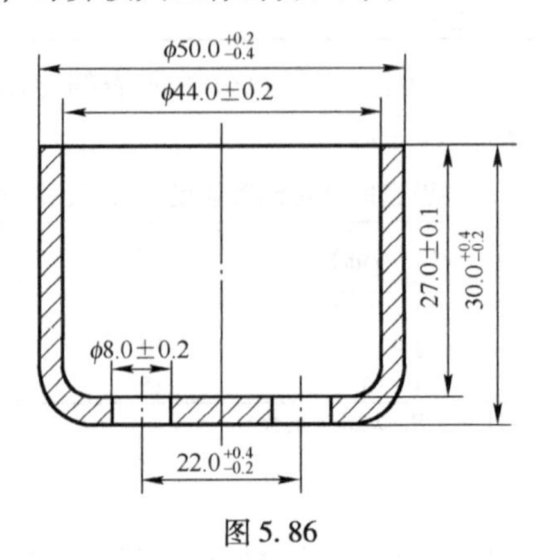

图 5.86

13. 如图 5.87 塑料件，修正系数 $x=0.5$，成型零件的制造偏差 $\delta_z=\Delta/4$（Δ 为塑件尺寸公差），收缩率为 0.5%，计算模具工作部分尺寸。

14. 设计 12 题注射件注射模具，绘制全套模具装配图及零件图。

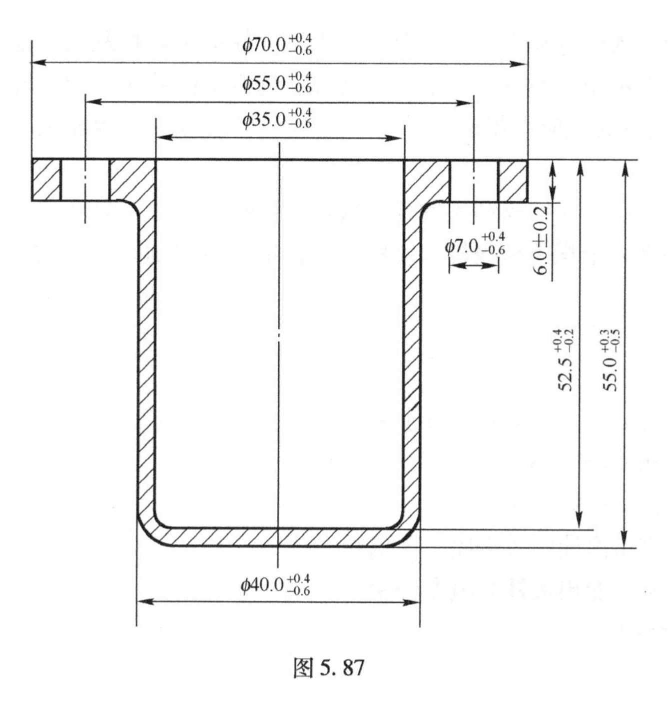

图 5.87

15. 修正系数 $x=0.5$，成型零件的制造偏差 $\delta_z=\Delta/4$（Δ 为塑件尺寸公差），收缩率为 0.5%，设计图 5.88 注射件注射模具，绘制全套模具装配图及零件图。

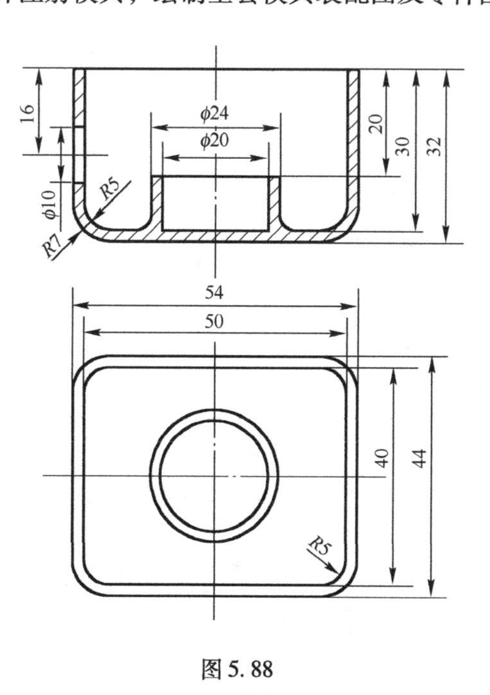

图 5.88

反侵权盗版声明

举报电话：(010) 88254396；(010) 88258888
传　　真：(010) 88254397
E-mail：dbqq@phei.com.cn
通信地址：北京市海淀区万寿路173信箱
　　　　　电子工业出版社总编办公室
邮　　编：100036